水平井体积压裂改造技术系列丛书

水平井分段改造配套技术

吴 奇 刘玉章 编著

石油工业出版社

内 容 提 要

本书系统地介绍了水平井水力喷砂分段压裂技术，在总结前期成熟理论认识的基础上，突出反映了该技术在喷孔形态、射流增压机理、施工工艺以及关键工具研发等方面的最新研究成果；同时，还介绍了在不同油气藏水平井的应用实例。

本书适合从事油气田开发特别是低渗透油气田开发的技术人员、科研人员、管理人员及高等院校相关专业师生参考。

图书在版编目（CIP）数据

水平井分段改造配套技术／吴奇，刘玉章编著．
北京：石油工业出版社，2013.4
（水平井体积压裂改造技术系列丛书）
ISBN 978-7-5021-9417-8

Ⅰ．水…
Ⅱ．①吴…②刘…
Ⅲ．水平井－技术改造
Ⅳ．TE243

中国版本图书馆 CIP 数据核字（2012）第 316834 号

出版发行：石油工业出版社
　　　　（北京安定门外安华里2区1号　100011）
　　　　网　　址：http://petropub.com.cn
　　　　编辑部：（010）64523537　发行部：（010）64523620
经　　销：全国新华书店
印　　刷：北京中石油彩色印刷有限责任公司

2013年4月第1版　2013年4月第1次印刷
787×1092毫米　开本：1/16　印张：14.75
字数：347千字

定价：96.00元
（如出现印装质量问题，我社发行部负责调换）
版权所有，翻印必究

《水平井体积压裂改造技术系列丛书》
编委会

名誉主任：周吉平

主　　任：赵政璋

副 主 任：吴　奇　　王元基　　马新华　　刘玉章　　张卫国

委　　员：张守良　　丁云宏　　兰中孝　　王　峰　　朱天寿
　　　　　刘　合　　徐永高　　王晓泉　　王振铎　　赵振峰
　　　　　王凤山　　张应安　　陈淑萍　　范文科　　张仲宏
　　　　　段　红　　郑兴范　　杨能宇　　巢　越　　陈　莉
　　　　　章卫兵　　李　中

主　　编：吴　奇

副 主 编：刘玉章　　张守良　　丁云宏　　兰中孝　　朱天寿
　　　　　王　峰　　徐永高　　王晓泉　　王振铎　　王凤山
　　　　　赵振峰　　刘长宇　　杨贤友　　杨振周

《水平井分段改造配套技术》编写组

主　编：吴　奇

副主编：刘玉章　张守良　杨贤友　王晓泉

成　员：王振铎　邱晓惠　马　旭　艾教银　石　阳
　　　　　李胜利　刘雄飞　杨振周　吕　峰　崔明月
　　　　　毕　曼　郑　伟　王文军　崔伟香　周福建
　　　　　王　鑫　严玉忠　盖立佳　许志赫　张洪涛
　　　　　杨立君　陈　作　李清忠　李　琳

序

近年来，水平井及分段压裂改造技术的突破和大规模应用促进了北美页岩气快速发展，美国页岩气产量从 2006 年的 311 亿立方米跨越式增长到 2011 年的 1800 亿立方米，改变了全球天然气供需格局。北美页岩气成功开发的经验表明，水平井分段压裂已经成为非常规油气藏实现有效开发的关键技术，正在引领全球油气资源勘探开发的重大变革。

中国石油近几年新增储量 70% 以上属于低渗透储层，动用难度大，开发效益差。资源劣质化对效益开发油气田的工程技术提出了更高的要求，因此必须从战略的高度引起重视，积极推进水平井体积压裂改造理念，发展水平井分段改造技术。中国石油天然气股份有限公司于 2006 年专门设立了"水平井低渗透改造重大攻关项目"，中国石油勘探与生产公司精心组织"两院三公司"联合攻关和现场规模试验，研发了水平井双封单卡、封隔器滑套、水力喷砂、裸眼封隔器分段压裂四套主体技术以及化学暂堵胶塞分段压裂、转向酸化酸压、裂缝监测、修井四套配套技术和一套压裂裂缝与井网优化设计方法，形成了中国石油水平井改造配套技术体系。已获得授权专利 46 项，攻关成果获得国家科技进步一等奖。截止到 2012 年底，攻关成果在中国石油现场应用已超过 1600 口井，压裂后水平井单井稳定产量是直井的 3 倍以上，有力地推动了水平井在低渗透油气田的工业化应用，已成为中国石油水平井规模应用的增产利器。

为了进一步推动水平井分段压裂技术在低渗透油气藏勘探开发中的规模应用，使"体积压裂"新理念融入到低渗透油气田勘探开发实践中，努力提高单井产量，促进低效难采储量的有效动用，中国石油勘探与生产公司组织参与攻关的技术人员，在 2011 年《水平井压裂酸化改造技术》培训教材的基础上，编写了《水平井体积压裂改造技术系列丛书》。丛书重点突出水平井分段改造的技术原理、工艺设计与现场应用，具有很强的实用性和指导性，是从事油气田开发工程技术人员不可多得的参考书。

2013.元.30

前　言

　　针对中国石油新增探明储量中大部分为低渗透储量、动用难度大、开发效益差的勘探开发现状，中国石油天然气集团公司提出了"转变发展方式"的战略，大力推动水平井的规模应用。为了攻克水平井在低渗透储层应用中的瓶颈问题，中国石油天然气股份有限公司于2006年设立了"水平井低渗透改造重大攻关项目"，组织中国石油勘探开发研究院、中国石油勘探开发研究院廊坊分院、大庆油田有限责任公司、长庆油田分公司、吉林油田分公司进行联合攻关，在水平井分段压裂酸化理论、分段压裂工艺、配套工具技术等方面开展了较为系统的攻关研究。通过技术攻关和工业化试验，取得了水平井分段改造主体工艺技术、配套技术和优化设计方法等一系列成果，获得国家授权专利46项，形成了低渗透油气藏水平井分段改造配套技术体系，现场应用超过1600口井，获得显著经济效益和社会效益，实现了水平井在低渗透油气田的工业化应用。

　　2011年，在系统总结项目攻关成果基础上，中国石油勘探与生产公司组织项目攻关人员编写了《水平井压裂酸化改造技术》培训教材，推广了以水平井分段压裂为重点的"体积压裂"新理念。为了进一步推动水平井分段压裂技术在低渗透油气藏勘探开发中的规模应用，在2011年培训教材的基础上，中国石油勘探与生产公司组织编写了《水平井体积压裂改造技术系列丛书》。丛书共6册，包括总册《水平井体积压裂改造技术》和《水平井分段压裂优化设计技术》、《水平井双封单卡分段压裂技术》、《水平井水力喷砂分段压裂技术》、《水平井封隔器滑套分段压裂技术》、《水平井分段改造配套技术》5个分册。

　　《水平井分段改造配套技术》主要介绍了三类技术：(1) 与水平井分段压裂相关的化学暂堵胶塞分段压裂和可降解纤维暂堵转向压裂技术；(2) 与水平井酸化酸压相关的机械分段酸化酸压、碳酸盐岩自转向酸化酸压和砂岩暂堵转向酸化技术；(3) 与水平井分段压裂配套的水力压裂裂缝监测技术和修井工艺技术。第一章由杨贤友、邱晓慧等编写，第二章由邱晓慧、王振铎、崔明月、崔伟香、许志赫、王文军、李清忠编写，第三章由杨贤友、石阳、刘雄飞、周福建、张洪涛编写，第四章由马旭、李胜利、毕曼、王鑫、杨立君、李琳编写，第五和第六章由杨贤友、刘雄飞、石阳、周福建编写，第七章由王振铎、杨振周、郑伟、严玉忠、陈作编写，第八章由艾教银、吕峰、王文军、盖立佳编写。全书由吴奇、刘玉章、杨贤友统稿。

本书由中国石油勘探与生产公司采油采气工艺处具体组织编写。在"体积压裂"理念的确立和实践中，中国石油天然气股份有限公司副总裁赵政璋多次给予指导并亲自推动，有力地促进了"体积压裂"理念和技术的快速发展。在编写过程中，得到了胡文瑞院士和单文文、蒋阗、李文阳、王家宏、魏顶民、张士诚、李根生等专家的指导，石油工业出版社对丛书进行了详细的审查与修改，对本书裨益很大，谨向他们表示衷心的感谢。鉴于编者水平有限，加之时间仓促，书中难免有差错与不足，敬请读者提出宝贵意见。

本书编写组

2012 年 7 月

目 录

- 第一章　绪论 ··· 1
  - 第一节　水平井化学暂堵胶塞与可降解纤维暂堵转向压裂技术发展状况 ······ 1
  - 第二节　水平井均匀布酸与暂堵转向酸化酸压工艺技术发展状况 ············ 2
  - 第三节　水平井水力裂缝监测与修井工艺技术发展状况 ······················ 4
- 第二章　水平井化学暂堵胶塞分段压裂技术 ··· 6
  - 第一节　技术原理与适应性 ·· 6
  - 第二节　化学暂堵胶塞及其性能 ·· 8
  - 第三节　化学暂堵胶塞分段压裂工艺 ·· 13
  - 第四节　现场应用 ·· 22
- 第三章　可降解纤维暂堵转向压裂技术 ··· 27
  - 第一节　技术原理与适应性 ·· 27
  - 第二节　可降解纤维材料及其性能 ·· 28
  - 第三节　可降解纤维暂堵转向压裂工艺 ······································ 32
  - 第四节　现场应用 ·· 49
- 第四章　水平井机械分段酸化酸压技术 ··· 56
  - 第一节　机械封隔器分段酸化技术 ·· 56
  - 第二节　水平井连续油管拖动酸化技术 ······································ 62
- 第五章　碳酸盐岩水平井自转向酸化酸压技术 ···································· 75
  - 第一节　技术原理与适应性 ·· 75
  - 第二节　自转向酸液体系与性能 ·· 82
  - 第三节　自转向酸化酸压工艺 ··· 98
  - 第四节　现场应用 ··· 110
- 第六章　砂岩水平井暂堵转向酸化技术 ··· 129
  - 第一节　技术原理与适应性 ·· 129
  - 第二节　酸液体系与性能 ·· 131

第三节　暂堵转向酸化工艺 …………………………………………… 148
　　第四节　现场应用 ……………………………………………………… 152

第七章　水力裂缝测试与诊断技术 ……………………………………… 160
　　第一节　方法类型与适应性 …………………………………………… 160
　　第二节　水力裂缝测斜仪测试 ………………………………………… 165
　　第三节　水力裂缝微地震测试 ………………………………………… 176
　　第四节　水力裂缝其他测试技术 ……………………………………… 187
　　第五节　综合应用 ……………………………………………………… 192

第八章　水平井修井工艺技术 ……………………………………………… 195
　　第一节　水平井修井井下管柱力学分析计算 ………………………… 195
　　第二节　水平井修井专用配套工具 …………………………………… 200
　　第三节　水平井连续冲砂工艺技术 …………………………………… 203
　　第四节　水平井解卡打捞工艺技术 …………………………………… 208
　　第五节　水平井钻磨铣工艺技术 ……………………………………… 212
　　第六节　水平井修井工艺技术综合应用 ……………………………… 214

参考文献 ……………………………………………………………………… 220

第一章　绪　论

水平井分段改造配套技术是指与水平井双封单卡、水力喷砂和封隔器滑套分段压裂三项主体技术相比，应用井数相对较少或研发较晚的水平井储层改造技术，以及与水平井改造相关的水力裂缝监测技术和水平井修井工艺技术。水平井分段改造配套技术主要包括三类：（1）与水平井分段压裂相关的水平井化学暂堵胶塞分段压裂技术和可降解纤维暂堵转向压裂技术；（2）与水平井酸化酸压相关的水平井机械分段酸化酸压技术、碳酸盐岩水平井自转向酸化酸压技术和砂岩水平井暂堵转向酸化技术；（3）与水平井分段压裂配套的水平井水力压裂裂缝监测技术和水平井修井工艺技术。

第一节　水平井化学暂堵胶塞与可降解纤维暂堵转向压裂技术发展状况

除水平井双封单卡、水力喷砂和封隔器滑套分段压裂三项主体技术外，水平井分段压裂的其他工艺技术还有水平井化学暂堵胶塞分段压裂技术和可降解纤维暂堵转向压裂技术。

一、水平井化学暂堵胶塞分段压裂技术

水平井化学暂堵胶塞分段压裂技术又称为液体胶塞分段压裂技术，是利用化学剂或聚合物溶液在井筒中聚合或交联形成强度较高的冻胶状胶塞封堵已压开或射开的井段，以实现其他井段的压裂改造，而达到其他分段压裂技术难以实现的分段压裂改造的目的。

化学暂堵胶塞用于分段压裂改造始于20世纪90年代，国内外都曾在水平井中试验过"液体胶塞+填砂"分段压裂技术，其基本步骤是：（1）射开第1段，油管压裂；（2）用液体胶塞和砂子封堵隔离已压裂井段；（3）上返射开第2段，通过油管压裂该段，再用液体胶塞和砂子封堵隔离已压裂井段；（4）重复第（3）步做法，依次压开所需改造的剩余井段，压开最后一段后不再用液体胶塞和砂子封堵隔离；（5）压裂工序结束后，进行冲砂和冲胶塞合层排液求产。现场试验结果表明，液体胶塞+填砂分隔分段压裂方法施工安全性高，但这种液体胶塞使用聚合物浓度高、破胶不彻底、伤害大，要求液体胶塞用量精确，现场操作难度大，压裂后需要冲砂作业，施工工序繁杂，作业周期长，综合成本高，且作业过程还可能造成储层伤害。因此，该项技术在20世纪90年代初发展起来后没有得到进一步推广应用。21世纪初，随着水平井技术在低渗透率特低渗透率储层的推广应用，需要分段改造的水平井数量越来越多，水平井分段压裂改造技术越来越受到重视，先后发展了双封单卡、水力喷砂和封隔器滑套等主体分段压裂技术，但是，针对某些使用机械和水力喷射等手段难以实施分段压裂改造的特殊水平井，如已射开井段太长或受封隔器卡距限制

等情况，为了解决这些主体分段压裂改造技术难以实现的特殊水平井的分段压裂改造难题，近年还发展了化学暂堵胶塞分段压裂技术。该技术采用低浓度成胶剂，成胶后强度高，不用填砂可有效封堵已压层段，成胶与破胶时间可控，压后可彻底破胶返排，施工结束后无须冲砂或钻塞等作业，可直接排液求产，对地层伤害小。现场应用表明，化学暂堵胶塞分段效果好，施工风险小。

二、可降解纤维暂堵转向压裂技术

为了满足机械分段后实现段内形成多缝的需求，2010年发展了可降解纤维暂堵转向压裂技术。该技术的可降解纤维可以封堵已经形成的水力裂缝，提高井底静压力，在另一位置或另一方向开启新缝，实现在段内多位置或多方向形成水力裂缝，从而，提高储层改造体积，改善压裂效果。该技术的可降解纤维还可以用于封堵已经压裂的井段，以便上返压裂新的井段，起到机械桥塞分段压裂的类似作用。由于该技术使用的可降解纤维可以在储层温度下完全降解返排，不但对储层无伤害，而且还可以节省桥塞分段压裂后的钻或取桥塞施工过程，缩短作业周期与降低综合成本。可降解纤维在段内暂时封堵已经形成的水力裂缝、实现开启多缝的工艺技术已经在大庆等油田试验取得成功。

第二节　水平井均匀布酸与暂堵转向酸化酸压工艺技术发展状况

水平井均匀布酸主要通过机械方法来实现，而暂堵转向酸化酸压改造主要通过化学或物理方法来实现。

一、水平井机械分段酸化酸压技术

水平井机械分段酸化酸压技术就是通过机械分隔手段将长水平井段分割成较短的井段进行酸化酸压，以控制水平段不同部位的酸液处理强度，达到整个井段尽量均匀布酸的目的。机械分段酸化酸压主要有连续油管拖动酸化和封隔器分段酸化酸压两种工艺。在直井应用较好的堵球转向工艺在水平井中则应用较少。

早期的封隔器分层酸化酸压工艺是先采用封隔器将第1段待酸化酸压层段封隔后，注入酸液对其进行酸化酸压改造，然后拖动封隔器卡封到下一个待改造层段进行酸化酸压，重复这一过程直至改造完所有井段，从而实现分段酸化酸压处理。这一工艺技术常常需要使用连续油管或钻机操作，作业工作量较大，作业周期长，费用较高。近年，又发展了不动管柱机械封隔器滑套分段酸化酸压工艺，与前一种工艺相比，施工更为安全和快捷，现在已作为主流的机械封隔器分段酸化酸压技术使用。

连续油管拖动酸化工艺技术是在20世纪90年代兴起，近年又得到完善发展的一种均匀布酸工艺技术，用于改善酸液置放、均匀布酸十分有效，尤其是水平井段的酸化处理。因为连续油管可实现在某一小段内注入酸液，并可连续地进行，均匀布酸效果好，作业周期较短。但由于连续油管的管径小，酸液流动摩阻高、排量受到限制，难以用于大排量酸化酸压施工作业，同时，含固相转向剂的酸液体系，会导致连续油管堵塞。所以，虽然连续油管拖动布酸技术已在国内外广泛使用，并取得了较好的效果，但因连续油管作业设备数量有限，以及施工排量与作业井深的限制，连续油管拖动酸化常常仅用于解堵酸化或大型酸化酸压作业的前期酸化。

二、水平井暂堵转向酸化酸压技术

水平井暂堵转向酸化酸压技术是指通过化学固体暂堵转向分流或化学高黏流体暂堵转向分流实现均匀酸化酸压的化学转向工艺技术。这类工艺技术又分为井段上均匀布酸与储层内部暂堵转向均匀酸化两种。

（1）仅能实现井段上均匀布酸的化学暂堵转向分流工艺：利用固相颗粒、地面交联的凝胶酸段塞或泡沫段塞等对井段上的相对高渗透率或低伤害储层部位进行暂堵，使注入主酸时，整个井段上的储层吸酸能力基本相当，达到对整个井段上的储层进行有效均匀酸化的目的。Harrison 报道，早在 1936 年国外就通过注入肥皂溶液与氯化钙反应生成不溶于水但溶于油的皂酸钙沉淀，用做盐酸酸化的转向剂，20 世纪 50 年代，萘球作为化学转向剂被用于油井和中等温度气井的转向酸化；60 年代，随着氢氟酸酸化的大量使用，石蜡、聚合物、烃类树脂（用于油井）和苯甲酸、岩盐（用于水井）等固相颗粒被作为酸化转向剂；80 年代，油溶性树脂成为最为广泛的应用于油井酸化的转向剂。这些固相颗粒转向剂在酸化过程中对高渗透率或低伤害储层部位进行暂堵而使酸液转向低渗透率或严重伤害储层部位进行酸化，以期达到整个井段上储层的均匀酸化。固相颗粒转向剂存在的主要问题是二次伤害严重和很难实现储层内部深度转向酸化。90 年代，发明了使用地面交联的凝胶酸段塞和泡沫段塞作为酸化转向剂的转向工艺技术。这两项技术的转向原理与固体颗粒类似，也是利用地面交联的凝胶酸段塞或泡沫段塞对高渗透率或低伤害储层部位进行暂堵而使酸液分流到低渗透率或严重伤害储层部位进行酸化。地面交联凝胶酸段塞转向酸化存在的主要问题也是二次伤害严重和很难实现储层内部深度转向酸化。泡沫转向技术在 90 年代得到比较深入系统的研究与应用，并取得了较好的应用效果，对于砾石充填完井，常选用泡沫暂堵转向酸化，对于具有水层的油井，泡沫可成功堵塞水层而使酸液进入油层。泡沫转向的优点可用于长井段的转向，处理液的返排比较彻底、伤害储层小，缺点是泡沫暂堵转向酸化工艺较复杂，在深井中应用受到限制并且其稳定性难以控制，以及很难实现储层内部的深度转向酸化。针对前述转向技术存在的问题，近年发展了特殊黏弹性表面活性剂胶束增黏前置酸与转向增效剂相结合的砂岩水平井清洁暂堵转向酸化技术，克服了已有的固相颗粒、地面交联凝胶酸段塞、泡沫段塞转向分流技术伤害储层较大、工艺复杂和不适合于深井的不足，具有工艺简便、基本不伤害储层和适合不同井温与井深储层的优点。在大庆油田、吉林油田、冀东油田和塔里木油田应用该项技术，取得了明显的效果。

（2）储层内部暂堵转向均匀酸化工艺：利用地下就地交联生成凝胶酸或利用黏弹性表面活性剂在残酸中形成巨型胶束、增黏酸液对相对高渗透率或低伤害储层部位进行暂堵，使后续注入酸液自动转向渗透率更低或伤害更严重的储层部位进行酸化，达到对井筒附近储层进行有效均匀酸化的目的。20 世纪末到 21 世纪初发展起来的地下就地交联酸，利用酸液体系注入储层后，首先进入高渗透率或低伤害储层进行反应，随着酸岩反应的进行，酸液的 pH 值升高，体系中的稠化剂发生交联而使体系的黏度增大，对高渗透率或低伤害储层进行堵塞而使后续注入酸液转向低渗透率或伤害较严重的储层进行酸化。地下就地交联转向酸的优点不但可以用于井段上的均匀布酸，而且还可以用于储层内部的深度自转向均匀酸化，主要问题是破胶不彻底时伤害较大，地下交联控制比较困难。为了解决地下交联酸伤害较大问题，21世纪初叶开始，发展与完善了利用黏弹性表面活性剂在残酸中形成巨型胶束、增黏酸液，实现转向的一种新型化学转向技术，其指导思想就是实现无伤害的就地清洁自转向酸化，以解决传统转向剂的非选择性和井下控制难的缺陷。该酸液体系中添加有特殊的表面活性剂，酸液与储层岩石反应后，在酸液酸度大幅度降低的同时生成大量的钙镁离子，使酸液中的特殊表面活性剂在残酸中形成巨型胶束结构，导致酸液的黏度迅速增大，对酸液首先进入的高渗透率或低伤害储层部位进行暂堵，使后续注入的酸液转向进入伤害相对严重和物性相对较差的储层部位，实现自转向均匀酸化。形成的巨型胶束结构在地层流体的作用下又可以自动破胶，使残酸黏度大幅度降低而继续向储层深部推进，这种巨型胶束的形成与破胶在地层中不断反复进行，酸液在高渗透率储层与低渗透率储层间交替推进，达到全面、均匀、清洁、高效酸化的效果。该转向酸液体系不但可以用于井段上的均匀布酸，而且还可以用于储层内部的深度均匀酸化，在储层中胶束的形成与破坏自动进行，不需要人为特殊控制，破胶彻底、易返排，基本对储层无伤害，可以实现清洁自转向酸化。根据这一原理，已经研究形成了适合不同温度和井深的碳酸盐岩水平井清洁自转向酸化酸压技术。该技术已在塔里木油田、冀东油田和西南油气田等油气田规模应用，酸化酸压改造前后，平均日产油由 $3.79m^3$ 增加到 $89.40m^3$，平均日产气由 $0.62\times10^4m^3$ 增加到 $10.42\times10^4m^3$；与邻近直井相比，当量产量增加 $0.1\sim13.0$ 倍，平均增加约 4.84 倍；与邻近水平井相比，当量产量增加 $0.77\sim4.76$ 倍，平均增加约 2.95 倍。统计其中 27 口井生产情况，与直井对比，累计净增油 19.25×10^4t 以上，净增天然气 $1.50\times10^8m^3$ 以上。

第三节 水平井水力裂缝监测与修井工艺技术发展状况

为了监测水平井分段压裂的裂缝形态、几何尺寸与分段有效性，形成了适合我国国情的水平井水力压裂裂缝监测技术，为了处理水平井分段压裂改造中出现的复杂情况、保证分段压裂的实施，发展了水平井修井工艺技术。

一、水平井水力压裂裂缝监测技术

水平井水力压裂裂缝形态通常较为复杂，为判断分段压裂工艺的有效性、评价压后效果、指导水力裂缝优化设计、确定水平井注采井网中注水井位置合理布局及分配注水井注水量等，都有必要对水力压裂裂缝进行测试，以认识裂缝形态及几何尺寸，以及确定水平井分段压裂的分段有效性。常用的水平井水力压裂裂缝监测技术有水力裂缝测斜仪测试技术和井下微地震波测试技术两类。

井下微地震测试是利用岩石破裂过程中的微地震信号测量水力裂缝方位和几何尺寸的一种技术方法。其工作原理是：当地层被压裂时，由于地层岩石的破裂，产生了微地震波信号，使用井下三分量地震仪连续记录这种随压裂时间产生的破裂岩石发出的微地震波，可确定水力裂缝的延伸方位、裂缝长度和高度，并进行实时裂缝监测解释。20世纪90年代，美国在得克萨斯州进行水力压裂井下微地震监测试验，获得实质性突破，并将此技术快速推广到工业化应用。目前，进行此项技术服务的公司主要有Pinnacle、Engineering Seismology Group、Microseismic、Schlumberger、Weatherford 和OYO Geospace等，Pinnacle公司自2001年以来已经在北美地区实施了近3000口井的压裂监测服务。西方国家不但拥有自己的硬件技术，同时还拥有自主知识产权的微地震处理技术和软件。

水力压裂可诱发地层特有的倾斜变形，这种变形可反映水力裂缝的几何尺寸形态和方位变化情况。水力裂缝测斜仪的测量原理是利用类似于"木匠水平仪"一样的仪器，测定裂缝启裂造成的岩石变形，并以此来推算出水力压裂裂缝的几何形状和方位。裂缝所造成的岩石变形场向各个方向辐射，通过电缆将一组测斜仪布置在井下，将一组测斜仪布置在地面就可以测量这种变形。不同裂缝产生不同的形变特征，从而可确定裂缝的几何形状和方位。国外主要有Pinnacle公司从事测斜仪测试水力裂缝的技术服务。国内中国石油勘探开发研究院廊坊分院2008年引进了Pinnacle公司的水力裂缝测斜仪测试技术，在国内进行了裂缝测试，结合井下微地震、零污染示踪剂、连续油管井温测井和大地电位法等测试技术，分析了各种测试方法的适应性，建立了适合我国国情的水平井水力压裂裂缝监测技术。

水平井水力压裂裂缝监测技术在长庆油田、大庆油田和吉林油田等得到了很好应用，监测结果为认识水平井水力裂缝的复杂性和评价压后效果奠定了基础。

二、水平井修井工艺技术

针对水平井分段压裂施工过程中出现的落物掉入水平段后被砂埋、鱼顶破碎与形状复杂、落物卡死，固相沉积物在水平井中形成沉砂床、堵塞井眼，水平井中弯曲段和水平段中落物卡阻等复杂情况，影响压裂施工正常进行，常规的检测工具、解卡打捞工具、磨套铣工具和扶正工具等无法满足水平井修井作业的需要，从2006年开始，开发了水平井修井专用配套工具，形成了水平井解卡打捞、钻磨铣和连续冲砂修复作业等水平井修井工艺技术。该技术在大庆及其他油田共20多口各种类型的水平井上应用，冲砂井段最长达795.0m，工艺成功率达到100%；解卡打捞修复率达100%，工艺成功率由原来的81%提高到目前的95%以上；钻磨铣最长井段达137.0m，成功率达100%，保障了水平井分段压裂施工的成功实施。

第二章 水平井化学暂堵胶塞分段压裂技术

针对使用机械分段和水力喷射等手段均难以实施分段压裂的特殊水平井,发展了化学暂堵胶塞分段压裂技术作为水平井分段压裂技术的补充配套。化学暂堵胶塞采用低浓度成胶剂,通过交联或聚合成胶剂形成高强度凝胶后,不用填砂就可以有效封堵已压裂或已射孔井段,将这些井段与待压裂井段分隔,以便待压裂井段的施工作业;化学暂堵胶塞的成胶与破胶时间可控,压裂作业时暂时封堵已压开或已射开井段,压后可彻底破胶返排,施工结束后无须冲砂或钻塞等作业,直接排液求产,对地层伤害小,施工风险较低。新型可控成胶和破胶的化学暂堵胶塞,已在现场得到了成功应用。

第一节 技术原理与适应性

一、技术原理

1. 分段原理

化学暂堵胶塞暂堵分段压裂是水平井分段压裂技术中的化学分隔技术,是分段压裂工艺中的一种。其分段原理是通过高强度的化学暂堵胶塞暂时封堵已经压开或不需要压裂的射孔井段,然后,对下一井段或需要压裂的目的层段进行正常压裂施工。当压裂施工结束后,在控制时间内化学暂堵胶塞可以彻底破胶返排,起到压裂时暂堵、压后易于破胶返排保护储层的作用。图2-1-1为化学暂堵胶塞封下压上在分段压裂施工过程应用的示意图。对于某些需要封上压下的特殊井,其施工封堵原理类似,只是胶塞注入方式与注入管柱有所区别。

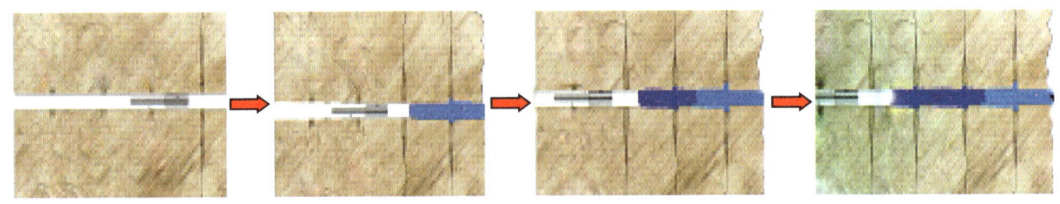

(a)压裂第1段后上返　(b)注胶塞后压第2段后上返　(c)注胶塞后压第3段后上返　(d)重复第3步至压完所有段

图2-1-1 化学暂堵胶塞封下压上施工过程示意图

2. 成胶与破胶原理

1)成胶原理

水平井化学暂堵胶塞利用高分子结构可控优势,在合成高分子聚合物时,通过设计分子结构,调节高分子结构分布,将水溶性基团、耐盐基团及交联官能团等优化接枝,控制相对分子质量,合成溶解性好、黏性大、可交联成胶、弹性强的高分子聚合物。通过使用特殊类型与恰当浓度的交联剂,控制成胶条件与成胶时间,在合适的条件下,交联官能团在交联剂作用下交联形成高强度网状弹性胶体，起到封堵已经压开或不需要压裂的射孔井段作用。当然，也可以通过控制单体在井下聚合的方式，得到高强度的暂堵胶塞。

2) 破胶原理

化学暂堵胶塞破胶就是破坏交联或聚合的高分子聚合物网状结构。通过化学破胶或机械作用，长链立体的交联分子结构降解为小分子或单体结构，使高强度凝胶变成低黏度的液体。化学破胶是目前应用最为广泛的破胶方法，适应性好，操作方便。

水平井化学暂堵胶塞是水溶性交联高分子聚合物，直接将破胶剂加入聚合物溶液中会影响胶塞的成胶，并且控制成胶比较困难。所以，通过胶囊将化学破胶剂包裹，利用缓慢控制释放技术释放出破胶剂，达到控制成胶与破胶的目的。破胶剂的释放机理有以下三种方式。

（1）膜扩散控释原理（图 2-1-2）：通过包衣膜来控制和调节破胶剂的释放速率和行为，其机理为膜扩散控制。

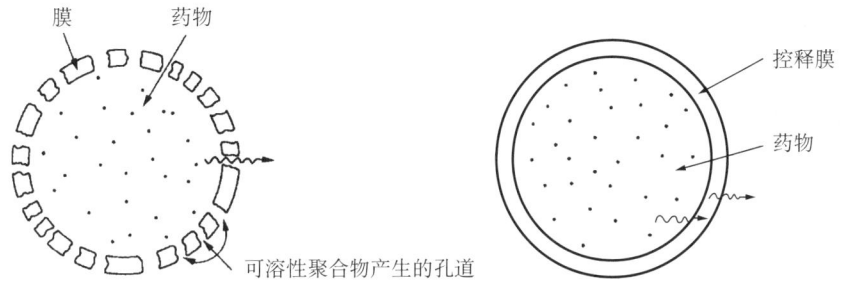

图 2-1-2 膜扩散控释系统的两种释药方式

（2）渗透压控释原理（图 2-1-3）：以膜内外的渗透压差为释药动力，以零级释药为基本特征的一种新型释药系统。

（3）树脂复合物控释原理：将可解离的药物与树脂结合得到一种药物—树脂复合物（还需包衣），该复合物与外部溶液中的离子发生药物交换，释放出药物。

图 2-1-3 渗透压控释系统的两种释药方式

新型高性能破胶剂比传统氧化型过硫酸铵破胶剂的破胶效率提高 50 倍以上。综合利用上述控释技术原理，针对施工过程破胶时间的分段要求，得到了满足水平井化学暂堵胶塞破胶要求的系列胶囊破胶剂。

二、技术适应性

化学暂堵胶塞暂堵分段压裂技术应用时，必须考虑管线、排量控制、罐底余量等施工条件。在化学暂堵胶塞用量大于 2.5m³、环空化学暂堵胶塞长度 100m 以上时，现场施工易精确控制注入量和封堵位置，形成具有抗压能力的有效封堵化学暂堵胶塞；封堵井段较短时，因暂堵胶塞用量少，注入量和封堵位置控制很难，再考虑混浆段成胶强度较低问题，难以形成满足抗压能力要求的有效化学暂堵胶塞。因此，化学暂堵胶塞适用于长井段射孔、层间用机械工具无法进行分隔的水平井、低压老井等。

第二节 化学暂堵胶塞及其性能

一、成胶剂与破胶剂

1. 成胶剂

水平井化学暂堵胶塞在压裂施工过程中,需承受一定的施工压力。在外部压力20~50MPa作用下,化学暂堵胶塞不仅要保持良好的性能,还不能过多地进入裂缝中伤害储层,因此,化学暂堵胶塞要具有较高的弹性和抗压强度。在外力或压力作用下物质都会流动,物质内部也会发生变化,因此,物质所能承受的最大外力是优选化学暂堵胶塞的首要条件。黏弹性流变实验是通过测定液体或固体在外部力作用下,形状发生弹性形变的屈服值,因此,可用少量液体快速得到分子结构在外力作用下的变化情况。

在相同的实验条件下,瓜尔胶交联体系的抗压强度 G' 为 10~70Pa,普通交联高分子冻胶的抗压强度 G' 为 0~20Pa,而新型聚合物化学暂堵胶塞 RP 体系的抗压强度 G' 为 70~90Pa,具体数据见表 2-2-1 和表 2-2-2,以及图 2-2-1 和图 2-2-2。

表 2-2-1 高分子聚合物胶体体系的黏弹性能

体系		温度 ℃	G' Pa	G'' Pa	G^* Pa
类型	配方				
普通高分子聚合物体系	0.2%A-1+0.2% 交联剂（A-2南）	60	0.4469	0.6053	0.7525
	0.6%FA-200+0.6%AC-12	60	16.73	13.74	21.97
新型聚合物化学暂堵胶塞体系	7%RP1+0.3%STP-2	60	78.507	0.2283	78.508
	7%RP2+0.3%STP-2	60	77.272	1.4812	77.2955
	10% RP3+0.3%STP-2	60	93.245	19.355	94

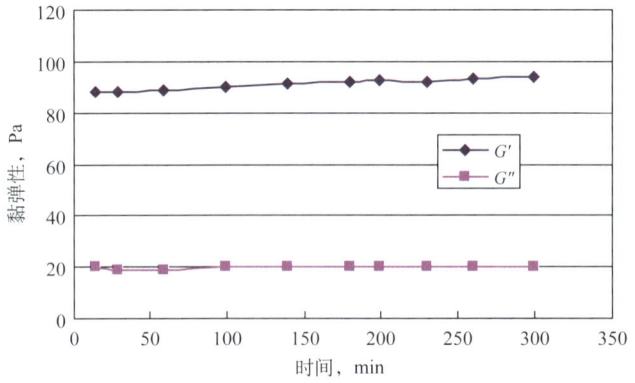

图 2-2-1 新型高分子聚合物胶塞体系的黏弹性

表 2-2-2　植物胶体系的黏弹性能

配方	G' (29℃) Pa	G'' (29℃) Pa	G' (60℃) Pa	G'' (60℃) Pa
0.7% 原粉 +0.013% 硼砂（pH 值为 9.5）	27.12	12.11	16.89	7.05
1.0% 原粉 +0.03% 硼砂（pH 值为 9.5）	56.91	14.28	57.61	10.98
1.0% 原粉 +0.2%BCL-81（pH 值为 9.5）	76.57	12.74	41.86	8.07
0.8%HPG+0.02% 硼砂（pH 值为 8.5）	22.85	3.84	14.58	5.23
0.8%HPG+1.0% BCL-81（pH 值为 8.5）	35.27	12.27	28.74	4.74

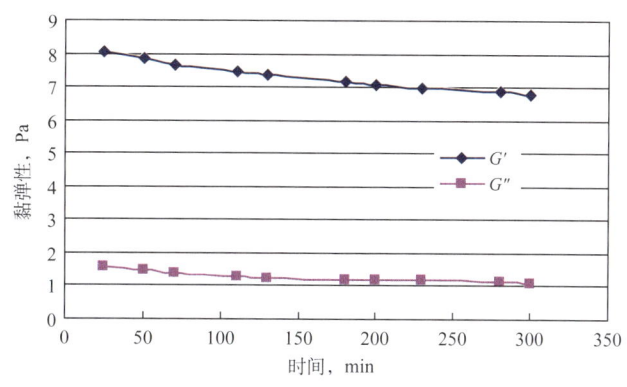

图 2-2-2　交联瓜尔胶体系的黏弹性

从图 2-2-1 和图 2-2-2 可以看出，聚合物具有很稳定的黏弹性，而瓜尔胶交联体系的黏弹性随着时间的延长而减小。在水平井分段压裂施工过程中，施工时间长，施工压力高，因此，新型聚合物体系作为化学暂堵胶塞更适合于水平井分段压裂暂堵的要求，选择新型聚合物作为化学暂堵胶塞的成胶剂较合适。

2. 破胶剂

化学暂堵胶塞是高强度的高分子交联聚合物，常规的破胶体系作用时间长，破胶效果不理想。常用的破胶剂过硫酸铵（APS）破胶效果很差，特别是在胶塞形成以后，几乎没有破胶效果，其他氧化剂也存在相同问题。常用氧化剂与胶塞破胶剂对化学暂堵胶塞的破胶效果见表 2-2-3。新型化学暂堵胶塞破胶剂对胶塞有强烈的破坏作用，加入少量胶塞破胶剂，化学暂堵胶塞即无法成胶，因此，不能以将破胶剂直接加入化学暂堵胶塞体系中的方式来进行破胶。但在已经形成的高强度胶塞中加入少量破胶剂，也有高效的破坏作用。

二、配方体系

不同的聚合物胶塞配方体系形成的胶塞强度和性能差别很大，见表 2-2-4。根据表 2-2-4 中结果，选定了 10%RP+0.03%B+（0.01%～0.05%）交联剂作为化学暂堵胶塞配方，该配方的可控成胶时间为 5～90min。化学暂堵胶塞配方体系可根据现场要求，进行相应的调整，适应性及操作性强。

表 2-2-3　常用氧化剂与胶塞破胶剂的破胶效果

试剂名称		胶塞状态	
		先加试剂	后加试剂
氧化剂	过硫酸铵	少量正常成胶，大量（40%）先成胶，5h 后软化	24h 后无变化
	高氯酸钠	正常成胶，放 6h 后少量破胶	无变化
	高氯酸钾	正常成胶，放 6h 后少量破胶	无变化
	次氯酸钙	正常成胶	无变化
	高锰酸钾	影响成胶	少量破胶，需要很长时间
	重铬酸钾	影响成胶	少量破胶，需要很长时间
	碘酸钾	大量（40%）加入正常成胶	无变化
胶塞破胶剂		加 1% 粉末，影响成胶	加 1.5% 后，0.5h 后全部破胶成溶液

表 2-2-4　聚合物胶塞配方优化实验结果

配方	G', Pa	G'', Pa	65℃成胶时间, min
7%RP+0.03%B+0.05%C+0.05%D	77.272	1.4812	15.0
10% RP +0.03%B +0.05%D	122.09	37.723	17.5
10% RP +0.03%B+0.01% 交联剂	227.46	16.135	50～90
10% RP +0.03%B+0.03% 交联剂	149.85	28.51	40～43
10% RP +0.03%B+0.05% 交联剂	140.49	44.316	5～10

三、综合性能

与施工工艺要求结合，确定的适合施工条件的聚合物化学暂堵胶塞体系的基液配方为：10% 成胶剂 +0.3% 稠化剂 +（0.01%～0.05%）交联剂，其综合性能如下。

1. 基液成胶性能

化学暂堵胶塞基液主要由成胶剂和稠化剂组成，为无色黏稠液体。成胶前其表观黏度为 36mPa·s，pH 值等于 7。通过加入交联剂，在 5～90min 可控交联成胶，成胶后的化学暂堵胶塞具有良好的弹性，如图 2-2-3 所示。

图 2-2-3　成胶后的化学暂堵胶塞实物照片

2. 胶塞基液与压裂液混合后对成胶性能的影响

胶塞基液在泵送过程中不可避免要与压裂液混合，胶塞基液与压裂液不同比例混合后对胶塞的成胶性能影响情况如下。

（1）对成胶时间的影响。压裂液与胶塞基液混合比例小于30%时，对成胶时间影响很小；混合比例为30%～50%时，成胶时间延后10～30min。

（2）对成胶强度的影响。压裂液与胶塞基液混合比例小于20%时，对胶体强度影响较小（弹性模量为81Pa）；混合比例为30%～50%时，对化学暂堵胶塞强度的影响逐渐增大（弹性模量最小为49Pa，最大为71Pa），详见表2-2-5。压裂液与胶塞基液以不同比例混合后，形成胶塞的实物照片见图2-2-4。

表 2-2-5　压裂液与胶塞基液混合成胶后的黏弹性

交联压裂液：胶塞基液	弹性模量，Pa	黏性模量，Pa
0∶100	114.68	36.719
10∶90	81.281	44.815
30∶70	65.085	36.687
40∶60	60.886	33.173
50∶50	60.86	36.883
1.0% 瓜尔胶原粉 +0.3%BCL-81（pH 值为 9.5）	38.27	16.81

上述实验结果表明，尽管胶塞基液混入压裂液后对化学暂堵胶塞的成胶时间和强度有一定的影响，但是，混合比例低于50%时，对胶塞的性能影响不大。可以通过在施工中控制相应的排量或黏度差而控制混合对胶塞性能的影响。

3. pH 值对成胶性能的影响

pH 值对胶塞的成胶时间和强度性能的影响情况见表2-2-6。由表中数据可以看出，当pH 值不大于5.5（酸性环境）时，胶塞基液无法成胶；pH 值不小于5.5（弱酸性到碱性环境）时，化学暂堵胶塞基液成胶很好，而且成胶性能随 pH 值的变化基本无变化。因此，化学暂堵胶塞必须在 pH 值大于5.5的环境下使用。

4. 抗压强度

通过图2-2-5所示的水平井胶塞抗压强度模拟评价装置，测试了化学暂堵胶塞封堵后的耐压差情况。根据水平井施工条件，该装置可通过两端加压和上覆加压来测定胶体变形情况。当上覆压力40MPa、侧向加压10MPa时，胶塞没有被挤入裂缝；保持上覆压力，侧向加压到20MPa时，化学暂堵胶塞也未被挤压入裂缝。这说明化学暂堵胶塞的抗压能力很强。

通过化学暂堵胶塞配方的优化调整，化学暂堵胶塞的性能可以根据施工井段温度、井深、胶塞放置位置、注入方式和压裂时间等条件进行调整，并通过选择合适的注入管柱、注入液量、顶替液量与黏度、注入排量、成胶与破胶时间等施工参数，来实现化学暂堵胶塞的准确放置与强度要求。

（a）纯胶塞冻胶

（b）混入10%压裂液

（c）混入20%压裂液

（d）混入30%压裂液

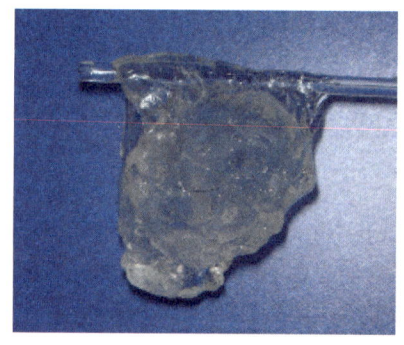
（e）混入40%压裂液

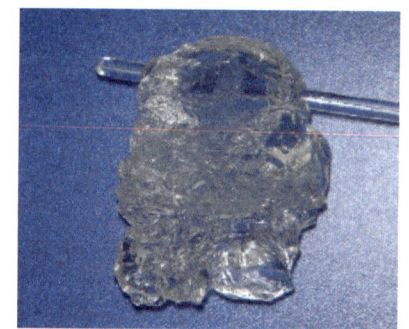
（f）混入50%压裂液

图 2—2—4　胶塞基液混入不同比例压裂液后形成的胶塞实物照片

表 2—2—6　pH 值对胶塞成胶情况的影响

pH 值	弹性模量，Pa	黏性模量，Pa
＜5.5	不成胶，无法测定	无法测定
5.5	120.95	41.614
7	103.66	32.777
8	140.49	44.316
9	116.63	43.118
10	108.58	41.963

图 2-2-5 化学暂堵胶塞耐压实验装置

目前，油田使用的 20～100℃ 化学暂堵胶塞的主要性能指标如下：
(1) 胶塞基液黏度根据顶替液黏度调整，一般为 21～48mPa·s。
(2) 凝固时间 30～60min。
(3) 成胶时间 5～90min 可以调整。
(4) 破胶时间 1～96h 可以调整。
(5) 耐压差 20～30MPa。
(6) 破胶液伤害率一般小于 5%。

第三节　化学暂堵胶塞分段压裂工艺

水平井分段压裂技术是一个新的工艺，不填砂化学暂堵胶塞在分段压裂中的应用，国内外都未见到现场施工报道。化学暂堵胶塞在分段压裂中如何放置，注入速度如何控制，破胶是否可控，破胶剂颗粒大小如何选择，液体返排条件的确定等，都需要详细的模拟实验确定。采用水平井小型模拟管柱装置和平行板模拟实验装置，直观地模拟化学暂堵胶塞分段压裂施工过程，确定了施工工艺参数。

一、分段压裂工艺物理模拟

1. 水平管柱流动模拟

化学暂堵胶塞在模拟压裂管柱中的流动模拟实验是胶塞进入现场应用前的放置工艺模拟手段，所以设计了透明有机玻璃水平井小型模拟管柱流动实验装置，以便直观观察化学暂堵胶塞的注入位置和不同时间的破胶情况等，可实现注入排量 0.5m³/min 内的模拟评价实验。图 2-3-1 是水平井小型模拟装置布局图，图 2-3-2 是安装好的模拟装置局部照片。水平井小型模拟装置管线全长 20m，管道直径 130mm，可以模拟 90℃ 内不同地层温度的水平井段施工液体注入情况。

1) 胶囊破胶剂粒径优选

胶塞液体在注入过程中，携带的破胶剂颗粒通过泵注设备后都有一定程度的破损，粒

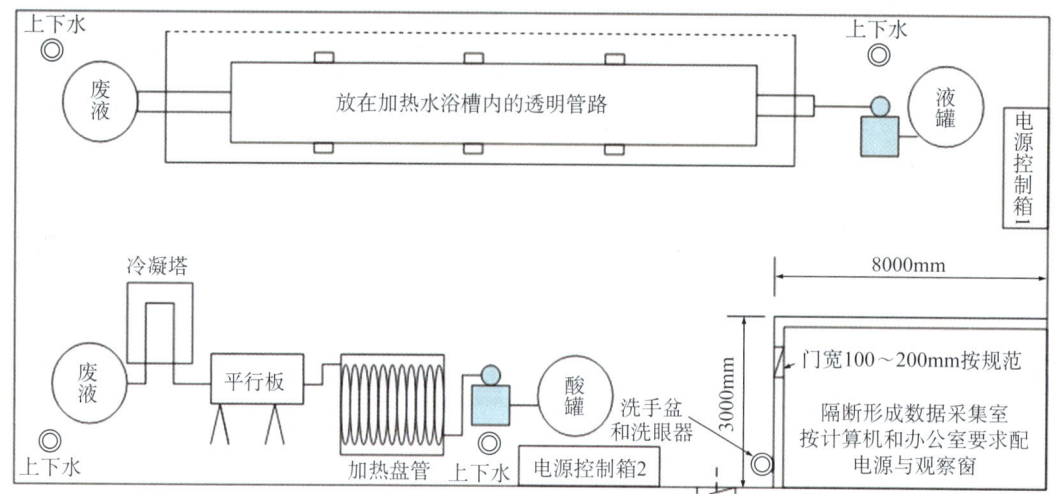

图 2-3-1　水平井化学暂堵胶塞放置模拟装置布局

图 2-3-2　水平井模拟装置关键部分照片

径不同，破碎率也不同。利用水平井小型物模装置模拟现场施工过程，确定了 20~40 目微胶囊和 0.5cm×1cm 胶囊在不同情况下的破碎率，根据破碎状态，确定合适的破胶剂粒径大小，以保证施工中的有效破胶作用。

（1）囊衣材料及包裹方式对搅拌过程中破胶剂颗粒破碎情况的影响。

在 2000r/min 的高速搅拌条件下，两种胶囊破胶剂在 10min 内都无破碎，说明囊衣材料及包裹方式在该搅拌速度条件下对破胶剂颗粒破碎情况无影响。

（2）胶囊粒径对注入过程中破胶剂颗粒破碎情况的影响。

在以 0.3m³/min 泵注速度模拟现场注入过程中，对于 20~40 目微胶囊，观察到的破碎率小于 5%（图 2-3-3），电导率测定也几乎没有变化；但对于 0.5cm×1cm 胶囊，观察到的破碎率大于 90%（图 2-3-4），电导率测定也接近 90% 释放，因此，为了防止施工中破胶剂胶囊破碎，要求破胶剂胶囊颗粒越小越好。

上述实验结果说明，优选的囊衣材料及包裹方式对搅拌速度、压力不敏感；20~40 目粒径的胶囊破胶剂在泵注后破碎率很低，因此，选择该粒径的胶囊较好。

2）泵送过程流速对液体流态的影响

胶塞液体和顶替液黏度相同时，不同的注入速度可能会对液体的流动状态产生一定的影响。通过考察 36mPa·s 胶塞液体与 36mPa·s 压裂液在 0.2m³/min、0.3m³/min、0.4m³/min 和 0.5m³/min 泵注速度下液体的混合状态和流态，优选确定了适合现场应用的泵注速度。典型的实验观察结果见图 2-3-5。

图 2-3-3 20~40 目微胶囊泵注过程的破碎情况（破碎率小于 5%）

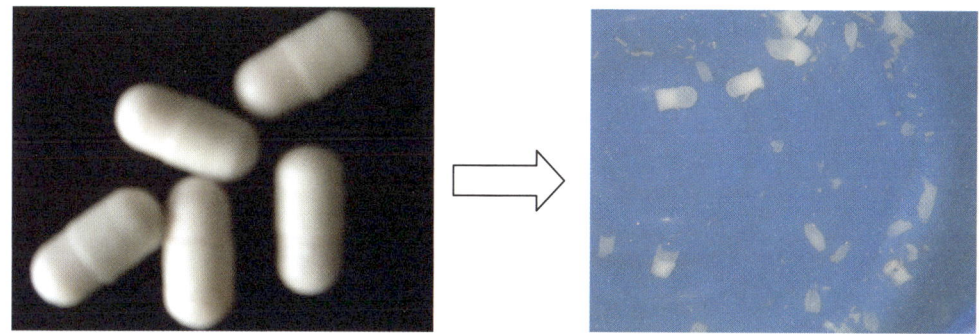

图 2-3-4 0.5cm×1cm 胶囊泵注过程的破碎情况（破碎率大于 90%）

图 2-3-5 压裂液与胶塞混合部分可以充满管线，无气泡

两种液体的流动与混合规律为：

（1）在液体黏度相近的情况下，流速小于 0.3m³/min 时，两种液体以活塞方式推进，液体黏度越大，液体间界面越清晰，混合比例小于 30%。

（2）在液体黏度相近的情况下，流速大于 0.4 m³/min 时，后一种液体指进明显，液体间混合比例大于 50%。

可见，在胶塞液与顶替压裂液的黏度相近的情况下，泵注流速控制在 0.2~0.3m³/min 时，两种液体的混合比例小于 30%，这种情况下的胶塞成胶后，对胶塞的强度影响很小，不会影响到胶塞的分段效果。

3）液体黏度与泵速对胶塞成胶状态的影响

胶塞液体和顶替液之间的黏度不同，对注入过程中液体的流动状态有一定的影响。通过考察 36mPa·s 胶塞液与 0mPa·s、30mPa·s、36mPa·s 和 45mPa·s 的顶替液，分别在 0.2m³/min、0.3m³/min、0.4m³/min 和 0.5m³/min 泵注速度下，管柱中液体分布状态与胶塞的成胶情况，确定了适合现场应用的黏度关系与泵注速度。根据 4 组实验结果，得到以下

认识:

(1) 在液体黏度相差 ±10mPa·s、0.2~0.3m³/min 流速条件下,液体间扩散速度小于 0.5cm/min,液体间混合比例小于 30%,对胶塞的成胶性能影响很小。

(2) 当液体黏度相差大、流速大于 0.3m³/min 时,顶替液有明显指进,液体间混合比例大于 50%,对胶塞的成胶性能影响较大。

可见,为了保证化学暂堵胶塞的成胶强度,胶塞液体与顶替液之间的黏度差最好小于 10mPa·s,注入速度控制在 0.3m³/min 以内。

2. 平行板狭缝流动模拟

在压裂施工中,一种非牛顿流体驱替另一种非牛顿流体的不稳定指进驱替过程,可能使液体性能发生变化,产生与要求相背离的效果。用图 2-3-6 所示的透明平行板装置,模拟实验了裂缝内不同黏度差液体间驱替时可能发生的黏性指进情况,以对比不同液体黏度差、注入速率和液体密度差条件下指进发生的情况,总结出不同条件下黏性指进发生的一般规律,以便在施工过程中尽量控制产生指进的程度。

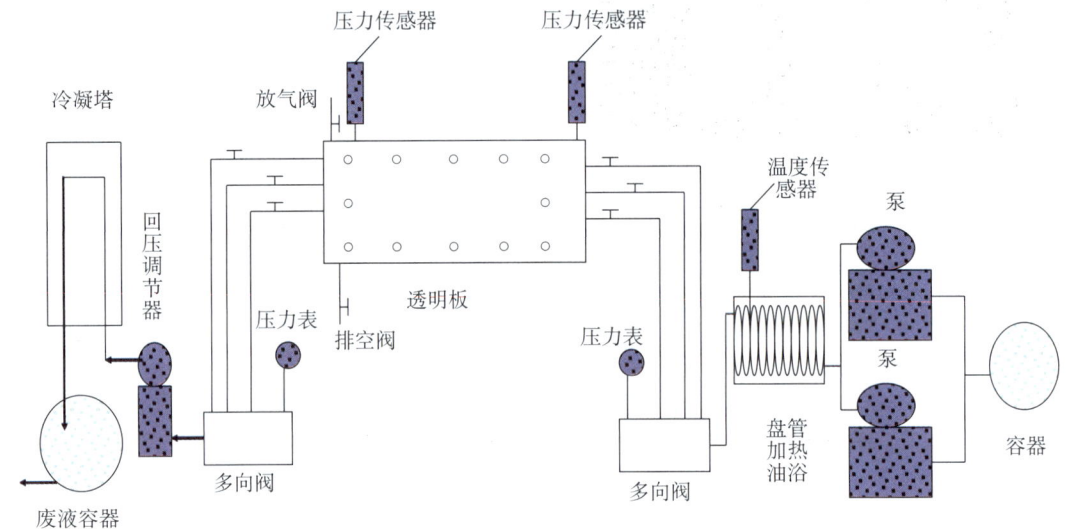

图 2-3-6 裂缝内黏性指进模拟实验装置示意图

采用一定黏度差液体进行黏性指进实验模拟过程中,指进在经过了一段时间的长度和高度都逐步变大的短暂不稳定阶段后进入拟稳定阶段。在拟稳定阶段,指进高度趋于稳定,随着液体的不断注入,指进只在长度上不断增加,而高度基本不变。随着液体黏度差增加,指进主体部分的高度降低。增加注入速率,指进高度相应增加。密度差对指进的影响相对较小,仅引起重力作用下的指进下降。下面详细介绍指进发生规律。

1) 液体黏度差对指进的影响

裂缝内液体指进主要受液体黏度差值、注入速率和裂缝宽度的影响,其中黏度因素是尤为重要的一个因素,由低黏度液体驱替高黏度液体一般都会有指进现象。在用基液1 (0.3%HPG) 驱替基液2 (0.6%HPG)(基液2与基液1的黏度比为3:1)的过程中,流态如图 2-3-7 所示,由于黏度差较小,指进效果并不明显,基液1的前端以突进的方式向前驱替,并没有明显的树枝状指进现象。主要原因是黏度差过小,同时,两种流体间的内部结构相似，驱替液和被驱替液体都是线性凝胶，使得这种多发生在多种液体间驱替过程的黏性指进现象在这种情况下表现得并不明显，因此这种内部结构具有相似性的两种液体之间，如果黏度差较小，指进现象并不明显，驱替过程表现为整体推进过程。

图 2-3-7　基液 1（0.3%HPG）驱替基液 2（0.6%HPG）的指进情况
（红色液体为基液 1，无色透明液体为基液 2）

在用清水驱替两种基液 [基液 1（黏度比 30∶1）和基液 2（黏度比 90.5∶1）] 过程中，观察到明显的指进现象（图 2-3-8 和图 2-3-9）。在这个过程中，指进首先是进入一段不稳定阶段（如图 2-3-9 注入端部分），这段时间很短，只有几秒钟（一般在现场施工时这一阶段时间为 10～40s），这个阶段指进的发展在长度和宽度上都有所增加。然后，指进进入拟稳定阶段（图 2-3-10），指进的高度已经趋于稳定，随着液体的不断注入，指进只在长度上不断增加，高度不变。图 2-3-11 和图 2-3-12 分别描述了拟稳定阶段指进高度和长度随时间的变化情况。同时，对比两个黏度比条件下的黏性指进情况，可以看出随着黏度比的增加，指进主体部分的高度降低。

图 2-3-8　清水驱替基液 1（0.3%HPG）的黏性指进情况
（红色液体为基液 1，无色透明液体为清水）

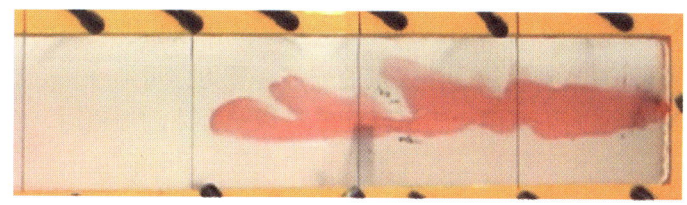

图 2-3-9　清水驱替基液 2（0.6%HPG）时黏性指进——不稳定指进发展阶段
（红色液体为清水，无色透明液体为基液 2）

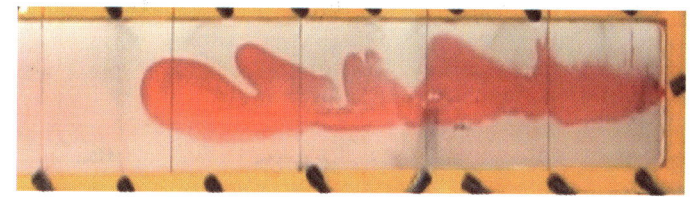

图 2-3-10　清水驱替基液 2（0.6%HPG）时黏性指进——拟稳定发展阶段
（红色液体为清水，无色透明液体为基液 2，注入速率为 500mL/min）

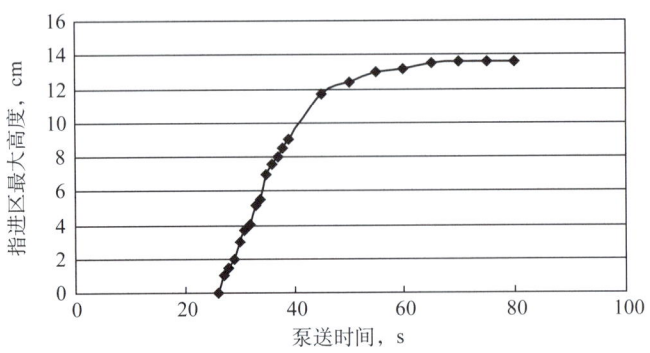

图2-3-11 指进区最大高度随时间变化图

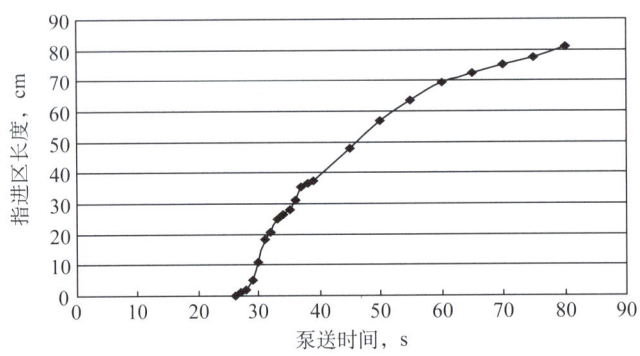

图2-3-12 指进区长度随时间变化图

2）液体密度差对指进的影响

在平行板内充入线性胶基液（密度为1.006g/cm³），用密度为1.1g/cm³的KCl盐水驱替，两液体之间的黏度比为90.5∶1，注入速率为500mL/min。与上面得到的实验现象明显不同的是，由于KCl溶液的密度较大，驱替从一开始就是向下发展的，从图2-3-13中可以观察到，指状发展指向竖直向下的方向，这是重力因素的影响。经过了短暂的不稳定阶段后，由于存在黏度差，在最初的几秒钟内，KCl液体以指进状态向前驱替短暂的一段距离（图2-3-13），随着高密度液体注入量的增加，重力作用加强，会有较多的高密度液体汇聚在注入端，并不断向下沉降，当沉降能够形成一个流动通道时，在重力作用下，液体会在注入端就迅速下降至裂缝底部，并最终集中在裂缝底部向前流动（图2-3-14）。因此，对于指进的发生，重力因素的影响要小于黏性因素的影响。增加注入速率会延长指进区长度。

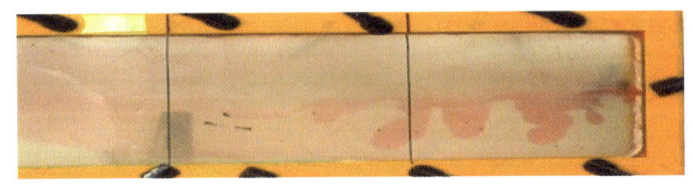

图2-3-13 密度为1.1g/cm³KCl溶液驱替0.6%HPG基液指进最初阶段
（红色液体为1.1g/cm³KCl溶液）

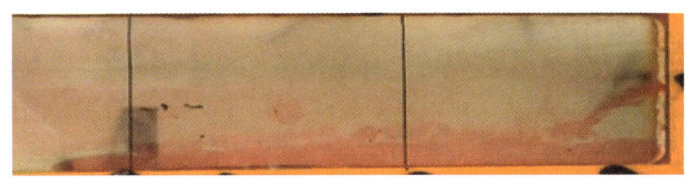

图 2-3-14　密度为 1.1g/cm³ KCl 溶液驱替 0.6%HPG 基液后期阶段
（红色液体为 1.1g/cm³ KCl 溶液，无色透明液体为 0.6%HPG 基液）

3）注入速率对指进的影响

注入速率也是影响指进的一个重要因素，在注入过程中，逐步提高注入速率，可以观察到指进高度有所增加，因此，可以得出随着注入速率的增加，指进高度也相应增加的结论。较低的注入速率限制了邻近的指进向垂直方向的发展，因此，也减少了垂直方向上指状合并的可能性。

4）回流现象

在实验中，普遍观察到水的倒流现象，即在经过了短暂的拟稳定阶段和指进增长阶段后，指进后期下部边缘的水不是沿着出口方向前进，而是指向下并向注入端方向发展（图2-3-15）。这是由于指进造成流体极端不规则分布的结果，而压力沿黏度低的方向传播较快，造成压力场不规则，进而造成回流现象。

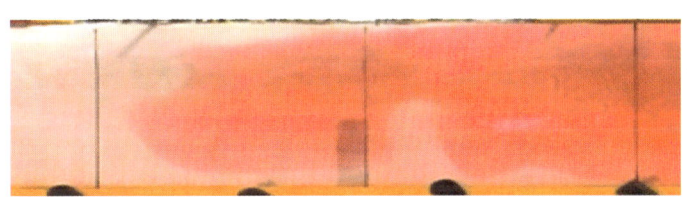

图 2-3-15　指进后期的回流现象

上述实验结果说明，在化学暂堵胶塞泵送过程中，驱替液与被驱替液的黏度和密度应尽可能保持一致，否则会出现指进现象，严重影响化学胶塞的成胶封堵性能。

3. 胶塞在管柱中的滑动模拟

采用图 2-3-16 所示的套管上钻有 6 个螺旋布孔孔眼的化学暂堵胶塞滑动模拟实验装置，模拟实验了套管在有射孔孔眼的条件下的胶塞抗滑动性能。实验结果表明，交联压裂液顶替时，在 5～15MPa 驱替压力下，胶塞在管柱内的稳定时间为 20～60min。

图 2-3-16　模拟套管射孔条件下胶塞滑动实验装置

通过模拟实验,得到以下认识:

(1)胶塞液体与压裂液黏度匹配情况对顶替流动的影响规律为当黏度差小于20%时,两液体是近似柱塞式驱动;当黏度差不小于30%时,指进现象明显。因此,为了避免指进对胶塞强度的影响,现场胶塞基液与顶替压裂液的黏度差应小于20%。

(2)水平管柱模拟实验中,水平井段压裂液与胶塞混合部分可以充满管线,无气泡,纯胶塞段成胶情况好,胶塞可达到烧杯内实验的强度(图2-3-17)。

图2-3-17 水平管柱实验中纯胶塞段能充满管线和胶体结实

二、化学暂堵胶塞分段压裂设计

1. 工艺管柱设计

工艺管柱基本结构如图2-3-18所示,具体施工井的工艺管柱设计根据功能需要进行改变。

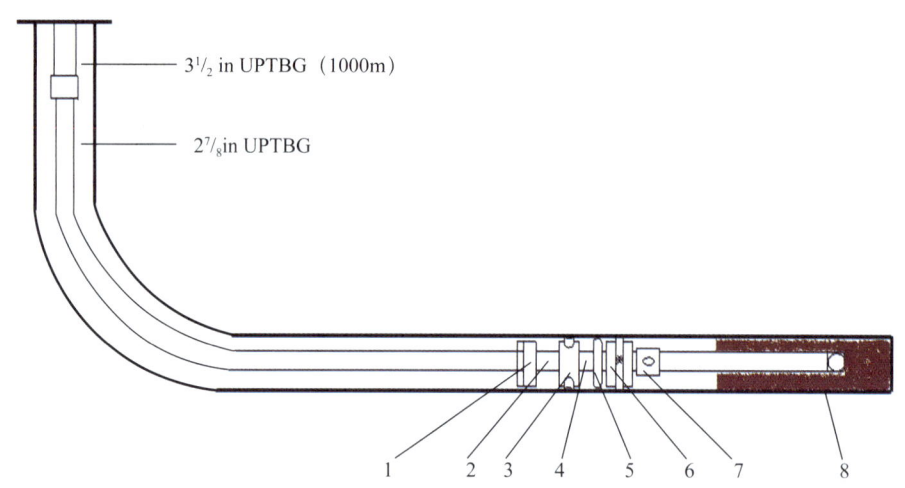

图2-3-18 化学暂堵胶塞分段压裂工艺管柱基本结构示意图

1—安全接头;2—外加厚油管;3—水力锚;4—外加厚油管;5—扶正器;6—封隔器;7—喷砂器;8—单流阀

2. 工艺设计

针对不同施工井的特点,要求化学暂堵胶塞具有不同的使用功能。目前,完成的施工方式主要采取了环空注入和油管注入两种方式,不同的注入方式,对管柱的要求和注入工艺完全不同。

1)环空注入化学暂堵胶塞施工工艺

完成压裂第1井段后,上提压裂管柱到第2井段,注入化学暂堵胶塞暂时封堵第1井段;候凝1h后,打开喷砂器正常压裂第2井段;完成压裂第2井段后,上提压裂管柱到第

3井段，再注入化学暂堵胶塞暂堵第1、第2井段；候凝1h后，打开喷砂器正常压裂第3井段；依此方法，压开所有设计的压裂井段。该工艺的管柱示意图见图2-3-19。

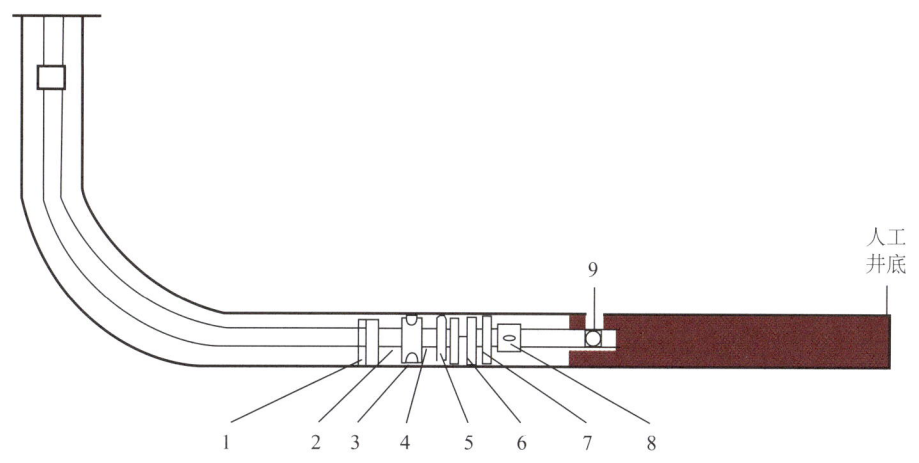

图2-3-19　环空注入化学暂堵胶塞管柱示意图

1—ϕ95mm安全接头；2—$2\frac{1}{2}$in外加厚油管（10m）；3—水力锚；4—$2\frac{7}{8}$in外加厚油管短节（1m）；
5—扶正器；6—K344-110封隔器；7—压力计；8—ϕ114mm喷砂器；9—单流阀

2) 油管注入化学暂堵胶塞施工工艺

油管下到压裂层段，套管打开，通过油管注入化学暂堵胶塞，由黏度相当的顶替液将化学暂堵胶塞顶替到封堵位置，候凝1h，通过油管进行正常压裂。该工艺的压裂管柱示意图见图2-3-20。

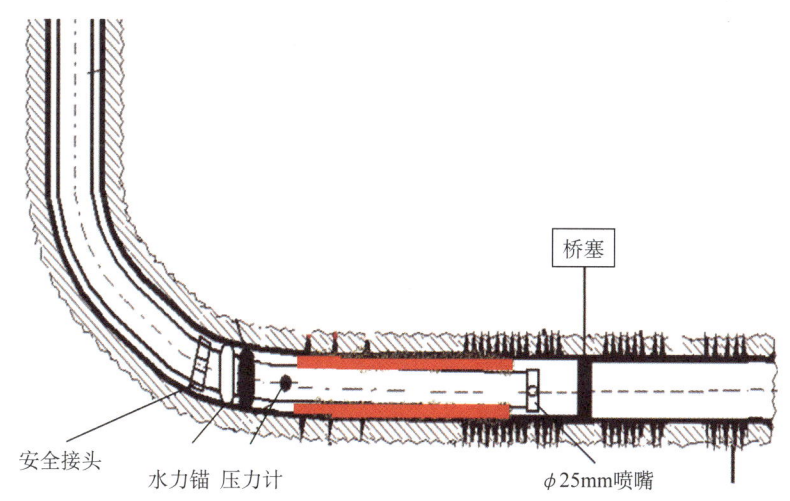

图2-3-20　油管注入化学暂堵胶塞管柱示意图

三、实施要求与注意事项

1. 实施要求

（1）根据化学暂堵胶塞封堵位置，要求精确计算化学暂堵胶塞用量和顶替液量，以保证暂堵胶塞封堵强度和封堵层段位置。

(2) 为保证化学暂堵胶塞的成胶性能,要求前置液、顶替液的 pH 值不小于 5,黏度与化学暂堵胶塞的基液黏度相近。

(3) 根据施工目的,可选择油管注入或套管注入不同施工方式,但是,不同的施工方式要求化学暂堵胶塞的顶替液量和注入时间完全不同,否则将影响到化学暂堵胶塞是否准确封堵设计位置。

(4) 依据化学暂堵胶塞注入到位的时间长短不同,要求控制成胶时间与之相适应。

(5) 依据化学暂堵胶塞压裂施工作业时间的长短不同,要求控制破胶时间与之相适应。

(6) 压后上提管柱时要求注意油管负荷变化,根据油管负荷变化,以判断化学暂堵胶塞是否破胶彻底。

2. 注意事项

(1) 配制化学暂堵胶塞的液罐和注入化学暂堵胶塞的管线一定要清洗干净。

(2) 为了保证化学暂堵胶塞的成胶强度与封堵效果,顶替液的黏度和密度最好与化学暂堵胶塞基液的黏度和密度相近。

(3) 注入液体胶塞和顶替过程中,应保持泵注速度平稳注入,严禁泵注速度波动过大,增大混浆可能性。

(4) 等胶塞成胶与试压合格后,再开始压裂作业。

(5) 化学暂堵胶塞若在管柱或井筒中提前成胶、堵塞液体流动通道,不必强提管柱或强行注入,否则可能损坏施工设备。经过一段时间后,化学暂堵胶塞会自动破胶,破胶后即可正常施工。

第四节 现 场 应 用

化学暂堵胶塞已在大庆油田成功应用,完成了化学暂堵胶塞封上压下和化学暂堵胶塞封下压上两种工艺。现场应用表明,对于射孔井段较长或封隔井段太短,机械封隔器难以实现分段压裂的特殊井,使用化学暂堵胶塞可以方便和安全地实现分段压裂改造,在这类井上,化学暂堵胶塞分段压裂具有不可替代的优势。

一、化学暂堵胶塞封上压下工艺应用

1. 储层概况

1 号应用井是位于某油区东部过渡带二条带以东地区的水平井,仅发育萨Ⅱ组油层,岩性多为粉砂岩和泥质粉砂岩,储层物性较差。席状砂以表外储层为主,萨Ⅱ15a 层砂岩平均厚度 1.5m,有效厚度 0.6m。萨Ⅱ15a 层平均渗透率 471mD,孔隙度 23.1%。

2. 钻完井情况

该井完钻井深 1849.0m,最大井斜 92.45°,水平井段长度 561m。该井全程大段射孔,射孔段共分 6 段,射孔长度 451.4m,射孔总数 7222 孔,井眼轨迹见图 2-4-1。

3. 改造方案

由于该井 1260.0~1330.0m 井段与注水井连通,1450.0~1525.4m 井段为需要压裂层

段，封隔器坐封位置有射孔孔眼，使用机械封隔器封堵困难。所以，决定采用化学暂堵胶塞封堵 1200.0～1450.0m 井段，压裂 1450.0～1525.4m 层段，实现封堵注水段、压裂下层的施工。施工管柱结构示意图见图 2-3-20。

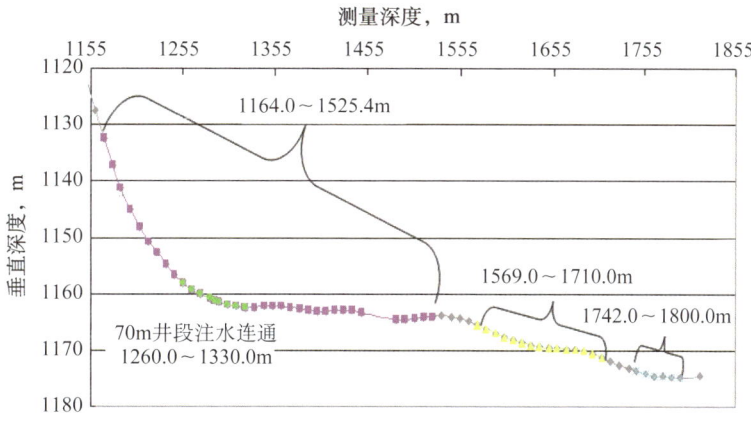

图 2-4-1　1 号井井眼轨迹

4. 施工简况

施工时使用化学暂堵胶塞 2m³，顶替液 7.5m³，注入排量 2.0m³/min，在注入过程中施工压力稳定在 16MPa，说明胶塞在放置到位前黏度没有变化，成胶时间在可控制范围内。图 2-4-2 是化学暂堵胶塞注入过程的施工曲线。图 2-4-3 是化学暂堵胶塞候凝 1h 后开始下层正式压裂的施工曲线，注入排量 4m³/min，施工压力 45MPa，加砂 50m³。施工顺利。

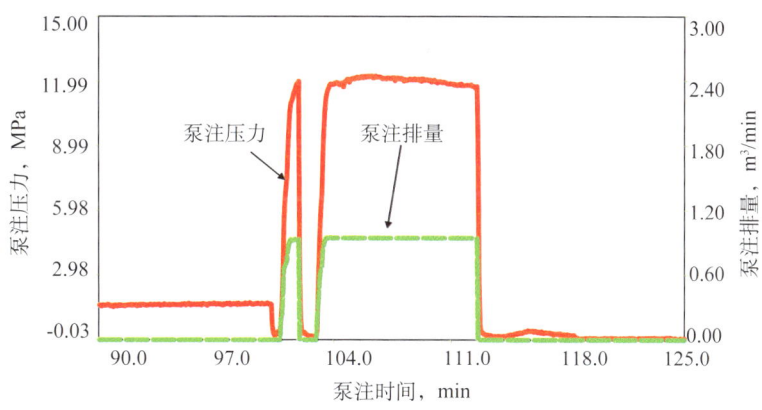

图 2-4-2　1 号井胶塞注入施工曲线

5. 效果分析

表 2-4-1 中数据表明，1 号施工井用化学暂堵胶塞封堵压裂后产量大幅增加，同时含水下降明显，说明化学暂堵胶塞有效地封堵了水层，分段压裂起到增油降水作用。

二、化学暂堵胶塞封下压上工艺应用

1. 钻完井情况

2 号井完钻井深 1985.0m，水平段长度 657.36m，最大井斜 89.89°，采用 ϕ139.7mm、

壁厚 7.72mm 的套管完井，射孔数据见表 2-4-2。

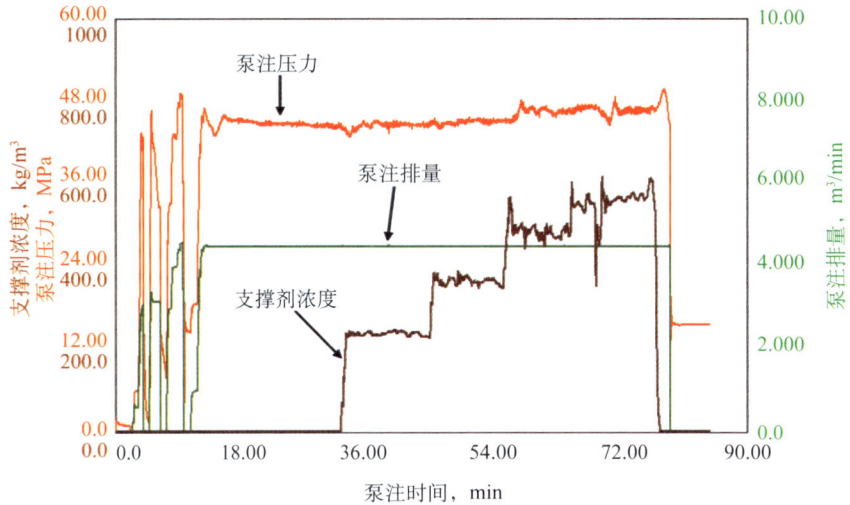

图 2-4-3 1号井胶塞封堵后压裂施工曲线

表 2-4-1 1号施工井施工前后效果对比

比较项名称	产液 m³/d	产油 t/d	含水率 %	作用
压前产量	7.1	0.14	98	
胶塞封堵压裂后产量	24	8.5	64	暂堵桥塞作用
变化率，%	238.03	5971.43	−34.69	

表 2-4-2 2号井射孔数据表

序号	层位	射孔井段 m	长度 m	孔密 孔/m	总孔数	备注
1	31—33	1940.0～1866.0	74	10	740	
2	2	1858.0～1685.0	173	10	1730	序号2和序号3层合压
3	2	1680.0～1622.0	58	10	580	
4	2	1600.0～1538.0	62	10	620	

2. 改造方案

该井分3段压裂，第1段1940.0～1866.0m，第2段1858.0～1685.0m和1680.0～1622.0m合压，第3段1600.0～1538.0m。因隔层段较小，射开井段大，用机械封隔器难以实现分段，所以采用化学暂堵胶塞对已压开的井段进行封堵，然后进行下一井段的压裂。施工管柱结构示意图见图2-3-19。

3. 施工简况

图2-4-4～图2-4-6为2号井施工过程中胶塞注入及压裂的施工曲线。其中，胶塞注入过程压力平稳，保持在16MPa左右，符合设计条件。3个层段的压裂施工共加砂60m³。

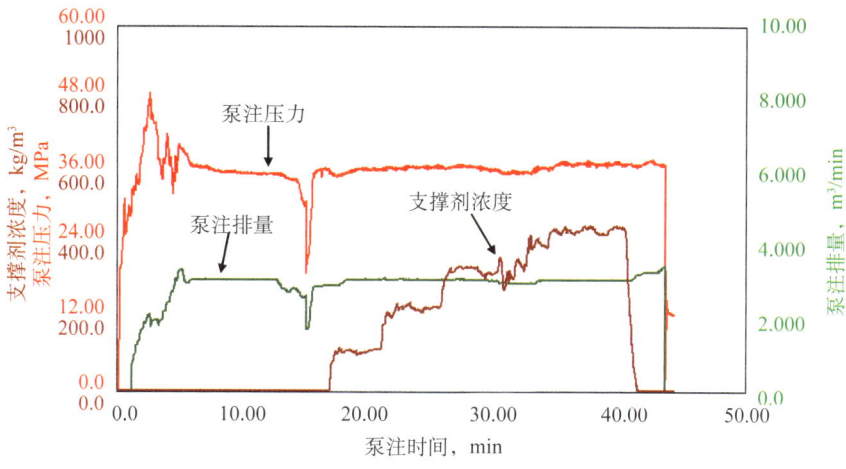

图 2-4-4 2号井第1层压裂施工曲线

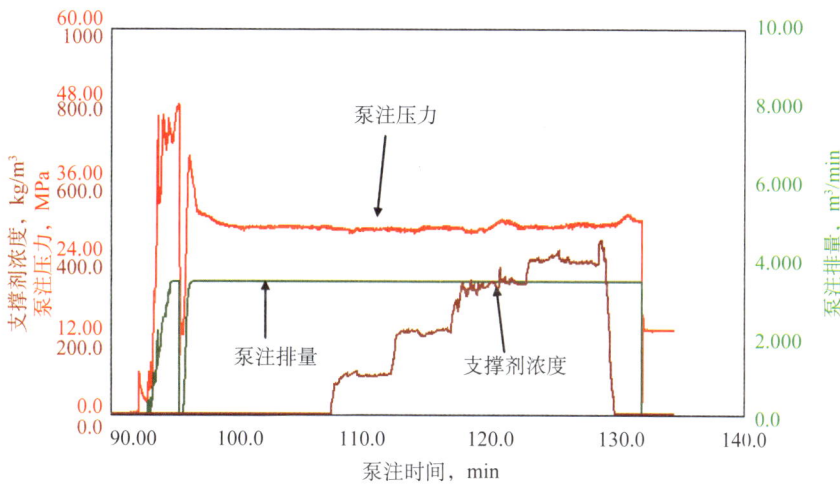

图 2-4-5 2号井第2层注胶塞和压裂施工曲线

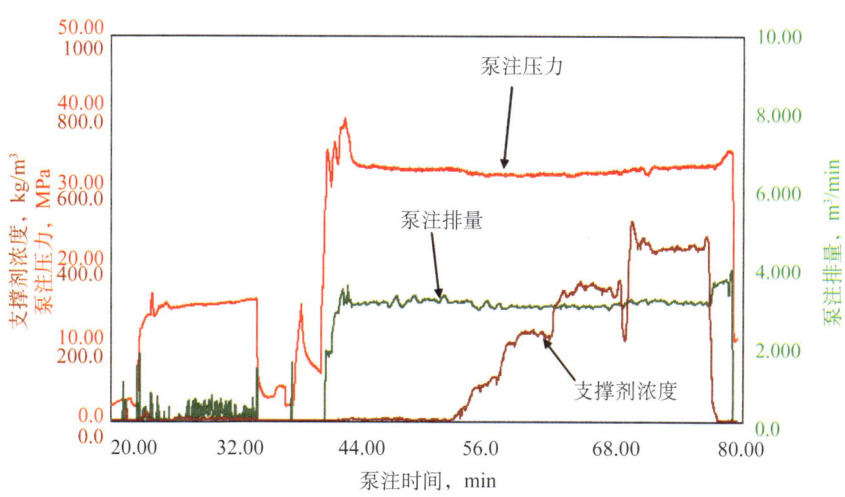

图 2-4-6 2号井第3层注胶塞和压裂施工曲线

4. 效果分析

1) 化学暂堵胶塞性能达到设计要求

表2-4-3是化学暂堵胶塞的室内性能与现场应用性能对比表,胶塞的成胶时间、破胶时间及抗压能力与室内基本一致,完全在控制范围内。

表2-4-3 化学暂堵胶塞性能

内容	使用温度,℃	成胶时间,min	破胶时间,h	抗压能力,MPa
实验室	20～60	2～50	可控成胶时间:1～6,3～48,24～96	>15
现场试验	40～60	15～30,候凝1h	24h上提油管,返排液黏度小于5mPa·s	>15

注:化学暂堵胶塞基液黏度:36mPa·s,pH值为7。

2) 化学暂堵胶塞具有一定抗压能力

表2-4-4汇总了2号井的压裂施工参数,每个层段的施工压力的区别,通过化学暂堵胶塞的作用,有效分割了不同层段,并完成了分层压裂作业。施工时胶塞承受的施工压力在15MPa以上。

表2-4-4 2号井的压裂施工参数

层段 m	措施	胶塞		压裂	
		排量 m³/min	施工压力 MPa	排量 m³/min	施工压力 MPa
1940.0～1866.0	普通压裂	—	—	3.0	36
1858.0～1685.0 1680.0～1622.0	胶塞分段压裂	0.6	16	3.5	27
1600.0～1538.0	胶塞分段压裂	0.6	16	3.5	32

3) 化学暂堵胶塞分段压裂后增油降水效果显著

表2-4-5中数据表明,2号井用化学暂堵胶塞封堵压裂后产量大幅增加,含水下降明显。化学暂堵胶塞分段压裂后增油降水效果显著。

表2-4-5 2号井施工效果对比

项目	产液 m³/d	产油 t/d	含水率 %	作用
压前产量	1.6	1.0	76.2	代替机械桥塞作用
胶塞封堵压裂后产量	19.7	7.3	45.2	
变化率,%	1131.25	630.00	-40.68	

第三章 可降解纤维暂堵转向压裂技术

可降解纤维暂堵转向压裂技术就是用可降解纤维封堵已经形成的水力裂缝，提高井底静压力，在另一位置或另一方向开启新缝，实现在段内多位置或多方向形成水力裂缝；同时，可降解纤维进入裂缝后，可以对裂缝中的已有裂缝实施暂堵，而转向其他方向形成裂缝或使其他方向的已有裂缝扩张延伸，从而提高改造体积，改善压裂效果。此外，可降解纤维还可以用于封堵已经压裂的井段，以便上返压裂新的井段，起到机械桥塞分段压裂的作用；可降解纤维可以在储层温度下完全降解返排，对储层无伤害，并且可以节省压裂后钻或取桥塞作业，大大缩短分段压裂施工作业周期与综合成本。

第一节 技术原理与适应性

一、技术原理

可降解纤维暂堵转向压裂技术的原理是利用可降解纤维对水平段上已经压开的水力裂缝实施暂堵，提高井底的静压力，以便在水平段上的其他位置或另一方向开启新缝，而在水平井段上形成更多的水力裂缝，以提高水平段上的储层改造体积（图3-1-1）；同时，可降解纤维进入裂缝后，可以对裂缝中的已有裂缝实施暂堵，而转向其他方向形成裂缝或

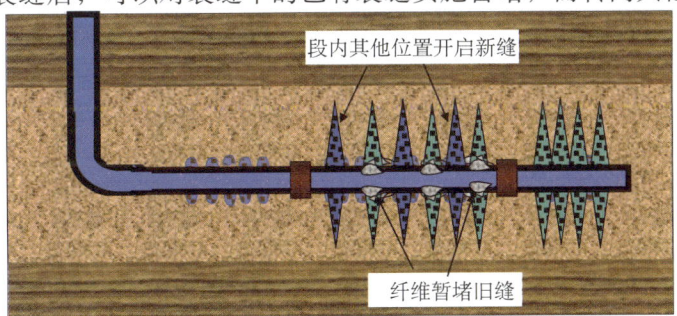

(a) 不同位置开启新缝

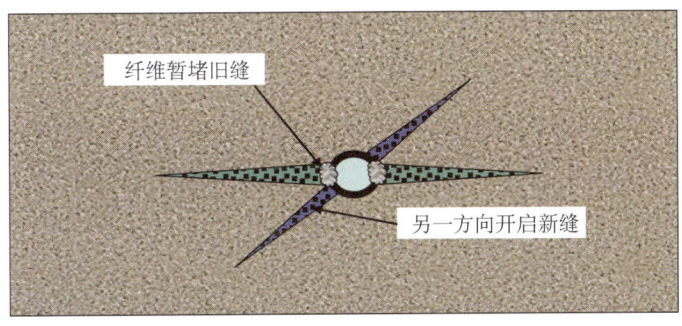

(b) 其他方向开启新缝

图3-1-1 纤维暂堵后在其他位置或其他方向开启新缝示意图

使其他方向的已有裂缝扩张延伸（图3-1-2），从而提高井筒周围的改造体积，大幅度提高压裂改造的效果。此外，可降解纤维还可以用于封堵已经压裂的井段，以便上返压裂新的井段，起到机械桥塞分段压裂的作用（图3-1-3）。可降解纤维可以在储层温度下完全降解返排，对储层无伤害，实现清洁暂堵转向改造；并且，作为机械桥塞分段压裂作用时，可以节省压裂后钻或取桥塞作业，大大缩短分段压裂施工作业周期与综合成本。

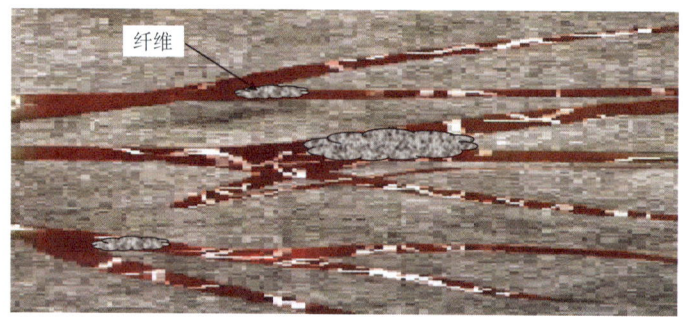

图3-1-2　纤维缝内暂堵转向压裂示意图

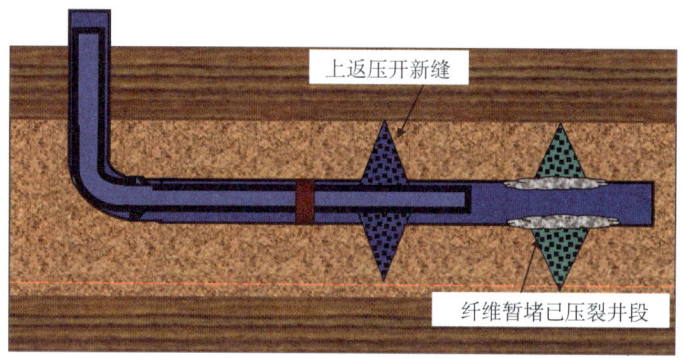

图3-1-3　纤维暂堵已压裂井段上返压裂新井段示意图

二、技术适应性

（1）适用于水平井用机械方法分段后，希望在段内多个位置或其他方位压裂出多条裂缝情况的暂堵转向压裂。

（2）适用于天然裂缝发育或最大主地应力与最小主地应力差别在5MPa以内时，纤维对裂缝中的已有裂缝实施暂堵，而转向其他方向形成裂缝或使其他方向的已有裂缝扩张延伸的缝内转向压裂改造。

（3）适用于可降解纤维封堵已经压裂的水平井井段，上返压裂新的井段。

第二节　可降解纤维材料及其性能

一、系列纤维材料

已开发出可以在60℃、85℃、100℃、120℃和150℃不同温度下完全降解的系列新型纤维与其粉末暂堵转向材料，实物照片见图3-2-1。

(a)可降解纤维　　　　　　　　　(b)可降解纤维粉末

图 3-2-1　可降解纤维与其粉末实物照片

二、纤维降解性能

1. 水中的降解性能

可降解纤维在水中加温降解前后的实物照片见图 3-2-2；可降解纤维用水润湿后，加温降解过程的实物照片见图 3-2-3；可降解纤维在水中加温不同时间的降解情况见图 3-2-4；可降解纤维在不同水∶纤维时的加温降解情况见图 3-2-5。

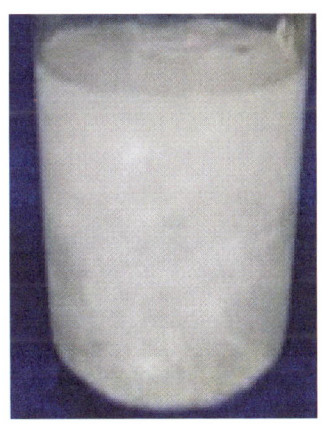

(a) 降解前　　　　　　　　　(b) 降解后

图 3-2-2　可降解纤维在水中加温降解前后照片

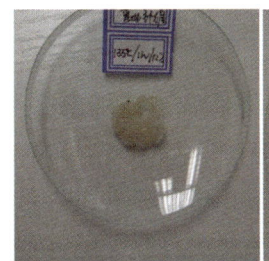
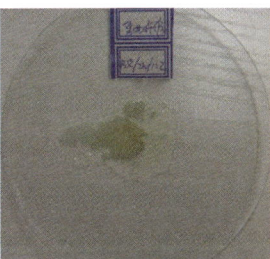
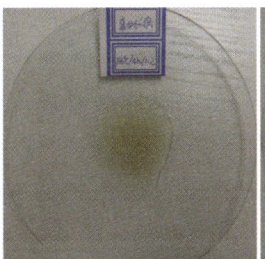

(a) 130℃，2h　　(b) 130℃，4h　　(c) 130℃，6h　　(d) 130℃，8h

图 3-2-3　可降解纤维水润湿后加温降解过程实物照片

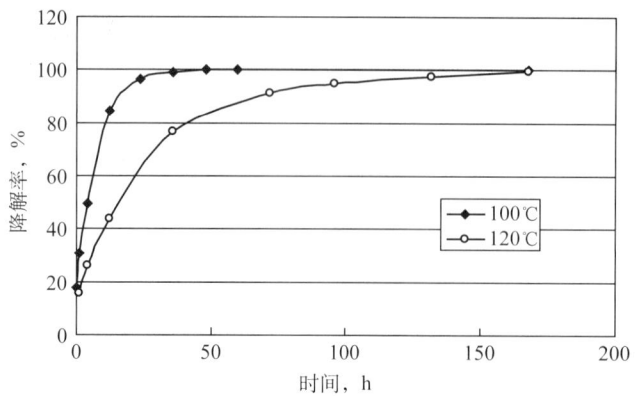

图 3-2-4 可降解纤维在 100℃和 120℃时的降解性能

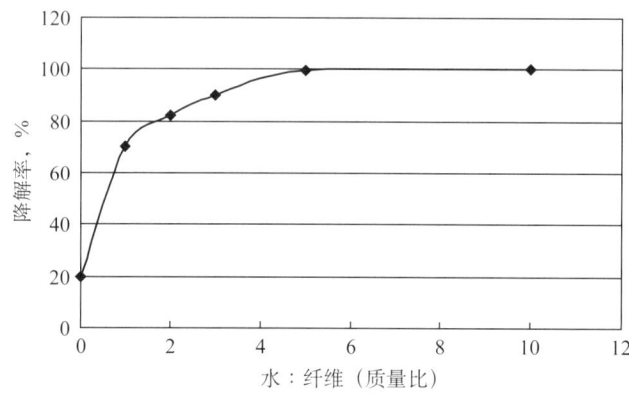

图 3-2-5 150℃纤维的降解性能（在 150℃、不同水∶纤维时）

由图 3-2-2 和图 3-2-3 可以直观地看出，可降解纤维暂堵转向剂在水中和水润湿情况下，加温降解的性能都很好。

从图 3-2-4 可以看出，可降解纤维在 100℃下，1h 内降解率低于 30%，可以满足暂堵转向压裂的需要；24h 的降解率平均约 97%；可降解纤维在 120℃下，1h 内降解率接近 20%，可以满足暂堵转向压裂的需要；100h 的降解率达到 95% 以上，利于施工后降解解除暂堵与返排，保护储层。

从图 3-2-5 可以看出，水与纤维的质量比等于 1 时，纤维的降解率为 70% 左右，水与纤维的质量比大于 5 时，纤维的降解率达到 100%。

2. 支撑剂填充物中的降解性能

1）可降解纤维暂堵转向剂在支撑剂填充物中的降解情况

支撑剂充填裂缝的导流能力与支撑剂颗粒间的空隙充填程度有关系，空隙充填越严实，其导流能力越低。为了提高导流能力，要求压裂后暂堵纤维能够降解返排，使支撑剂间空隙清洁，使支撑剂充填层的导流能力基本上与不含纤维时一样。为了了解可降解纤维暂堵转向剂在支撑剂填充物中的降解情况，将纤维与支撑剂混合均匀后，充填到透明的玻璃管中，放在烘箱中加热，观察纤维的降解情况，实验结果见图 3-2-6。由图 3-2-6 可以看出，降解前可以观察到许多白色的纤维填充物，加温降解后这些物质基本消失，这说明可降解纤维暂堵转向剂在支撑剂填充物中的降解性能也很好。

(a)降解前

(b)降解后

图3-2-6　90℃可降解纤维暂堵转向剂在支撑剂填充物中的加温降解前后照片

2) 可降解纤维暂堵转向剂对支撑剂复合体渗透率的影响

为了试验纤维进入支撑剂层中加温降解后对支撑剂层渗透性的影响情况，将40～60目支撑剂用表3-2-1中的液体介质拌成砂浆，再将砂浆倒入填砂管中滤出多余液体后，捣实；将填砂管放入90℃水浴中恒温48h让纤维降解。然后，测量填砂管的渗透率，实验结果见表3-2-1。表中实验结果表明，加入纤维后支撑剂复合体的渗透率恢复值与纯瓜尔胶液情况基本相当，所以加入纤维对支撑剂复合体渗透率的影响与纯瓜尔胶液基本相同，可见，支撑剂复合体渗透率的降低主要由瓜尔胶液伤害引起，纤维的加入使渗透率的降低仅有2%左右，说明纤维可以彻底降解，对支撑剂层的导流能力基本没有影响。

表3-2-1　可降解纤维暂堵转向剂对支撑剂复合体渗透率的影响

实验序号	制备支撑剂复合体时使用的液体介质	复合体在90℃水浴中放置48h后的渗透率，mD	渗透率恢复值，%	
			单实验	平均
1	蒸馏水	9750.85	100.00	100.00
2		9608.72	100.00	
3		9921.89	100.00	
4	0.5% 瓜尔胶液	6596.14	67.58	68.31
5		6675.20	68.39	
6		6730.83	68.96	
7	0.5% 瓜尔胶液 +0.5% 纤维	6366.77	65.23	66.19
8		6537.57	66.98	
9		6478.04	66.37	

3. 裂缝中降解性能

将天然岩心压开，将水润湿的可降解纤维铺置到两片岩心间并固定结实，然后放入160℃的环境中，让纤维降解。不同时间观察到的纤维降解情况见图3-2-7。

由图3-2-7可以看出，水润湿的可降解纤维填充到天然岩心裂缝中后，在160℃的环境中，放置1h大部分纤维已降解，放置3h后，所有充填到裂缝中的纤维都降解。这说明纤维在裂缝中的降解性能也很好，用它暂堵在裂缝中，压裂结束后，完全可以降解返排出来，不会对储层造成永久性的堵塞伤害。

图 3-2-7 纤维在 160℃ 的裂缝环境中不同时间的降解情况

第三节 可降解纤维暂堵转向压裂工艺

一、物理模拟

1. 封堵裂缝与炮眼模拟

1）模拟实验方法

为了认识可降解纤维暂堵模拟裂缝和炮眼的规律，用金属加工成不同缝宽的模拟裂缝岩心和不同孔径的模拟炮眼，或将天然岩心劈开形成裂缝，实验时分别将不同目数的支撑剂填充到模拟裂缝和模拟炮眼中（图 3-3-1），再将填有支撑剂的模拟裂缝或模拟炮眼，或者劈开裂缝的天然岩心装入模拟评价装置的模拟炮眼位置（图 3-3-1），并加上围压；将配制好的不同浓度可降解纤维浆液加入模拟评价装置的纤维浆液池中（图 3-3-1），然后盖上盖子。在搅动下加压，测量模拟裂缝或模拟炮眼，或者测量劈开裂缝的天然岩心两端的压差和流出液量，并取出岩心观察纤维堵塞裂缝情况。通过不同实验条件下的滤失速率和滤失总体积的比较，或纤维堵塞裂缝情况，考察支撑剂目数、模拟裂缝宽度、模拟炮眼孔径、纤维浓度和注入速率等对封堵裂缝和炮眼效果的影响。

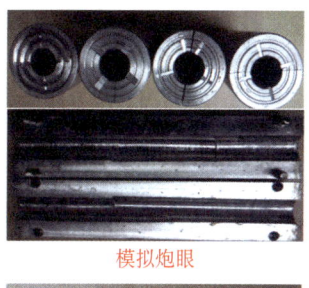
模拟炮眼

模拟裂缝

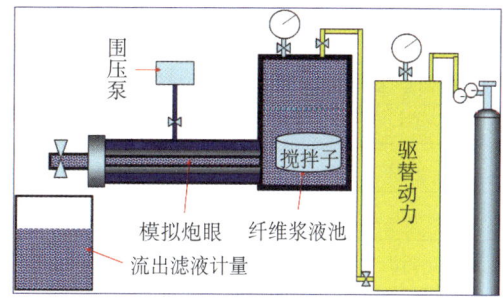
模拟评价装置

图 3-3-1　可降解纤维暂堵转向剂暂堵效果评价设备图

2）支撑剂目数和纤维浓度的影响

对填充了不同目数支撑剂的模拟裂缝或模拟炮眼，在室温、150r/min 转速、不同纤维浓度下，实验达到仪器可以承受的最大压差 20MPa 时，测量纤维封堵到基本无流出液时的时间、滤液总体积，计算出滤失速率（表 3-3-1 和表 3-3-2）。不同纤维浓度下，填充 20～40 目支撑剂和 40～60 目支撑剂的模拟裂缝和模拟炮眼的滤失速率比较分别见图 3-3-2 和图 3-3-3。

表 3-3-1　填充不同目数支撑剂的 4mm 裂缝在不同纤维浓度、承压 20MPa 下的最终总体滤失结果

纤维浓度 %	40～60 目支撑剂			20～40 目支撑剂		
	滤液总体积 mL	滤失时间 min	滤失速率 mL/min	滤液总体积 mL	滤失时间 min	滤失速率 mL/min
0.05	290	8.5	34.12	330	15	22.00
0.1	200	8.0	25.00	160	12	13.33
0.15	150	7.5	20.00	110	11	10.00
0.2	110	8.0	13.75	95	10	9.50
0.25	90	7.0	12.86	90	10	9.00
0.5	85	7.5	11.33	85	10	8.50
1	77	7.0	11.00	80	10	8.00
2	62	7.0	8.86	65	10	6.50

从表 3-3-1 和图 3-3-2 可以看出，对于模拟裂缝来说，填充的支撑剂目数越大，支撑剂间的孔隙越小，纤维越易进入填充体中形成致密的纤维堵塞，所以，表现出形成堵塞的时间较短，总滤失体积较小，滤失速率较快。但是，当纤维浓度大于 0.5% 以后，对

于 20～40 目支撑剂和 40～60 目支撑剂填充模拟裂缝后，总的滤失量和滤失速率相差较小。

表 3-3-2　填充不同目数支撑剂的 10mm 炮眼在不同纤维浓度、承压 20MPa 下的最终滤失结果

纤维浓度 %	40～60 目支撑剂			20～40 目支撑剂		
	滤液总体积 mL	滤失时间 min	滤失速率 mL/min	滤液总体积 mL	滤失时间 min	滤失速率 mL/min
0.05	300	17.0	17.65	270	15	18.00
0.1	140	15	9.33	130	13	10.00
0.15	110	13	8.46	105	12	8.75
0.2	80	12	6.67	75	10	7.50
0.5	55	10	5.50	45	10	4.50
1.0	45	10	4.50	40	10	4.00

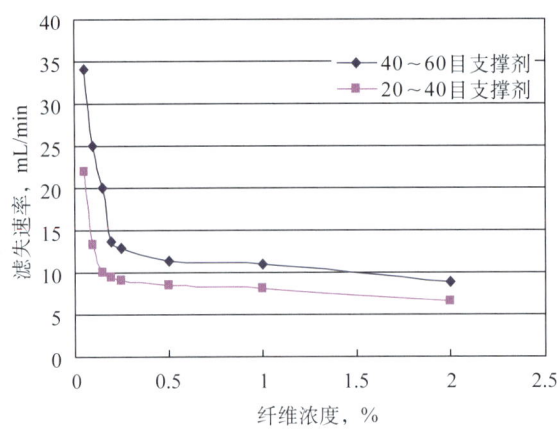

图 3-3-2　填充支撑剂的模拟裂缝滤失速率比较

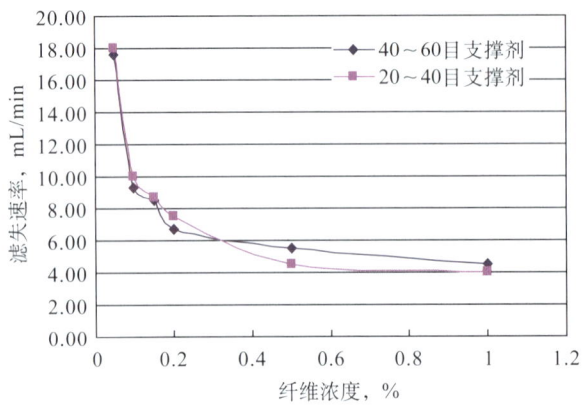

图 3-3-3　填充支撑剂的模拟炮眼滤失速率比较

从表 3-3-2 和图 3-3-3 可以看出,对于模拟炮眼来说,20~40 目支撑剂和 40~60 目支撑剂填充模拟炮眼的总滤失量和滤失速率差别不大,而且,变化没有规律,与纤维浓度的大小有关。

从上述实验结果可以看出,无论是模拟裂缝还是模拟炮眼,以及填充支撑剂目数的大小如何,都随着纤维浓度的增加,形成有效堵塞的总体滤失量和滤失速率降低,但是,纤维的浓度达到 0.5% 之后,再增加纤维的浓度,形成有效堵塞的总体滤失量和滤失速率降低的程度明显减小,考虑到适度封堵效果和过大的纤维浓度会增加作业成本,改善封堵效果的作用又不大,所以,较好的纤维使用浓度确定为 0.5%~1.0%。

由于设备的原因,承压只做到了设备承受的最大压差 20MPa,从实验中滤失速率不断降低的趋势来看,纤维封堵后还可以承受更高的压力,可以满足封堵已压开裂缝、再造新缝的要求。

3)模拟裂缝宽度和纤维浓度的影响

(1)裂缝宽度的影响。

为了模拟纤维封堵不同宽度填砂裂缝的效果,不同宽度裂缝中填充 40~60 目的支撑剂,在室温、150r/min 转速、0.1% 纤维浓度下,实验达到仪器可以承受的最大压差 20MPa 时,测量纤维封堵到基本无流出液的时间及滤液总体积,实验结果见表 3-3-3 和图 3-4-4。

表 3-3-3 不同宽度裂缝填充 40~60 目支撑剂、0.1% 纤维浓度、承压 20MPa 时的滤失实验结果

缝宽 mm	滤液体积 mL	封堵时间 min	滤失速率 L/min	单位裂缝滤失速率 mL/(min·mm)
2	80	12	6.67	3.33
3	100	10	10.00	3.33
4	200	15	13.33	3.33
5	220	13	16.92	3.38
6	250	12	20.83	3.47
7	290	12	24.17	3.45

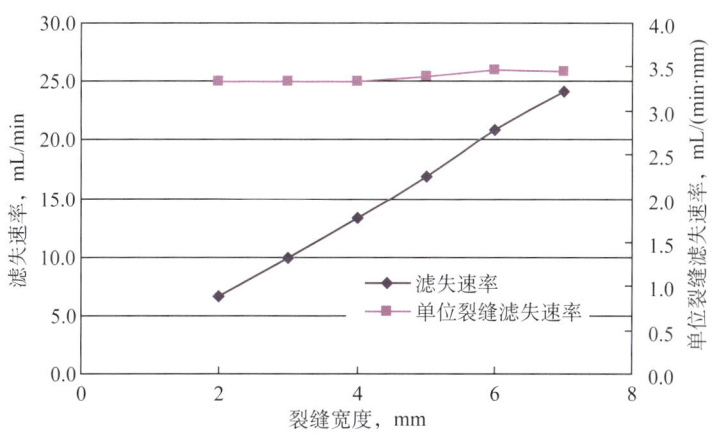

图 3-3-4 裂缝宽度对滤失实验结果的影响

从表3-3-3和图3-3-4可以看出,裂缝宽度减小,纤维堵塞后滤液总体积和滤失速率都降低,但是,单位裂缝上的滤液总体积和滤失速率均相差很小,说明裂缝宽度基本仅影响总体的滤失情况,对单位裂缝的滤失影响很小。这主要是因为裂缝中填充的支撑剂目数相同,其渗透性应该相同,裂缝宽度增加主要增加渗滤面积,但纤维对单位面积上的支撑剂封堵效果应该相差不大,所以,单位裂缝上的滤液总体积和滤失速率均相差很小。

(2)裂缝宽度和纤维浓度的同时影响。

实验方法与支撑剂目数影响实验相同,实验结果见表3-3-4和表3-3-5及图3-3-5和图3-3-6。

从表3-3-4和图3-3-5可以看出,裂缝的宽度越宽,形成有效堵塞的总体滤失量和滤失速率越大;纤维的浓度越大,形成有效堵塞的总体滤失量和滤失速率越小。但是,从表3-3-5和图3-3-6可以看出,将形成有效堵塞的平均滤失速率折算成单位裂缝滤失速率,则相同纤维浓度下不同宽度裂缝的单位裂缝滤失速率相差很小,同样说明裂缝宽度几乎仅影响总体的滤失情况,对单位裂缝的滤失影响很小,纤维浓度增加,单位裂缝的滤失速率降低,说明纤维浓度对堵塞情况有实质性的影响。

表3-3-4 填充40~60目支撑剂不同宽度裂缝在不同纤维浓度下的最终总体滤失结果

纤维浓度 %	2mm 裂缝			4mm 裂缝			6mm 裂缝		
	滤液体积 mL	时间 min	滤失速率 mL/min	滤液体积 mL	时间 min	滤失速率 mL/min	滤液体积 mL	时间 min	滤失速率 mL/min
0.5	60	14	4.29	85	10	8.50	130	10	13.00
1	55	14	3.93	77	10	7.70	110	10	11.00
2	45	14	3.21	62	10	6.20	90	10	9.00

表3-3-5 不同宽度裂缝填充40~60目支撑剂时单位裂缝宽度的滤失速率

纤维浓度 %	2mm 裂缝单位裂缝滤失速率 mL/(min·mm)	4mm 裂缝单位裂缝滤失速率 mL/(min·mm)	6mm 裂缝单位裂缝滤失速率 mL/(min·mm)
0.5	2.14	2.13	2.17
1	1.96	1.93	1.83
2	1.61	1.55	1.50

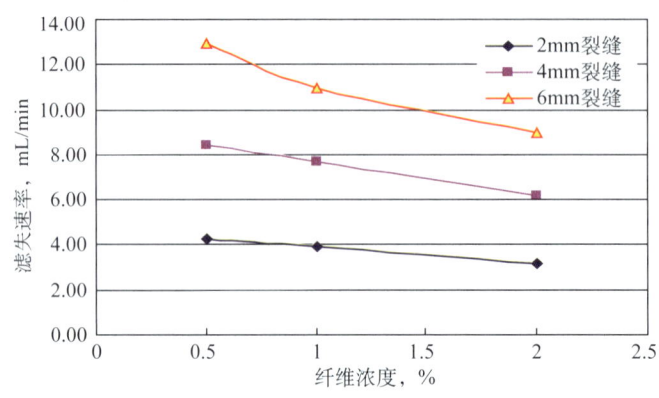

图3-3-5 不同宽度裂缝的滤失速率比较

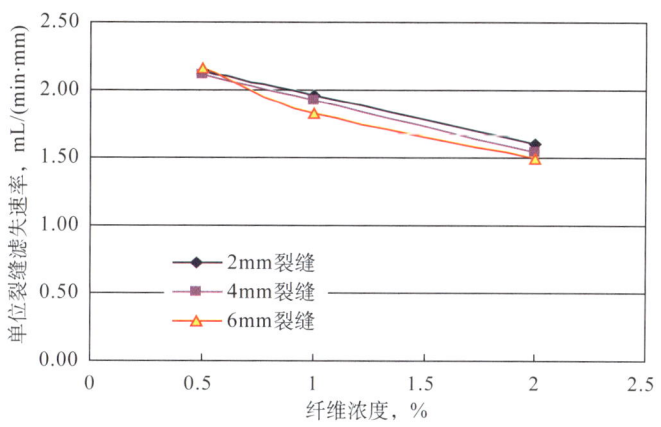

图 3-3-6　不同宽度裂缝单位裂缝宽度滤失速率比较

4）纤维堵塞裂缝强度与规律

（1）堵塞强度。

将天然岩心劈开后，支撑并固定形成不同宽度的裂缝，实验了纤维对天然岩心裂缝的封堵强度，实验结果见表 3-3-6，纤维封堵岩心的典型结果见图 3-3-7。

表 3-3-6　纤维封堵天然岩心裂缝强度实验结果

裂缝缝宽，mm	纤维进入深度，mm	纤维封堵裂缝后承压能力，MPa
0.5	2~3	18~19
0.8	4~5	18~19
1	5~6	18~19
1.3	5~6	18~19
2	7~8	18~19

图 3-3-7　纤维封堵岩心典型结果照片

从表 3-3-6 和图 3-3-7 可以看出，纤维主要堵塞在天然岩心裂缝入口端，裂缝宽度越大，纤维进入越深。但是，纤维堵塞裂缝后的承压强度基本与裂缝宽度无关，多为 18~19MPa。这说明裂缝宽度越大，要达到相同的封堵强度，则要求纤维进入裂缝的深度更深。

（2）纤维堵塞裂缝规律。

用上述同样的仪器，将支撑剂先填入裂缝，将纤维与支撑剂一起配制成砂浆，模拟实验不同纤维浓度与注入流速情况下，不同宽度裂缝形成堵塞的情况，实验结果见图 3-3-8。

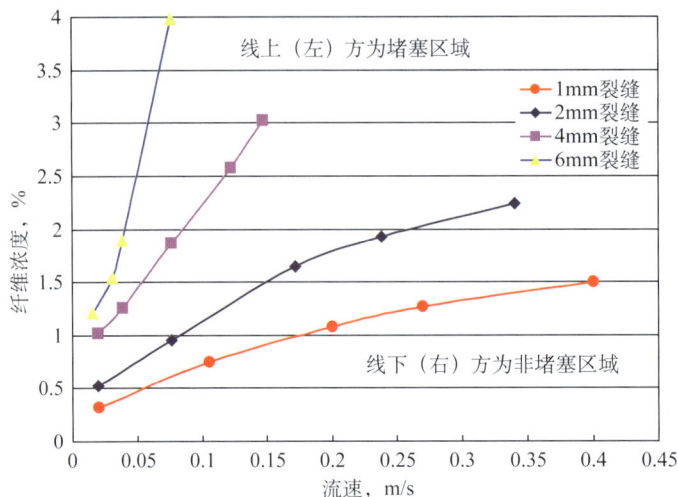

图 3-3-8 纤维携砂堵塞不同宽度模拟裂缝实验结果

由图 3-3-8 可以看出,不同尺寸裂缝形成堵塞所需的纤维浓度和注入速率不同。一般说,裂缝尺寸越小,形成堵塞所需的纤维浓度和泵注速度越小。

2. 可降解纤维暂堵转向压裂物理模拟

1)实验原理与步骤

(1)实验原理。

为了模拟压裂施工中纤维暂堵能否导致裂缝转向,设计了纤维暂堵转向压裂大型物理模拟实验。该实验利用大尺寸真三轴压裂模拟系统,对尺寸为 300mm×300mm×300mm 的天然露头岩样进行纤维暂堵转向压裂模拟。用冻胶压裂液携带纤维,对已形成裂缝进行暂堵,提高压裂液的注入压力,使其超过最大水平主应力,在垂直最大主应力方向上压开新缝。经过多次暂堵、新缝开裂,在不同方位形成裂缝系统。为了模拟天然裂缝或已存在的水力缝,首先利用清水或压裂液基液第一次压裂,压出一条裂缝作为天然裂缝或已存在的水力缝,并使用示踪剂标示。之后,用纤维压裂液进行纤维暂堵转向压裂,其间记录压力变化和用声波检测仪监测裂缝的开裂情况。实验结束后取出岩样观察裂缝形态。

(2)实验步骤。

①岩样准备:根据岩样层理,选取适当方向岩样面中间位置钻直径 27mm、长 17cm 的小孔模拟井筒,并黏结内径为 25mm 的钢管模拟套管。钢管长度 10cm,留出 7cm 裸眼井筒。

②纤维压裂液配制。配制瓜尔胶溶液作为基液,加入 1%~2% 的纤维(纤维长度 6mm),并交联形成冻胶。

③将岩样放入真三轴压裂模拟系统,施加三轴应力(大小根据实验设计确定),并标记水平最大应力 σ_H、水平最小应力 σ_h 及垂向应力 σ_v 方向。

④利用清水或压裂液基液进行第一次压裂,压开一条缝模拟天然裂缝或已存在的水力缝。并用示踪剂标示。实验过程记录压力变化,或同时用声波检测仪监测裂缝的开裂情况。

⑤取出岩样,观察第一次压裂后形成的裂缝,拍照记录(用声波检测仪监测裂缝开裂情况时可以不用此步骤)。

⑥重新安装岩心,并施加与第一次相同的三轴应力。改注纤维压裂液,排量不变,模拟第二次压裂。实验过程记录压力变化,或同时用声波检测仪监测裂缝的开裂情况。

⑦取出岩样,观察第二次压裂后形成的裂缝(可颠开岩样观察),拍照记录。

2)模拟纤维暂堵转向压裂结果

(1)1号岩样。

加载应力状态:σ_h=5MPa,σ_H=7.5MPa,σ_v=15MPa。

岩石应力加载方向及各面标示如图3-3-9所示(各面序号标于正视面右上角)。实验过程注入压力变化曲线见图3-3-10。

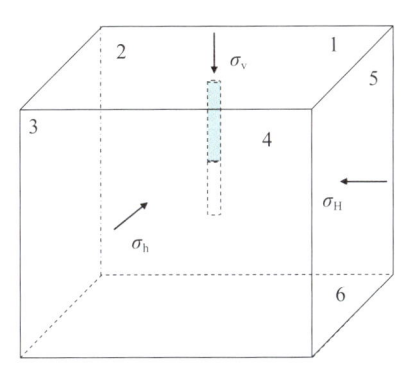

图3-3-9 应力加载方向及各面标示   图3-3-10 1号岩样压裂过程注入压力曲线

由图3-3-10可以看出,清水压裂时,压力达到岩石破裂压力(约18MPa左右)之后,裂缝形成,而后压力降至0,仪器底部开始有液体流出,清水开始漏失。清水压裂后岩石展开各面的裂缝状态如图3-3-11所示。可以发现,裂缝沿着垂直于最小水平主应力方向延伸,贯穿整块岩石,1面、3面、5面和6面均发现裂缝。

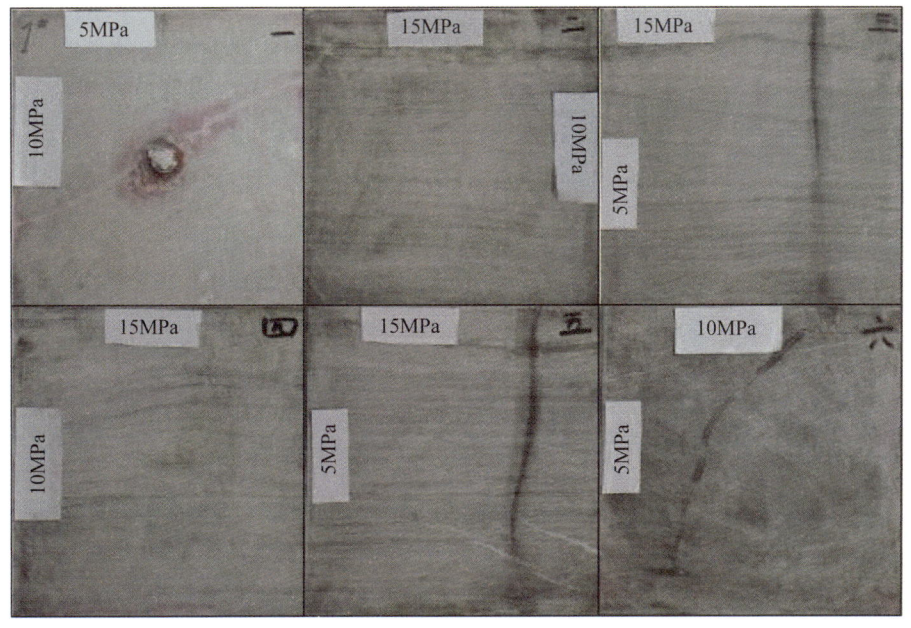

图3-3-11 1号岩样清水压裂后岩石各面的裂缝状态

第二次使用纤维压裂液暂堵转向压裂后，从一面上可以明显地看出，存在两条近似互相垂直的裂缝，说明当水平最大主应力与水平最小主应力相差 2.5MPa 时，纤维压裂液起到了封堵旧缝、开启新缝的转向作用。两条裂缝均已贯穿岩石，在所有岩石面上均观察到裂缝的存在（图 3-3-12）。

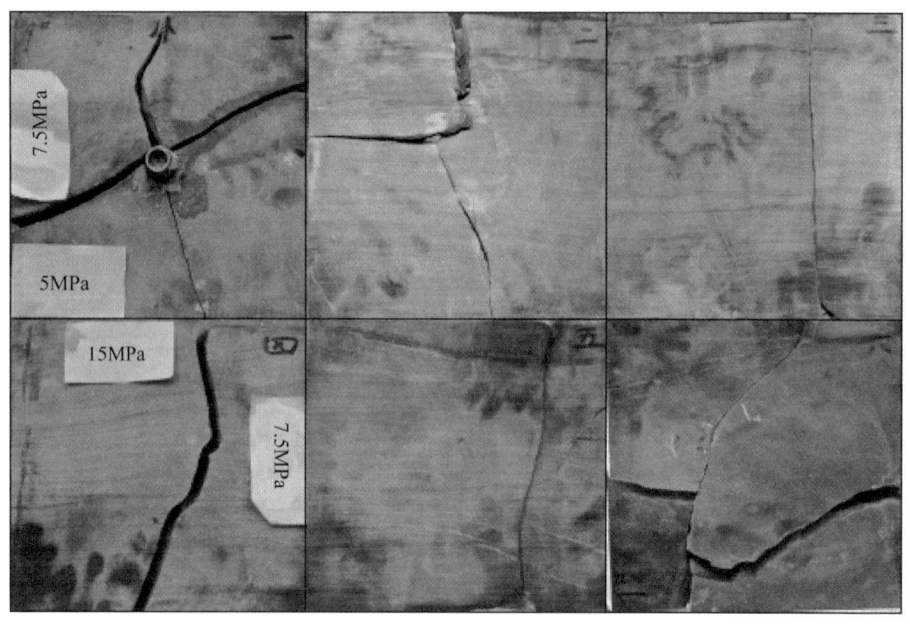

图 3-3-12　1 号岩样纤维压裂后岩石裂缝状态

从图 3-3-10 可以看出，压力曲线出现多次压力先上升后下降过程，可以把每一个这样的过程看成是一个拟破裂过程。其形成的原因为：纤维压裂液注入井筒后，基液沿着已形成的裂缝滤失，纤维会慢慢积聚在裂缝起始端，进而形成滤饼，当滤饼达到一定程度后基液滤失速率越来越慢，或者无法继续滤失进入裂缝，从而形成暂堵，使压力上升；待压力上升到一定程度后，由于新缝的形成或者旧缝的延伸，基液又再次滤失进入岩石，导致压力迅速下降；待新滤失达到一定程度后，纤维又再次聚集形成滤饼，导致新一轮的压力上升，新缝开启或旧缝延伸后，压力又会下降，这一过程反复进行，直至所有滤失点均被堵住，压力就会呈现持续上升。这一过程可以从图 3-3-13 中得到证实：纤维已经在井筒中形成厚厚的滤饼，将滤失点堵住。

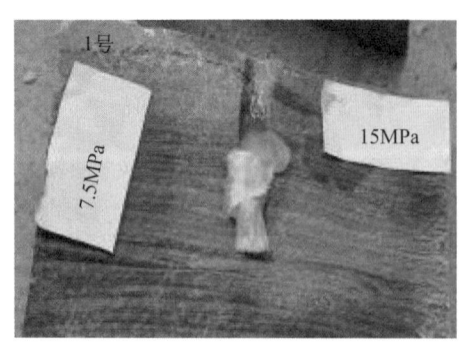

图 3-3-13　1 号岩样纤维压裂后形成的滤饼

从上述实验结果可以看出，纤维压裂液具有明显的暂堵转向作用，在水平最大主应力与水平最小主应力相差 2.5MPa 时，可以暂堵旧缝，同时在垂直最大主应力方向上开启新缝。压裂模拟过程中，压力出现多次上升然后下降过程，说明可以形成多次岩石破裂或裂缝延伸过程，在应力条件允许的情况下，还可以形成多缝交织的网络结构。

（2）2号岩样。

加载应力状态：σ_h=5MPa，σ_H=10MPa，σ_v=15MPa。

岩石应力加载方向及各面标示与1号岩心相同。实验过程中注入压力曲线见图3-3-14。

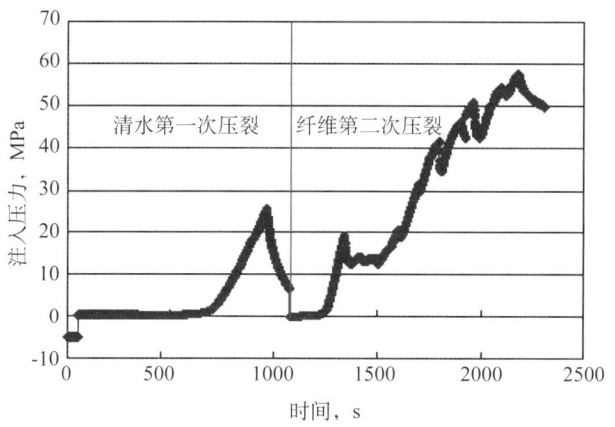

图3-3-14 2号岩样压裂过程注入压力曲线

2号岩样清水压裂的压力曲线（图3-3-14）与1号岩样的压力曲线类似，当压力达到岩石破裂压力（约25MPa左右），裂缝形成之后压力迅速降至0，清水开始漏失。清水压裂后，只有3面和5面存在裂缝，其他各面均未发现明显的裂缝痕迹，裂缝还是沿着垂直于最小水平主应力方向延伸，且并没有贯穿整块岩石。纤维暂堵压裂之后的岩样各面裂缝情况如图3-3-15所示。

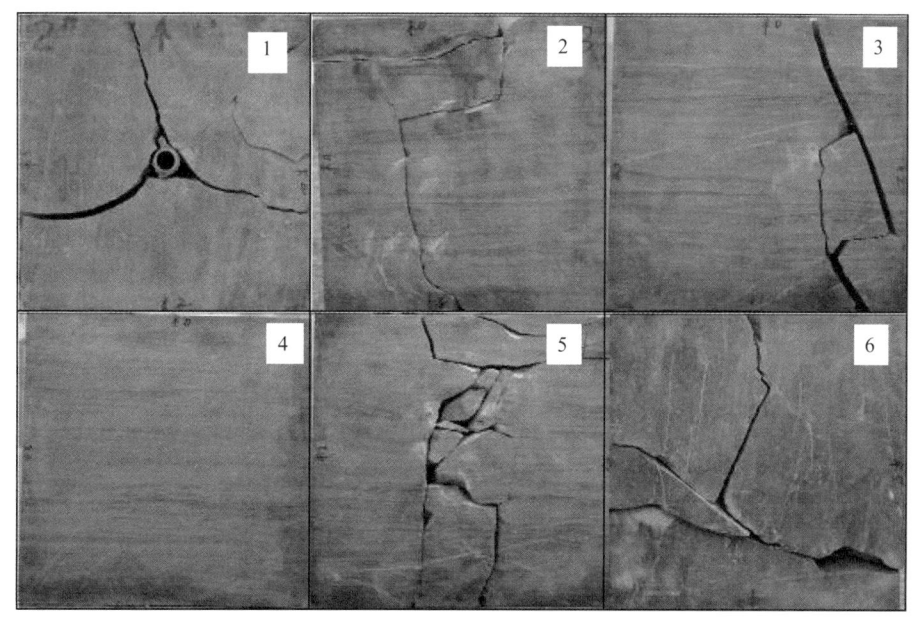

图3-3-15 2号岩样纤维压裂后状态

从图3-3-14可以看出，2号岩样第二次压裂同样出现了压力上升、下降的反复过程，形成原因与1号岩样相同，显示了纤维良好的暂堵性能。从图3-3-15可以看出，第二次压裂后，除了4面以外，其余各面均出现裂缝。由1面可以看出，两次压裂形成了两条相交的裂缝。垂直最小水平主应力方向上有一贯穿缝，而垂直于最大主应力方向上只有上半部分被压开。另外，从2面和5面上均发现明显的水平裂缝，这说明压裂模拟过程中注入压力已经超过垂直方向上岩石的破裂压力，从而压开水平缝。这也进一步验证了纤维良好的暂堵转向性能。

从上述实验结果可以看出，纤维压裂液具有明显的暂堵转向压裂作用，在水平最大主应力与水平最小主应力相差5MPa时，可以暂堵旧缝，同时，在垂直最大主应力方向上开启新缝。在应力条件允许的情况下，还有可能形成水平缝。因此，纤维压裂液具有良好的暂堵转向性能，实际压裂施工中可以形成多缝。

（3）3号岩样。

加载应力状态：σ_h=5MPa，σ_H=12.5MPa，σ_v=18MPa。

岩石应力加载方向及各面标示与1号岩心相同。本次实验与前两组不同的是，采用了声波接收装置监测岩石内部破裂时产生的声波振动信号。声波接收装置的原理跟微地震监测的原理相似，都是利用声波接收监测地层或岩石内部由于破裂所产生的声波事件，用以判定并记录裂缝的开裂时间、方位等信息。本次使用的声波接收装置由于设备本身的限制，只能监测到裂缝开裂的时间信息。

压裂过程注入压力变化曲线及声波接收装置监测到的声波强度、声波数量曲线见图3-3-16和图3-3-17。

从压力曲线上来看，3号岩样第一次使用清水压裂时，岩石的破裂压力只有6.5MPa。图3-3-18是第一次压裂实验后各面裂缝状态，可以明显看到1面上有一条垂直于最小水平主应力的裂缝（红色示踪剂部分），与之对应的3面和5面上也出现裂缝，且属同一条裂缝。2面和4面无裂缝出现。

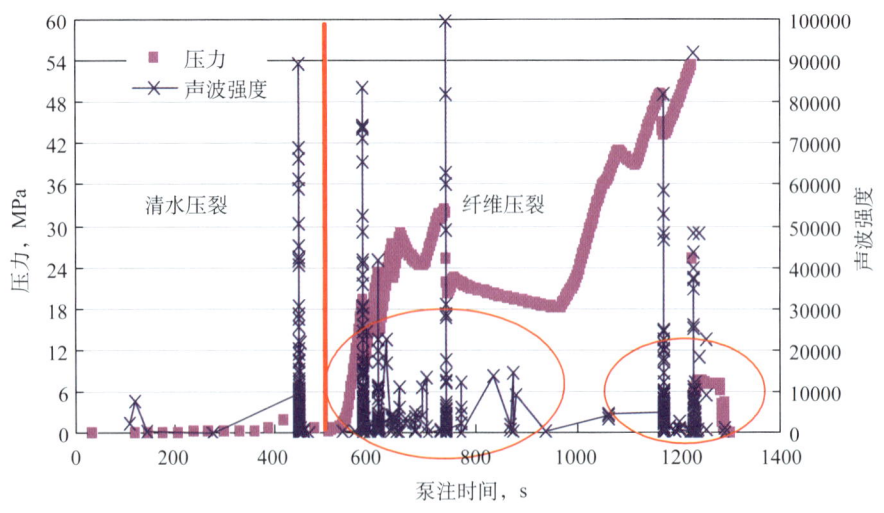

图3-3-16　3号岩样压裂过程中的压力变化与声波强度曲线

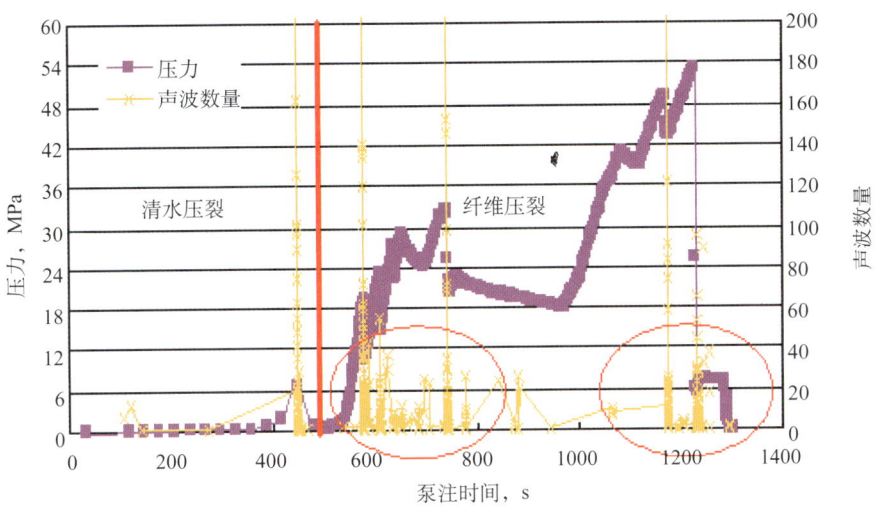

图 3-3-17　3 号岩样压裂过程中的压力变化与声波数量曲线

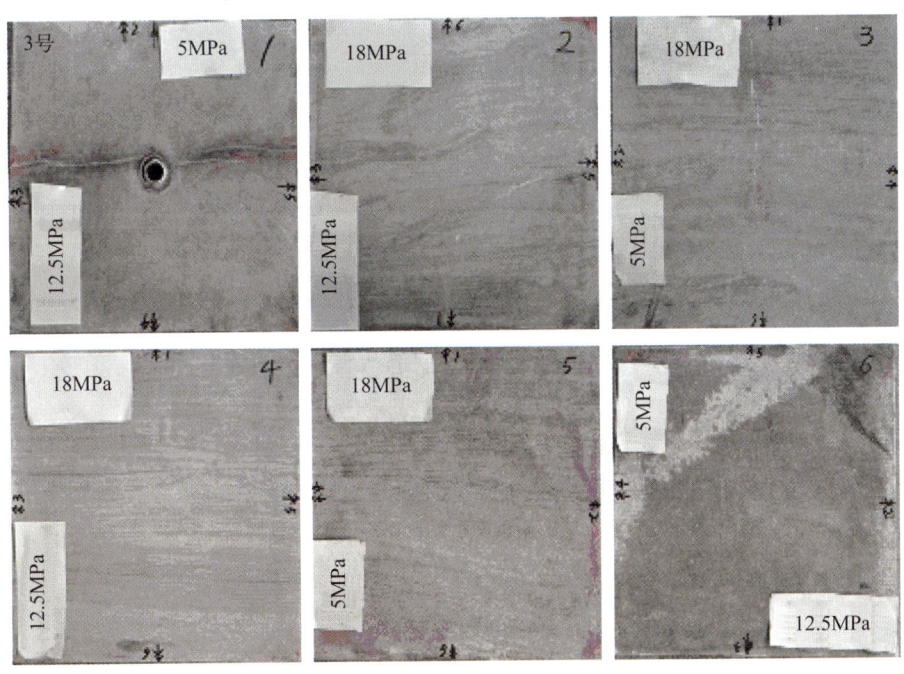

图 3-3-18　3 号岩样清水压裂后各面状态

图 3-3-16 和图 3-3-17 表明，纤维暂堵压裂，压力明显提高。压裂 600s 时出现第一次破裂，从声波数据上也能看到强烈的破裂事件发生，随后纤维堵住新开裂缝，导致压力再次上升。600～700s 出现第一次压力波动，显示了第一次形成的裂缝继续延伸一段距离后又被纤维堵死的反复过程，700s 后又再次出现一次强烈的破裂事件，随后压力突然下降，可能是第一次压开的裂缝已延伸至岩样边界，滤失突然增大；随后由于纤维的封堵作用压力再次上升，直到 1200s 时，再次发生比较强烈的破裂事件，预示 1 条新裂缝的开裂。由图 3-3-19 可以清楚看到，1 面和 3 面都呈现 3 条主裂缝存在，跟压力曲线及声发射数据

的变化相吻合。然而，3条主裂缝都是垂直于最小水平主应力方向，而没有在垂直于最大水平主应力方向上开启新缝，说明对于该实验岩样，当水平最大主应力和最小主应力差在7.5MPa以上时，裂缝很难转向到垂直于最大水平主应力方向上。但纤维还是有效封堵了旧缝而迫使岩样开启新缝。

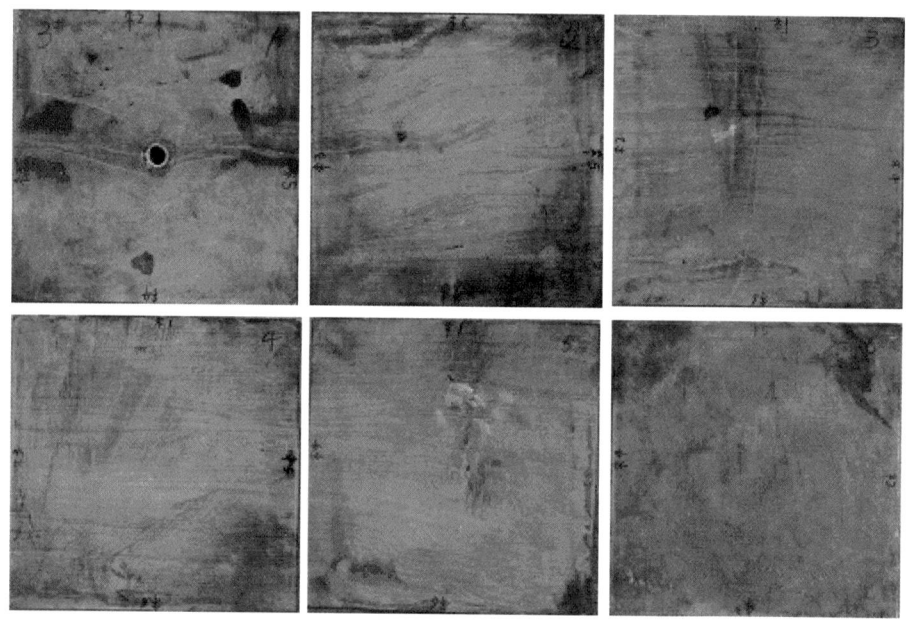

图3-3-19　3号岩样纤维暂堵转向压裂后各面状态

上述实验结果表明：①纤维暂堵转向压裂的压力曲线上呈现的压力反复大幅度上升与下降变化过程表明，纤维压裂液具有良好的暂堵转向性能；②对于所实验的岩样，当水平最大主应力与水平最小主应力之差小于等于5MPa时，纤维压裂液可以暂堵垂直最小主应力方向上的旧缝，同时在垂直最大主应力方向上开启新缝，应力条件允许时还可形成水平缝；③当水平最大主应力和最小主应力差大于7.5MPa时，虽然纤维可以封堵旧缝，迫使岩样开启新缝，但是实验结果显示，只能在垂直于最大主应力方向上开启新缝。

二、工艺设计

1. 纤维用量

1）单井纤维用量计算

纤维的用量可以根据纤维暂堵后，要求承受开启新缝的最大设计压力时，需要形成的纤维堵塞总体积$\sum V_{qw}$和纤维形成滤饼的压实密度加以计算。纤维形成压实滤饼的密度基本为纤维的密度ρ_{qw}，即约为1000kg/m³。所以，只要按照式（3-3-1）求得每一施工井段纤维堵塞所需的纤维总体积$\sum V_{qw}$，然后，再按式（3-3-2）即可求出所需纤维的质量。

$$\sum V_{qw} = \sum_{1}^{n} V_{(by)i} + \sum_{1}^{m} V_{(lf)j} + \sum_{1}^{h} V_{(jb)k} \tag{3-3-1}$$

式中　$\sum V_{qw}$——每一井段上形成纤维有效堵塞所需的纤维总体积，m³；

$V_{(by)i}$——堵塞井段上每一个炮眼所需纤维体积，m^3；

i——炮眼编号，$i=1, 2, \cdots, n$；

$V_{(lf)j}$——堵塞井段上每一条裂缝所需纤维体积，m^3；

j——裂缝编号，$j=1, 2, \cdots, m$；

$V_{(jb)k}$——堵塞井段上每一段井壁所需纤维体积，m^3；

k——井段编号，$k=1, 2, \cdots, h$。

$$W_{qw} = \sum V_{qw} \times \rho_{qw} \qquad (3-3-2)$$

式中 W_{qw}——每一井段上形成纤维有效堵塞所需的纤维质量，kg；

ρ_{qw}——纤维的密度，$1000 kg/m^3$。

计算出每一井段的用量后，将需要纤维暂堵的所有井段的纤维用量求和，就可以得到每口井所需纤维的理论用量，考虑到计算误差与损耗问题，在理论用量上考虑15%～20%的富余量，即为每口井所需纤维的实际用量。

2）纤维使用浓度设计

虽然前面的模拟实验表明，较好的纤维使用浓度应该为0.5%～1.0%，但是，前面的模拟实验结果也表明，纤维的浓度越大，越容易形成堵塞。为了在较小的滤失体积情况下形成较好的有效纤维堵塞，所以理论上说，纤维的浓度越大越好；但是，纤维的浓度越大，纤维堵塞施工管线和引起施工砂堵的风险也越大，因此，应该在不会引起纤维堵塞施工管线和引起施工砂堵的情况下，尽量采用较高的纤维浓度。实践证明，纤维的合适使用浓度范围为1%～3%。

2. 纤维携带液

1）携带液选择

选择不交联的压裂液基液作为可降解纤维的携带液较好。其优点为：(1) 现场施工时不需要额外的配液罐和专门为可降解纤维配制携带液，可以降低成本和方便操作；(2) 压裂液不交联可以加快基液滤失，利于很快形成可降解纤维暂堵层。

2）纤维对压裂液基液性能的影响

向压裂液基液中加入不同浓度的纤维，在不同温度、不同剪切速率下，测定加有不同浓度纤维压裂液基液的黏度，实验结果见表3-3-7和表3-3-8及图3-3-20和图3-3-21。

表3-3-7 室温（25℃）下不同剪切速率、不同浓度纤维时的基液黏度

剪切速率 s^{-1}	加入不同纤维时基液的黏度，$mPa \cdot s$			
	0	0.25%	0.5%	1%
50	133.40	132.80	137.10	167.60
100	90.22	89.69	94.63	108.60
170	65.90	65.56	67.18	76.97
511	35.61	35.43	36.04	40.86

表 3-3-8 55℃下不同剪切速率、不同浓度纤维时的基液黏度

剪切速率 s^{-1}	加入不同纤维时基液的黏度，mPa·s			
	0	0.25%	0.5%	1%
50	89.07	93.78	92.49	93.50
100	65.80	65.40	64.89	69.67
170	49.73	48.80	47.27	51.34
511	28.43	27.61	27.74	31.11

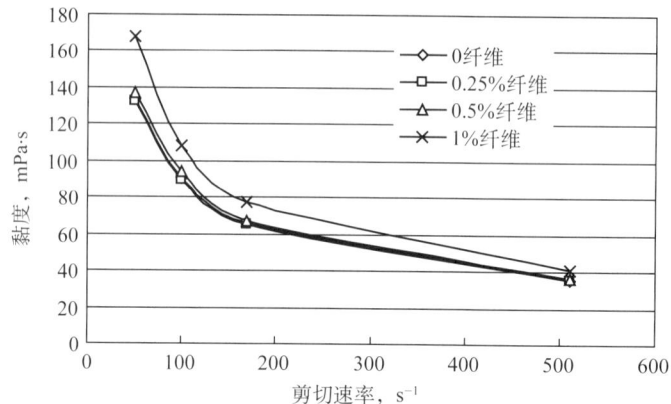

图 3-3-20 室温下含纤维压裂液与不含纤维压裂液的流变曲线

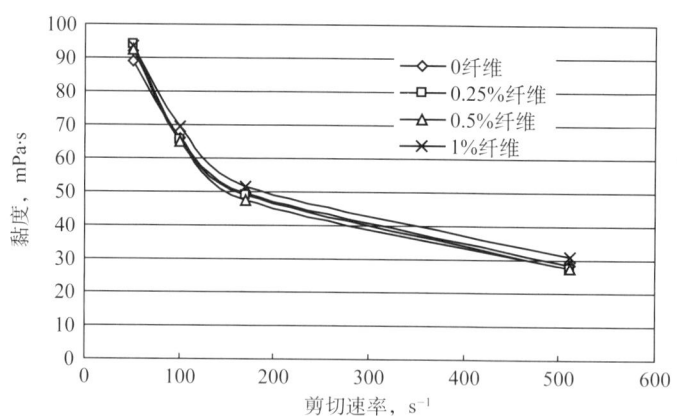

图 3-3-21 55℃含纤维压裂液与不含纤维压裂液的流变曲线

由表 3-3-7 可以看出，室温下，纤维加入对基液黏度影响小；纤维含量大于 1% 时，加有纤维的压裂液基液比原有压裂液基液的黏度稍有提高，黏度数值增加小于 10%（一般在 6% 左右）；当纤维含量小于 1% 时，纤维对压裂液基液黏度的影响更小。由图 3-3-20 可以看出，含纤维压裂液基液与压裂液基液的幂律流体特性一致。

由表 3-3-8 可以看出，55℃下纤维的加入对压裂液基液的黏度影响更小，含纤维压裂液基液黏度的耐温性并没有因为加入纤维而明显地提高。由图 3-3-21 可以看出，与室温条件下相同，含纤维压裂液基液与普通压裂液基液的幂律流体特性一致。

上述实验结果表明，纤维的加入对压裂液基液流变性能基本没有影响。

3. 泵注排量设计原则

1) 井段上转向

要用纤维封堵井段上的裂缝与炮眼，实现井段上不同位置或方向上的转向压裂时，为了更加容易形成堵塞，在泵注含纤维的压裂液时，泵注排量应该比正常压裂阶段排量降低10%～20%，以便裂缝适当闭合，便于更快形成有效堵塞。

2) 缝内转向

要用纤维封堵缝内已有水力裂缝或天然裂缝，实现缝内的转向压裂时，为了使纤维更加容易进入裂缝形成堵塞，在泵注含纤维的压裂液时，泵注排量应该比正常压裂阶段排量提高10%～20%，裂缝进一步适当张开，便于纤维进入裂缝深部形成有效堵塞，以利在其他方位开启水力裂缝新缝或使天然裂缝扩张。

4. 泵注程序设计原则

将可降解纤维用于不同的转向目的时，泵注纤维的泵注程序有所不同。

1) 用于段内暂堵

将可降解纤维用于封堵段内已经形成的水力裂缝，需要实现在段内其他位置或其他方位开启新缝目的时，为了使纤维尽可能有效地封堵已经压开的水力裂缝，而尽量不封堵已经射开的炮眼，则纤维应该在每次加砂的最后1/3阶段随同携砂液泵入地层，并在加砂结束后马上尾追少量纤维，以便更加有效地封堵裂缝。

2) 用于封堵已压裂井段上返压裂

将可降解纤维用于封堵已经压裂的井段，需要上返压裂其他井段时，为了使纤维尽可能有效地封堵已经压开井段的水力裂缝和已经射开的炮眼，则除纤维应该在每段加砂的最后1/4阶段随同携砂液泵入地层外，还需在加砂结束后降低排量（使裂缝适当闭合）尾追大量纤维，加完纤维后再提高排量顶替，以便将纤维尽量挤入所有裂缝和炮眼，有效地封堵整个已经压裂的井段。封堵完成后要进行承压试验，试压到能满足下段压裂施工要求时，可上返到下一井段压裂施工；否则，再追加纤维进行封堵，直至封堵强度满足要求为止，再上返压裂施工。

3) 用于缝内转向

将可降解纤维用于封堵缝内已经形成的水力裂缝前端，需要实现在缝内其他方位开启新缝或使其他方向的天然裂缝扩张时，为了使纤维尽可能有效地封堵已经压开的水力裂缝前端，而尽量不封堵整个水力裂缝，则在压力曲线上显示裂缝开启后，应马上提高排量将纤维与整个裂缝加砂量20%～30%的支撑剂一起泵入，待纤维到达裂缝端部时，降低排量让裂缝适当闭合，以便有效堵塞裂缝前端；堵塞裂缝前端后，提高排量泵入造缝压裂液，争取在缝内其他方位开启新缝或使其他方向的天然裂缝扩张；重复纤维堵塞新开裂缝前端与再次造新缝过程，直至完成设计的造缝过程。造缝过程完成后，再加入支撑剂支撑所造的整个裂缝。

三、实施工艺

1. 段内暂堵工艺

段内暂堵工艺就是用可降解纤维暂时封堵段内已经形成的水力裂缝，以实现在段内其他位置或其他方位开启新缝的压裂工艺。该工艺原理的示意图见图3-1-1，工艺流程为：(1)洗井，对所有设计压裂井段射孔；(2)下管柱坐封，进行第一次压裂；(3)加砂最后1/3阶段泵入纤维，暂堵已经压开的裂缝，尽量控制不要堵塞炮眼；(4)再次压裂形成新缝；(5)重复步骤(3)和步骤(4)，直至在段内形成设计的多缝；(6)上提管柱或打开下一段滑套开关，进行下一上返井段的段内暂堵压裂；(7)重复步骤(6)，直至压裂完所有的设计井段；(8)返排求产。

2. 封堵分段工艺

封堵分段工艺就是用可降解纤维暂时封堵已经压裂的井段，上返压裂上一井段的压裂工艺，纤维暂堵封堵已经压裂井段的作用与桥塞封隔已经压裂井段的功能类似。该工艺原理的示意图见图3-1-3，工艺流程为：

(1)洗井，对所有设计压裂井段射孔；(2)下管柱坐封、压裂第1段；(3)加砂最后1/4阶段泵入纤维，暂堵已经压开的裂缝，尾追纤维有效堵塞已经压裂井段的所有裂缝和炮眼；(4)上提管柱坐封；(5)压裂下一段；(6)重复步骤(3)至步骤(5)，直至压完所有设计井段，但压裂最后一段时不再实施纤维暂堵；(7)返排求产。

3. 缝内暂堵转向工艺

缝内暂堵转向工艺就是用可降解纤维暂时封堵缝内已经形成的水力裂缝前端，以实现在缝内其他方位开启新缝或使其他方向的天然裂缝扩张的压裂工艺。该工艺原理的示意图见图3-1-2，工艺流程为：(1)洗井，对所有设计压裂井段射孔；(2)下管柱坐封、压裂第1段；(3)压裂形成裂缝后，马上提高排量将纤维与整个裂缝加砂量20%~30%的支撑剂一起泵入裂缝端部，有效堵塞裂缝前端；(4)提高排量泵入造缝压裂液，在缝内其他方位开启新缝或使其他方向的天然裂缝扩张；(5)重复步骤(3)和步骤(4)，直至完成设计的造缝过程，再加入支撑剂支撑所造的整个裂缝；(6)上提管柱，进行下一上返井段的缝内暂堵转向压裂；(7)重复步骤(5)和步骤(6)，直至压完所有设计井段；(8)返排求产。

四、实施要求与注意事项

1. 实施要求

(1)井筒、工具、管汇、压裂管柱等的准备与试压与普通压裂相同。
(2)准备满足设计要求的压裂液、纤维暂堵剂与现场检测实验仪器。
(3)进行加入纤维暂堵剂的模拟计算。
(4)纤维应按设计均匀加入，加入纤维过程中应密切注意泵压的变化情况，出现砂堵迹象时，应及时停泵，做出处理与调整。
(5)现场施工组织、协调与管理、应急预案准备与普通压裂相同。
(6)施工后测压与观察要求与普通压裂相同。
(7)安全环保与井控要求与普通压裂相同。

2. 注意事项与应急预案

1)注意事项

(1)压裂施工涉及较多协作单位时，要求各协作单位密切配合。

(2) 施工前要进行详细的技术交底,让现场所有人员明白自己的职责与操作。

(3) 压裂车应摆放在距井口 20m 上风处。

(4) 井场不得使用明火,各施工单位人员严禁在井场吸烟。

(5) 注意文明施工与安全生产。压裂地面管线和排液管线全部用地锚锚定,排液管线出口不许用小于 120°的弯头。

(6) 相关部门的技术负责人应在现场指挥、协调。

(7) 施工设备、工具必须准备齐全,保证性能良好;特别是井口、井口控制装置、封井器、各种闸门等必须保证开关灵活,密封良好。

(8) 入井液体、井下工具、下井油管必须经过检验、检查,合格后方可入井。

(9) 压裂施工排放的一切液体,必须按指定地点排放,严格遵守环境保护法规。

2) 应急预案

(1) 施工砂堵处理。

施工砂堵时立即停泵,油管控制放喷,用压裂车反洗井。洗通后再试挤,如压力正常,再正常加砂。如果因为纤维和支撑剂一起引起砂堵无法循环洗井,则可关井静置 24h,待纤维降解后,再进行洗井冲砂,解除砂堵。

(2) 施工中异常情况处理。

①压力上升过快或压力急剧下降:停止加砂,开始顶替。

②井口或地面管线刺漏:立即停泵,关井口闸门,整改后,若是注前置液阶段,前置液量要重新计算;若是加砂阶段,则开始顶替,若已无法顶替,则开井控制放喷。

③封隔器刺漏或油管断(脱):停止加砂,开始顶替,如不能顶替,则控制放喷。

(3) 应急反应原则与普通压裂相同。

(4) 应急反应行动与普通压裂相同。

第四节 现 场 应 用

一、G×× 井套管完井段内可降解纤维暂堵压裂

1. 储层概况

G×× 井是位于某油田北部外扩高 21 断块上的一口水平采油井。储层主要为葡萄花油层,发育稳定的席状砂,最大有效厚度 0.8m,最小有效厚度 0.2m。

该区块葡萄花油层 5 口井岩样分析表明,储层孔隙度为 11% ~ 26.4%,平均孔隙度 20.2%;渗透率为 0.8 ~ 1077mD,平均渗透率 122.0mD,渗透率级差很大。属中孔隙度、中渗透率储层。

该区块地面原油密度为 0.8385 ~ 0.8470g/cm³,平均为 0.8428g/cm³;原油黏度为 13.85 ~ 22.70mPa·s,平均为 17.15mPa·s;凝固点为 31 ~ 33℃,平均为 32℃;含蜡量为 18.4% ~ 25.3%,平均为 21.8%;含胶量为 18.8% ~ 20.5%,平均为 19.7%。地层原油密度 0.7699g/cm³,地层原油黏度 5.09mPa·s,原始饱和压力 5.90MPa,体积系数 1.1195,原始气油比 37.33m³/m³。地层水为 $NaHCO_3$ 型,总矿化度 6533.56 ~ 8491.37mg/L,平均

7774.17mg/L。

该区块葡萄花油层地温梯度4.35~4.55℃/100m，平均地温梯度4.48℃/100m，属于较高地温梯度；压力系数0.99~1.06，平均压力系数1.03，属于正常压力系统。

2. 钻完井情况

该井于2009年10月31日开钻，2009年12月9日完钻，完钻井深1186.23m（垂深）/1877.00m（斜深），水平位移801.17m，水平段长度552.40m。钻遇砂岩长度1292.60~1845.00m，其中隔层109.20m，油层443.20m。

3. 改造方案

1）水平井段整体改造计划

水平井段整体改造计划见表3–4–1。

表3–4–1　G××井水平井段整体改造计划

序号	层位	小层编号	射孔井段 m	厚度，m		孔数 个	改造方式
				上隔层	射开		
1	PⅠ	1.1	1830.0~1750.0	212.0	定点射孔3段，每段4孔：1750.0，1750.2，1750.4，1750.6，1790.0，1790.2，1790.4，1790.6，1829.4，1829.6，1829.8，1830.0	12	段内限流压裂
2	PⅠ	1.1	1535.0~1515.0	75.0	20.0	260	普通压裂
3	PⅠ	1.1	1440.0~1420.0	58.0	20.0	260	普通压裂
4	PⅠ	1.1	1362.0~1292.6	—	69.4	902	段内纤维暂堵压裂

2）压裂管柱

压裂管柱结构为：$3\frac{1}{2}$inUPTBG（700m）+工作筒（700m）+$2\frac{7}{8}$in外加厚油管（10m）+ϕ95mm安全接头+ϕ116mm扶正器+$2\frac{7}{8}$in外加厚油管（10m）+ϕ114mm水力锚+$2\frac{7}{8}$in外加厚油管短节（1m）+K344–110封隔器+ϕ116mm扶正器+ϕ114mm导压喷砂器+K344–110封隔器+$2\frac{7}{8}$in外加厚油管短节（1m）+导向丝堵。

3）材料设计

(1) 压裂液基液1：200m^3。

(2) 压裂液基液2：330m^3。

(3) 交联液：5.3m^3。

(4) ϕ（425~850μm）52MPa覆膜降阻支撑剂FSS–Ⅱ：58m^3。

(5) ϕ（425~850μm）52MPa包裹陶粒：4m^3。

(6) 可降解纤维：230kg。

(7) 过硫酸钾：225kg。

(8) 高温破胶剂：150kg。

4）纤维暂堵压裂泵注程序

纤维暂堵压裂泵注程序见表3–4–2。

表 3-4-2　G××井纤维暂堵转向压裂泵注程序

步骤	施工时间		工序	排量 m³/min	支撑剂类型	砂比 %	砂浓度 kg/m³	支撑剂用量 m³		压裂液用量 m³	
	阶段	累计						阶段	累计	阶段	累计
1	5min21s	5min21s	前置液	2.8	—	—	—	0.0	0.0	15.0	15.0
2	2min25s	7min46s	携砂液	2.6	覆膜降阻支撑剂	7	111.3	0.4	0.4	6.0	21.0
3	2min32s	10min18s	携砂液	2.6	覆膜降阻支撑剂	14	222.6	0.8	1.3	6.0	27.0
4	6min12s	16min30s	携砂液	2.6	覆膜降阻支撑剂	21	333.9	2.9	4.2	14.0	41.0
5	0min50s	17min20s	纤维段塞	2.4	加25kg纤维段塞（不交联）	0	0	0.0	4.2	2.0	43.0
6	5min15s	22min35s	携砂液	2.0	覆膜降阻支撑剂	7	111.3	0.7	4.9	10.0	53.0
7	3min23s	25min58s	携砂液	2.6	覆膜降阻支撑剂	14	222.6	1.1	6.0	8.0	61.0
8	5min18s	31min16s	携砂液	2.6	覆膜降阻支撑剂	21	333.9	2.5	8.5	12.0	73.0
9	1min0s	32min16s	纤维段塞	2.4	加50kg纤维段塞（不交联）	0	0	0.0	8.5	2.4	75.4
10	5min15s	37min31s	携砂液	2.0	覆膜降阻支撑剂	7	111.3	0.7	9.2	10.0	85.4
11	3min32s	41min3s	携砂液	2.8	覆膜降阻支撑剂	14	222.6	1.3	10.5	9.0	94.4
12	4min6s	45min9s	携砂液	2.8	覆膜降阻支撑剂	21	333.9	2.1	12.6	10.0	104.4
13	3min26s	48min35s	携砂液	2.8	覆膜降阻支撑剂	28	445.2	2.2	14.8	8.0	112.4
14	1min17s	49min52s	纤维段塞	2.8	覆膜降阻支撑剂（加75kg纤维）	28	445.2	0.8	15.7	3.0	115.4
15	17min9s	67min1s	携砂液	2.8	覆膜降阻支撑剂	28	445.2	11.2	26.9	40.0	155.4
16	1min46s	68min47s	替挤液	3.0	—	0	0	0.0	26.9	5.3	160.7

4. 现场施工

2010年9月13日，按照设计进行了可降解纤维暂堵压裂的现场施工，施工曲线见图 3-4-1。施工曲线表明，加纤维暂堵剂过程中，在排量降低的情况下，压力不但没有下降，反而出现 1MPa 左右的上升，说明纤维暂堵确实使井底静压力有所提高，利于压开新缝。

5. 效果分析

1）裂缝监测效果

由于微地震监测井距离该井段太远，未监测到纤维暂堵后裂缝形成情况。但是，示踪剂监测结果表明（图 3-4-2），用纤维暂堵的压裂井段与限流压裂的井段相比，在两段地质条件基本相当的情况下，纤维暂堵的压裂井段形成的裂缝基本覆盖了所压裂段的整个井段，而用限流压裂的井段只在井段上局部形成了压裂缝。

2）改造效果

该井压裂前基本没有产能，压裂后生产初期，日产液 10m³，日产油 9.1m³；稳产后，日产液 11.7m³，日产油 10.3m³。

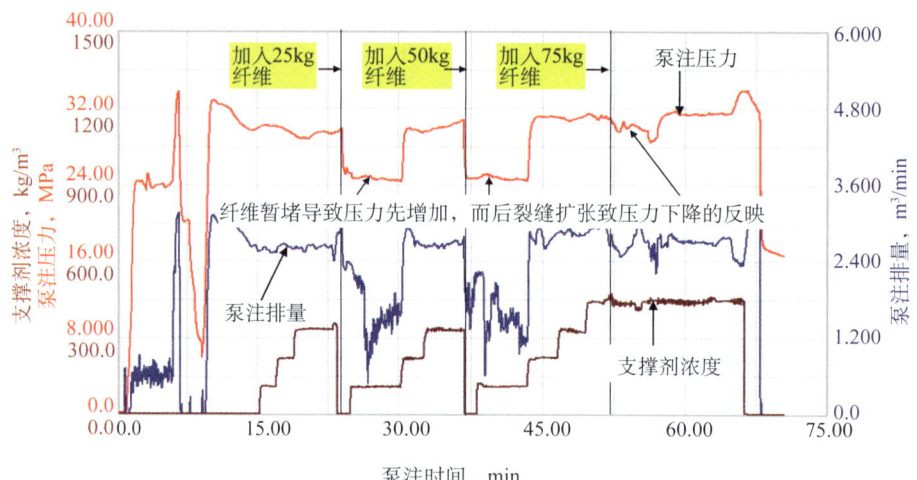

图 3-4-1 G×× 井纤维暂堵压裂段施工曲线

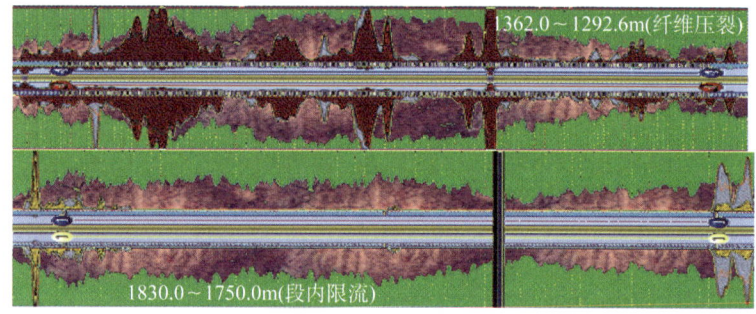

图 3-4-2 G×× 井纤维暂堵压裂井段与段内限流压裂井段压开裂缝比较
（对比本井不同的压裂工艺，纤维转向压裂井段产生了明显的多裂缝，且相比段内限流压裂，
纤维压裂形成更多裂缝，分布更加均匀合理）

二、Z×× 井裸眼完井段内可降解纤维暂堵压裂

1. 储层概况

该井是位于某油田南部肇5区块的一口水平采油井。葡萄花油层上砂岩组发育油层，下砂岩组也以纯油层发育为主。油藏分布主要控制因素是岩性，但是由于众多断层的切割，形成许多地堑、地垒等小幅度构造，该井区以油层为主，个别井葡萄花油层发育油水同层和水层。

该井区块葡萄花储层厚20m左右，被夹于上下巨厚的暗色生油泥岩之间，砂岩厚1~10m，从砂层厚度图上看，在局部地区还有砂岩含量低值区，说明砂岩分布还具有不稳定性，易形成岩性圈闭油藏。

试井资料表明，葡萄花油层地层压力 13.16~14.26MPa，平均 13.57MPa，压力系数为 0.9。地层温度 63~68℃，平均 65℃，平均地温梯度为 4.55℃/100m，为正常温度、压力系统。

2. 钻完井情况

该井于2010年6月15日开钻，2010年7月8日完钻，完钻井深1361.38m（垂深）/

2128.80m（斜深），水平段长度835.57m。钻遇砂岩井段、夹层和砂层长度见表3-4-3。

表3-4-3　Z×× 井钻遇砂岩井段、夹层和砂层长度

序号	层位	小层编号	钻遇砂岩井段，m		钻遇岩层长度，m	
			自	至	夹层	砂层
1	PⅠ	2_1—4_1	1447	1475	—	28
2	PⅠ	4_1	1483	1505	8	22
3	PⅠ	4_1	1583	1804	78	221
4	PⅠ	4_1	1986	2012	182	26
5	PⅠ	4_1	2090	2103	78	13
合　计		—	—	—	346	310

3．改造方案

1）水平井段整体改造计划

水平井段整体改造计划见表3-4-4。

表3-4-4　Z×× 井水平井段整体改造计划

序号	层位	管外封隔器卡封井段 m	长度 m	连通器井段 m	长度 m	压裂方式
1	PⅠ	2125.01～2054.01	71	2076.32～2078.32	2	普通压裂
2	PⅠ	2054.01～1952.11	101.9	1974.79～1976.79	2	普通压裂
3	PⅠ	1952.11～1773.33	178.78	1795.63～1797.63	2	普通压裂
4	PⅠ	1668.54～1547.62	120.92	1572.26～1574.26	2	纤维暂堵
5	PⅠ	1547.62～1472.31	75.31	1494.4～1496.4	2	

2）施工难点分析及技术措施

（1）施工难点分析。

根据本井压裂数据及压裂工艺技术要求，分析出以下难点：①本井为裸眼分段压裂，各裸眼段易产生多条裂缝，形成缝间干扰，导致裂缝偏窄，存在附加摩阻，地面压力较高，加砂困难；②本井压裂储层为薄互层，压裂施工过程中存在穿层现象，易形成过液不过砂，导致施工困难；③统计探井葡萄花油层岩心分析资料，PI4层发育沿岸沙坝，有效渗透率相对较高，滤失偏大，前置液压裂液效率降低；④由于裸眼分段完井，双封单卡压后反洗过程中可能会因液体大量漏失而降低冲砂效果。

（2）技术措施。

在较全面了解、认识储层地质特点的基础上，主要应在以下几个方面加强工作，并在设计中采取针对性的技术措施：①通过升降排量测试计算附加摩阻，初步确定合理的加砂浓度与加砂规模；②根据升降排量测试情况，相应采取胶塞、石英砂处理近井摩阻；③为保证施工顺利，应采用中低砂比长时间处理工艺；④在施工过程中，采取"短砂段临界砂比"判断方法，确定安全加砂界限；⑤通过现场施工压力变化，判断是否存在穿层现象，

及时调整施工排量与砂浓度,保证施工顺利进行;⑥适当增加排量,提高返洗效果。

3)压裂管柱

压裂管柱结构为:$3\frac{1}{2}$inUPTBG(1000m)+$2\frac{7}{8}$in UPTBG+ϕ95mm 安全接头+ϕ116mm 扶正器+$2\frac{7}{8}$in 外加厚油管(10m)+ϕ114mm 水力锚+$2\frac{7}{8}$in 外加厚油管短节(1m)+K344-110 封隔器+ϕ116mm 压力计托筒+ϕ114mm 导压喷砂器+K344-110 封隔器+ϕ116mm 压力计托筒+$2\frac{7}{8}$in 外加厚油管短节(1m)+导向丝堵。

4)材料设计

(1)改性瓜尔胶溶液:20m³。

(2)压裂液基液1:560m³。

(3)压裂液基液2:600m³。

(4)交联液:11.6m³。

(5)ϕ425~ϕ850μm 52MPa 覆膜降阻支撑剂 FSS-Ⅱ:115m³。

(6)ϕ425~ϕ800μm 石英砂:54m³。

(7)可降解纤维:250kg。

(8)过硫酸钾:325kg。

(9)高温破胶剂:125kg。

5)纤维暂堵压裂泵注程序

纤维暂堵压裂泵注程序见表3-4-5。

表3-4-5 Z××井纤维暂堵压裂泵注程序

步骤	施工时间		工序	排量 m³/min	支撑剂类型	砂比 %	砂浓度 kg/m³	支撑剂用量 m³		压裂液用量 m³	
	阶段	累计						阶段	累计	阶段	累计
1	16min0s	16min0s	前置液	3.5	—	—	—	0.0	0.0	56.0	56.0
2	3min0s	19min0s	携砂液	3.5	覆膜降阻支撑剂	7	111.3	0.7	0.7	10.0	66.0
3	4min43s	23min43s	携砂液	3.5	覆膜降阻支撑剂	14	222.6	2.1	2.8	15.0	81.0
4	5min15s	28min58s	携砂液	3.5	覆膜降阻支撑剂	21	333.9	3.4	6.2	16.0	97.0
5	11min19s	40min17s	携砂液	3.5	覆膜降阻支撑剂	28	445.2	9.2	15.4	33.0	130.0
6	4min12s	44min29s	携砂液	2.0	覆膜降阻支撑剂 (2%纤维225kg)	28	445.2	2.0	17.4	7.0	137.0
7	9min36s	54min5s	携砂液	2.0	覆膜降阻支撑剂	28	445.2	4.5	21.8	16.0	153.0
8	9min57s	64min2s	携砂液	3.5	覆膜降阻支撑剂	28	445.2	8.1	30.0	29.0	182.0
9	8min34s	72min36s	携砂液	3.5	覆膜降阻支撑剂 (段末加纤维25kg)	35	556.5	8.4	38.4	24.0	206.0
10	5min34s	78min10s	携砂液	3.5	覆膜降阻支撑剂	42	667.8	6.3	44.7	15.0	221.0
11	3min11s	81min21s	替挤液	2.2	—	0	0	0.0	44.7	7.0	228.0

4. 现场施工

2010年9月10日,按照设计进行了现场施工,纤维暂堵压裂井段的施工曲线见

图 3-4-3。施工曲线表明，与 G×× 井加纤维暂堵后类似，在排量降低的情况下，压力出现小幅上升，说明纤维暂堵确实使压力有所提高，利于压开新缝。该井未进行裂缝监测。

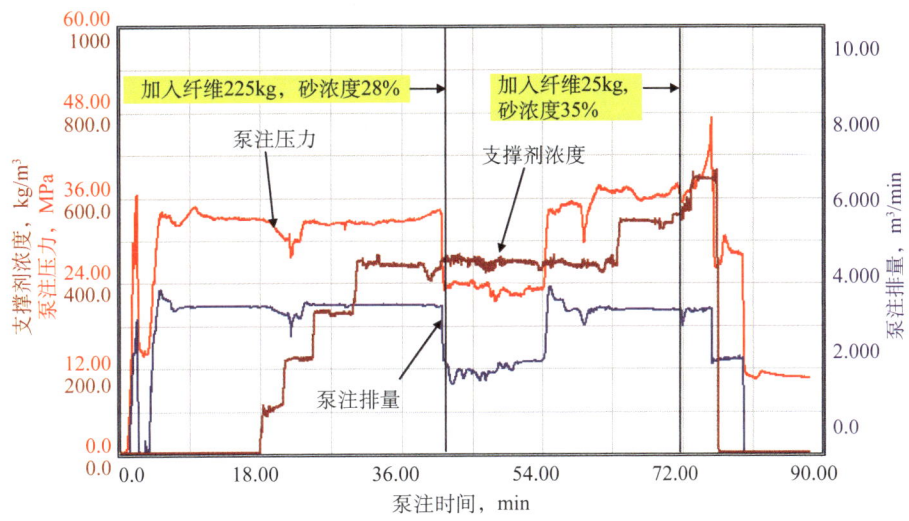

图 3-4-3　Z×× 井纤维暂堵压裂井段施工曲线

5. 改造效果

该井压裂前基本没有产能，压裂后生产初期，日产液 3.9m³，日产油 1.8m³；稳产后，日产液 3m³，日产油 2.4m³。

第四章 水平井机械分段酸化酸压技术

水平井机械分段酸化酸压技术就是通过机械分隔手段将长水平井段分隔成较短的井段进行酸化酸压，以控制水平段不同部位的酸液处理强度，达到整个井段尽量均匀布酸的目的，从而实现整个水平井段储层的均匀酸化与酸压改造。机械分段酸化酸压有机械封隔器分段酸化酸压技术和连续油管拖动酸化技术两种工艺。

第一节 机械封隔器分段酸化技术

机械封隔器分段酸化技术运用机械封隔器将较长的水平井段分隔成相对较短的井段进行酸化处理，以改善每一小段上储层的非均质性，提高水平段不同部位的酸液处理强度，使整个井段尽量均匀布酸，实现整个水平井段储层均匀酸化的目的。

一、技术原理与适应性

1. 技术原理

1）工艺原理

机械封隔器分段酸化酸压可以通过不动管柱机械封隔器滑套或拖动双级封隔器与喷砂器管柱两种工艺途径实现。

（1）不动管柱机械封隔器滑套分段酸化酸压：利用工艺管柱喷砂器的节流作用坐封封隔器，进行第1层段酸化酸压施工；该段施工结束后，从井口投入密封球打开喷砂器滑套，滑套下行密封隔离已处理的第1层段，对第2层段进行酸化酸压施工，依次投入不同尺寸密封球，逐级实现以后各层段的分段酸化酸压施工。

（2）连续油管或油管拖动双级封隔器分段酸化酸压：利用连续油管携带双级封隔器与喷砂器或者双级封隔器，喷砂器与油管组成分段酸化酸压管柱进行分段施工。工艺是首先坐封双级封隔器酸化酸压最下面一段，然后，通过多次回收拖动连续油管或上提油管的方式完成以后各段酸化酸压施工，从而达到对整个水平井段实现分段酸化酸压的目的。

由于不动管柱机械封隔器滑套分段酸化酸压施工更为安全和快捷，现在已作为主体机械封隔器分段酸化酸压技术使用，所以下面主要介绍不动管柱机械封隔器分段酸化酸压工艺。

2）管柱结构及主要工具组成

不动管柱机械封隔器滑套分段酸化酸压工艺管柱主要由安全接头、滑套开关器、扶正器、喷砂器、小直径封隔器和低密度密封球等组成（图4-1-1）。

滑套开关器：保持油套压力平衡，酸化后为残酸返排提供通道，实现酸化—排酸一体化设计目的，同时有利于封隔器的解封。

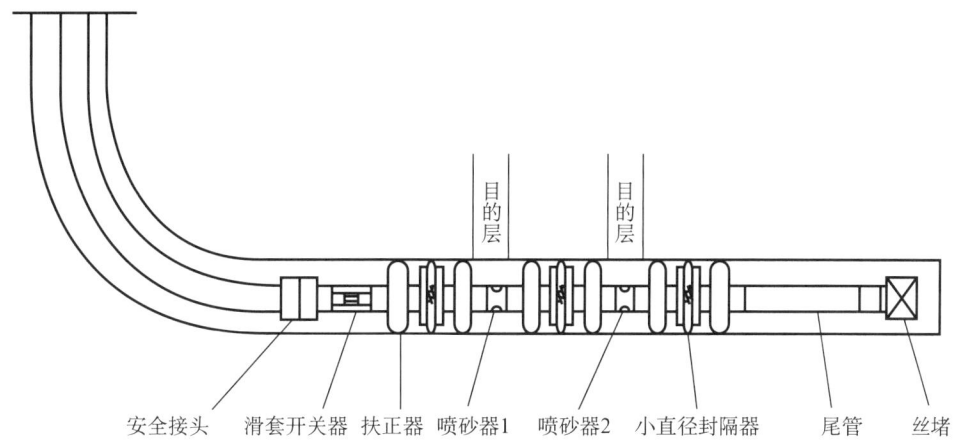

图 4-1-1 不动管柱机械封隔器滑套分段酸化酸压工艺管柱示意图

喷砂器：为酸液进入地层的通道，同时形成节流压差，保证封隔器坐封。

封隔器：封隔水平井段，控制酸液进入酸化目的层段。封隔器直径小、尺寸短，利于通过造斜段，坐封、解封性能可靠。

低密度密封球：采用耐酸复合材质，密度小，利于消除重力影响，保证球与球座密封；施工中利用投球憋压打开滑套，剪断销钉，球和球座形成密封，封堵下部层段，打开上部层段，通过依次投球憋压打开滑套，可实现分段处理。

3）工具技术参数

工具的技术参数见表 4-1-1。

表 4-1-1 水平井封隔器分段酸化工艺技术指标

封隔器外径 mm	封隔器内径 mm	耐温 ℃	耐压 MPa	低密度密封球密度 g/cm³	封隔器坐封压力 MPa	喷砂器节流压差 MPa	销钉剪断压力 MPa
110	46	90	40	1.2	0.8	1.5	6

4）技术特点

（1）针对性强。工艺管柱和封隔器不受卡距限制，可以对长、短射孔段储层进行针对性酸化改造。能对目的层进行有效封隔，并根据地质和工程的要求，进行不同规模的酸化施工。

（2）施工效率高。不动管柱一趟酸化多至 5 个层段，节约作业时间和费用，提高效率。

（3）酸化—排酸一体化。酸化后残酸可直接返排，降低了残酸伤害储层及管柱的程度。

2. 技术适应性

（1）套管（φ139.7mm）固井完井。

（2）温度低于 90℃的砂岩储层或碳酸盐岩储层。

（3）储层非均质性强，钻井、完井及生产过程中存在储层伤害。

（4）施工压力不超过 40MPa。

二、工艺设计

1. 设计优化

1）分段原则与方法

（1）在钻井、完井及生产过程中储层受到伤害，导致单井产量在短期内下降幅度较大，为恢复此类井产能，提高水平井开发效果，可以采用小直径封隔器机械分段酸化工艺。

（2）综合考虑摩阻及施工安全等因素，酸化管柱分段以3～5段为宜。

（3）考虑到水平段油层渗透率非均质性，按渗透率相近原则划分段数，单段最大长度应在100m以下。

（4）根据射孔数据，确定封隔器适宜位置，原则与直井相同。

2）施工参数优化确定与效果预测

由于水平井钻井周期长，钻井液浸泡油层时间也长，储层伤害情况较直井严重得多，因此，水平井酸化施工参数的优化与效果预测需要应用专业优化设计软件分析诊断油层伤害机理，优选确定酸液体系配方与酸液用量（图4-1-2）。主要优化设计流程如下：

（1）伤害状况分析。

（2）施工规模确定。

（3）不同处理段酸液分流计算。

（4）工艺参数模拟计算。

（5）效果预测与评价。

重复步骤（1）至步骤（5），选择最佳施工参数。

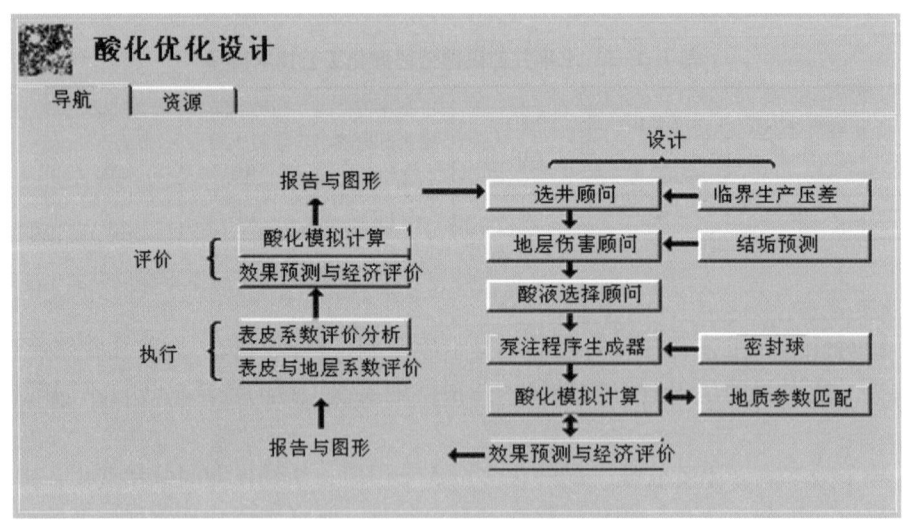

图4-1-2 酸化优化设计分析软件框图

2. 工艺管柱与酸液性能

水平井酸化的特点：一是用酸量大；二是酸化时间长，酸液对油管的腐蚀严重；三是水平井段长，实现长井段均匀酸化困难。因此，管柱结构设计上需要管柱的下入深度、密封性，以及密封球的密度、韧性、耐温、耐压、耐酸等性能均能满足施工的要求；酸液体系在解除堵塞的基础上,还要具有长效缓蚀、缓速、低伤害的特点。

1) 工艺管柱性能

室内在 ϕ139.7mm 套管内,水平状态下通过分级投球,检验喷砂器阀门开启所需压力、低密度密封球及小直径封隔器的承压密封性能。实验结果为:封隔器坐封压力 0.8MPa,喷砂器节流压差 1.5MPa,销钉剪断压力 6MPa。

2) 酸液性能

酸液配方应遵循溶失率适当、破碎率低、伤害低、可防黏土颗粒运移、无二次沉淀等原则。配方针对某油田外围葡萄花油层,通过室内正交实验,确定了以有机酸为主的复合酸液体系配方,其综合性能见表 4-1-2。该酸液配方体系性能稳定,与储层配伍性好,具有长效缓蚀、缓速、低伤害的特点,可满足水平井酸化施工要求。

表 4-1-2 有机复合酸液体系配方综合性能表

10h 溶解天然岩屑能力		洗油率 %	界面张力 mN/m	60min 破乳率 %	腐蚀速率 g/(m²·h)	产生二次沉淀 pH 值	提高基质渗透率 %	渗透率恢复率 %
溶蚀率 %	破碎率 %							
12.45	1.68	68.58	0.60	95	0.19	>7	110.89	146.98

三、施工工艺程序

不动管柱机械封隔器滑套分段酸化施工一般按照以下工艺程序进行:

(1) 起出原井管柱。

(2) 下冲砂洗井管柱,连续冲砂至人工井底(实探人工井底)。

(3) 起出冲砂洗井管柱,下刮削、通井、洗井管柱,经过射孔段时反复刮削 3 次,通井至人工井底,然后用热活性水彻底反洗井两个循环。

(4) 起出刮削、通井、洗井管柱,下入酸化管柱,管柱下到位后,环空内灌满液体,并保持环空液面在井口。

(5) 装井口,接投球器,连接施工管线(硬管线)及放空管线,地面试压后进行正常施工。

(6) 关闭套管闸门,油管打压,打开第 1 段喷砂器,注酸液酸化第 1 段,注替挤液,停泵;油管投密封球,替挤酸液,打开第 2 段滑套,酸化第 2 段,连续注入酸液;依次投球,坐封下一段,打开上一段,然后注酸液酸化,直到完成多段酸化施工。酸化施工后,井口投密封球,打压注替挤液,打开连通器滑套,关井口闸门,待酸岩反应。

(7) 返排,返排液罐车回收。

(8) 起出酸化管柱,下入生产管柱,完井后投产。

四、实施要求及应急措施

1. 实施要求

(1) 起下管柱时应严格执行施工设计及井下作业操作规程。

(2) 配制酸化液时各种添加剂用量要准确。

(3) 施工中泵入酸液要平稳，泵压不得超过限定压力。

(4) 施工中如发现管线刺漏，必须水洗、停泵、放空后方可处理。

(5) 放空管线不得用软管线，放空管线要固定好。

(6) 施工人员必须按规定穿戴劳保用品，不得跨越高压管线。

(7) 施工中应注意安全、文明施工、注意保护井场环境，不随意排放污水、污物，严格执行有关 HSE 标准。

2. 应急措施

(1) 投球到达预定深度时，压力没有升高显示应采取以下措施：将排量与前一段施工排量保持一致，观察施工压力与前一段相比是否有较为明显的变化，如果变化明显，则说明滑套已经打开，否则提高排量继续追球；如果没有压力升高显示可投入第 2 个密封球，如仍没显示，由现场工程师讨论决定下步施工方案。

(2) 上提管柱负荷过大应采取以下措施：

①首先检查滑套开关是否已经打开，然后油管注入液体，观察套管，如果以大致相当的排量返出，则说明滑套开关已经打开，否则按照措施（1）进行处理。

②打压后静止 10~20min，等待封隔器回收，再上提观察负荷是否降低。

③如果还没降低，可上下来回活动管柱，观察负荷是否变化。

④如果仍然没有效果，则从油管投入密封球，打压脱开安全接头，将上部油管起出，等待大修。

(3) 发生酸液溅到人身事故，立即用现场配备的苏打水进行清洗，如受伤较严重，立即汇报，并组织抢救车辆，送伤者去医院处理。

(4) 发生酸液或返排液污染地面等情况，待施工停止后，立即组织现场施工人员对污染处进行清理、掩埋，如污染范围较大，必须用车将清理后的污染物拉走处理。

五、现场应用

水平井机械封隔器分段酸化工艺技术已在大庆油田和江苏油田现场应用 26 口井 80 个层段。应用储层主要为葡萄花油层和扶杨油层，工艺成功率 100%，有效率 90%，酸化后初期平均日增油 5.1t，取得了较好的增产效果。下面以 Z64-P×× 井不动管柱封隔器滑套分段酸化为例，说明该技术的应用情况。

1. 储层概况

Z64-P×× 井为某油田的一口水平井，开发层位为葡萄花 PI2、PI3 层，平均砂岩厚度 4.2m，有效厚度 0.8m，平均渗透率 40mD，孔隙度 20.9%。

2. 钻完井及生产情况

2004 年 12 月完钻，完钻井深 2240m，水平段长度 630.5m，钻遇砂岩 377m，于 2005 年 2 月射孔投产，射开总长度 377m，初期产液 10.0m^3/d，措施前产液 3.0m^3/d。

3. 改造方案

(1) 该井射孔投产后产量下降较快，分析认为钻完井伤害了储层，造成近井地带堵塞，因此，对该井实施分段酸化解堵，进一步提高油井产量，发挥油井潜力。

(2)根据该井情况，采用小直径封隔器将全井分隔成4段进行酸化处理，工艺管柱见图4-1-3。

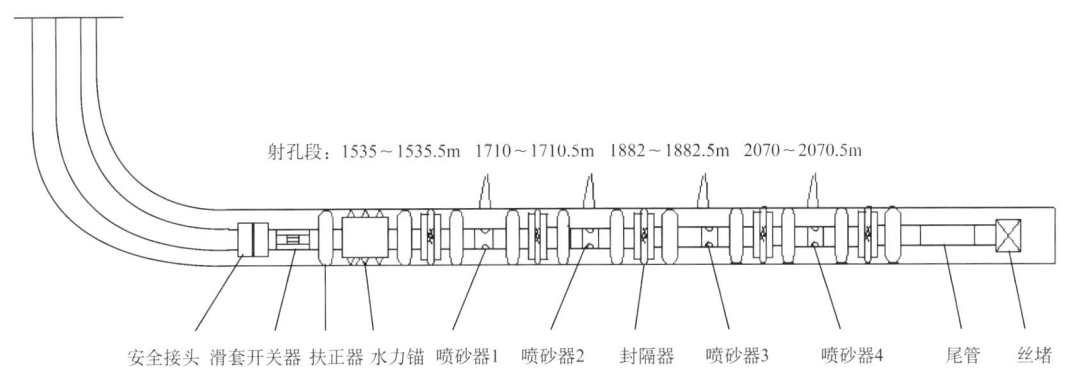

图4-1-3　Z64-P××井分段酸化工艺管柱结构示意图

(3)根据原井射孔、储层情况，优化纵向处理半径为0.4m，横向处理半径为2.0m；根据储层物性、原油性质分析结果，并结合室内实验情况，采用复合酸解堵酸化，设计酸液总量198m³。

4. 施工简况

现场酸化施工时，施工排量0.5m³/min，当第1段处理后，投球打滑套封堵第1段开启第2段，第1次投球后泵压由12.0MPa上升到20.0MPa，然后泵压又下降到11.5MPa，说明滑套销钉剪断，第2段打开；第2次投球后，泵压由10.0MPa上升到17.0MPa，然后泵压又下降到12.5MPa，说明滑套销钉剪断，第3段打开；第3次投球后，泵压由12.0MPa上升到21.0MPa，然后泵压又下降到13.0MPa，说明滑套销钉剪断，第4段打开，施工压力变化见图4-1-4。分段酸化施工后，起管柱上提最大负荷为22.8t，属正常负荷，起出工具、管柱完好，一趟管柱实现了4段酸化。该井施工顺利，共注入酸液198m³，挤注后置液6m³。

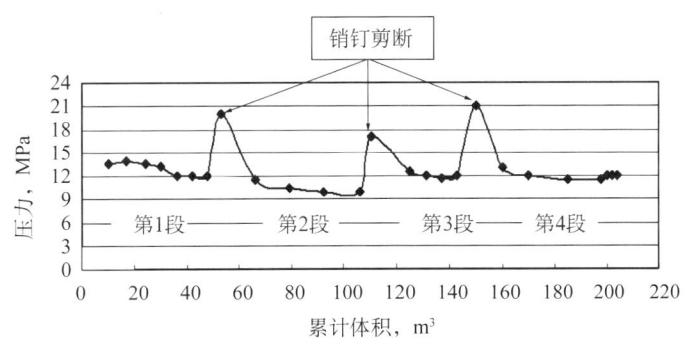

图4-1-4　Z64-P××井酸化施工压力变化曲线

5. 改造效果

该井作业施工顺利，分段酸化前日产液3.0m³，日产油2.8t。按设计完成分段酸化处理后，日产液8.9m³，日产油7.8m³，解堵增产效果明显，酸化前后产液量变化曲线见图4-1-5，措施有效期为492d。

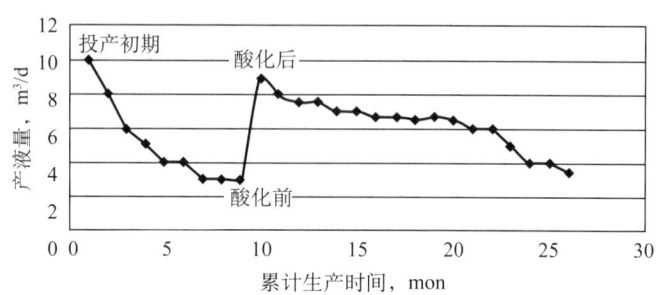

图 4-1-5　Z64-P×× 井酸化前后产液量变化曲线

第二节　水平井连续油管拖动酸化技术

连续油管技术是当前国际上先进的作业技术，具有操作简单省时、安全可靠等明显优越性。近 10 年来，连续油管技术的应用领域不断扩大，在许多方面已能完全替代常规作业。对一些常规技术难以处理的问题，应用连续油管技术便可迎刃而解，被誉为"万能作业设备"。目前，连续油管广泛用于冲砂、洗井、诱喷助排、酸化、扩眼、完井、集输、射孔、钻井等各方面。

连续油管拖动酸化技术是在 20 世纪 90 年代兴起，近年又得到完善发展的一种均匀布酸工艺技术。国外的研究和实践证实，由于储层与钻井液的接触时间较长，水平井的地层伤害通常较直井严重。对于碳酸盐岩油气层，酸化的主要目的是恢复受伤害地层的原始渗透率。为了解除水平井段表皮伤害，常采用连续油管拖动酸化施工工艺对井底进行清洁和解堵，并为大型深度酸化创造条件。

连续油管拖动酸化技术可实现拖动酸化和定点酸化。拖动酸化技术解决了水平井段均匀布酸与解除储层堵塞问题，能实现恢复储层部分渗流能力的作用，同时在一定程度上实现了合理布酸，达到均匀解堵的目的。连续油管定点酸化技术可着重解决水平井段某段的表皮堵塞，以保证水平井段上储层条件较好的井段得到更有效的酸化。

一、技术原理与适应性

1. 技术原理

1）工艺原理

连续油管拖动酸化技术是在沿水平段拖动连续油管的同时，通过控制连续油管的上提速度和泵车以低于破裂压力的注入排量均匀注入酸液，使酸液均匀分布于井筒，实现均匀解除水平井段近井地带的储层伤害、恢复储层渗流能力的目的。

2）主要工具

（1）连续油管设备。

连续油管设备由连续油管主车（图 4-2-1）及辅车组成（图 4-2-2），另外配备压裂车、液氮泵车和液氮槽车。连续油管主车由连续油管主绞车（滚筒）、液压泵、液压管路、操作室、液压管线绞车、汽车底盘、发动机等组成。连续油管辅车是一台液压吊车，并作为连续油管注入头及防喷器组的运输工具。注入头（图4-2-3）是连续油管设备的重要组成部分，是连续油管下入和起出的执行机构，支承下入井内的油管重量，当井内有压力时，注入头可克服井内压力对油管的上顶力。它由支架、液压马达、齿轮箱、同步齿轮、两圈相对安排的链条、4个链条张紧液缸、分上中下3对共6个夹紧液缸、平衡阀、防喷盒等组成。

图4-2-1　连续油管主车

图4-2-2　连续油管辅车

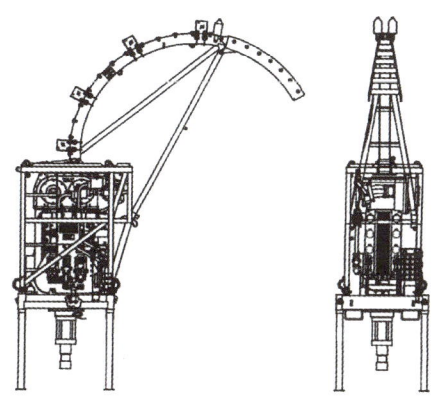

图4-2-3　注入头及导向架

两圈链条各有60节，每圈链条有30个总夹持块，两圈链条的夹持块相对排列，夹紧穿过其间的连续油管，夹紧区域内共有7对夹持块，6个夹紧液缸通过两个夹板夹紧在夹紧区域的7对夹持块。链条向下或向上移动时与夹板间发生滚动摩擦。链条的移动靠注入头上的液压马达提供驱动力。同步齿轮使两边的链条同步运转。平衡阀是为了防止在下连续油管时，油管在重力作用下加速下行，当连续油管有加速下行趋势时，平衡阀关闭注入头上的液压马达的液压油排出口，直至进液口的液压油的压力恢复。当井内有压力时，井内压力产生的上顶力使油管有向上加速的趋势时，平衡阀也关闭排出口，直至进油口的压力恢复。注入头上的液压马达是双向马达，通过在操作室操作换向阀，改变液压马达的运转方向，同时进油口与出油口的油流方向发生改变，进油口变出油口，出油口变进油口。

导向架（鹅颈管）（图4-2-3）：弯曲半径72in（1.83m），给出入注入头链条的连续油管一个固定的弯曲半径，调整注入头与滚筒间由于油管的卷入卷出导致的偏移角。

防喷盒（图4-2-4）：防喷盒连接在注入头下方，侧门式，通径为3.06in，工作压力为70MPa，为起下的连续油管提供动态密封。当井内有压力时，防止井内流体流出。

连续油管主绞车（滚筒）：连续油管主绞车储存作业用的连续油管。在下入和起出连续油管时，保持绞车与注入头上导向架（鹅颈管）间连续油管一定的张力。

操作室：注入头、连续油管绞车（滚筒）、防喷盒、防喷器组的操作等都在操作室内进行，其中有指重表、井口压力表、循环压力表、夹紧压力表（内张压力）、链条张紧压力表（外张压力）、防喷盒压力表和防喷器系统压力表。

图4-2-4 防喷盒

防喷器组：通径3.06in，工作压力70MPa，由四闸板防喷器及防喷管组成。四闸板防喷器从上至下依次为全封、剪切、卡瓦和半封。

液压泵：连续油管车主车由两个柱塞泵和一个叶片泵组成，减速比为1∶1。

(2) 布酸工具。

布酸工具基管采用API标准油管，主要是保证布酸管的强度、螺纹连接和尺寸大小满足要求。控流装置由孔眼、微型流量阀组成，以螺旋状分布。其原理是假定布酸管为均质管柱，在给定压力的作用下，从微型流量阀流出液体量受流量阀的控制，忽略水平段摩擦阻力，各个流量阀的排量不相等，而在前端出口处，缩小了出口的内径，这样相应地增加了出口的速度，更有利于酸液清除储层伤害。外保护套采用优质不锈钢材料组成，在布酸管运输和入井时起保护作用，可重复入井使用。布酸管柱结构见图4-2-5。

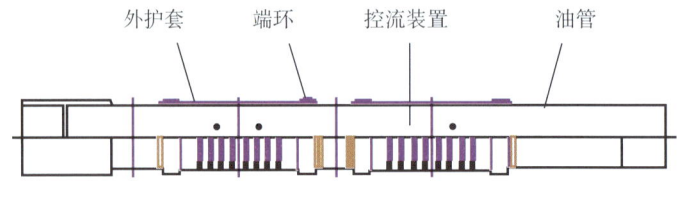

图4-2-5 布酸管柱结构

3）连续油管技术指标

连续油管的技术指标主要有连续油管的管径与长度。连续油管的长度决定连续油管的最大作业深度，即下入深度；连续油管的管径决定连续油管的作业规模，即最大施工排量。根据不同水平井的布酸需要和水平井完井深度及布酸排量，选择合适的连续油管尺寸。目前，不同公司在中国油田使用的连续油管最长可达到5300m，在超过5300m的水平井中，连续油管很难应用。国内油田使用的主要连续油管技术指标见表4-2-1。

表4-2-1　国内油田公司使用的主要连续油管性能指标

油田公司	连续油管直径, mm	长度, m
川庆钻探工程有限公司	44.4	5000
	50.8	3500
大庆油田有限责任公司	62.0	3080
斯伦贝谢中国公司	50.8	5300
长庆油田分公司	44.45	5200
安东石油公司	44.45	4500

4）工艺特点

连续油管实现低速拖动难度较大，连续油管拖动方式采用"点动"方式。连续油管在储层段的拖动速度为5～10m/min，在隔层中的拖动速度大于15m/min。

连续油管拖动布酸酸化施工工艺的主要优点有：

(1) 连续拖动油管的同时注入酸液，可以保证各点有持续的酸液供给，布酸较为均匀。

(2) 由于拖动过程中有安全措施，不需要压井等作业，使施工速度较快而且连续。

(3) 连续油管带有井口封井装置，安全系数高。

(4) 作业快速，对地层伤害小。

主要缺点为：管柱内径比常用油管小，摩阻高，酸化本身规模较小，施工排量过低。虽然理论上该工艺可达到合理布酸、均匀解堵的目的，但实际上布酸量小，解堵效果有限。

2. 技术适应性

(1) 对于储层非均质性强的水平井，实现拖动酸化，达到均匀布酸的目的。

(2) 通常连续油管拖动酸化技术与酸压工艺结合应用。

(3) 对于裸眼完井及筛管完井水平井均有较好的适应性。

(4) 适应于碳酸盐岩储层或钻井液伤害严重的砂岩储层。

(5) 连续油管管径小、摩阻高，对作业深度与规模有限制。

二、工艺设计

连续油管拖动酸化工艺设计主要包括：基本数据收集，酸液体系选择，泵注程序设计，摩阻计算，泵压、排量及排液要求等。

1. 酸液体系选择

由于水平井储层井段长，导致钻井周期长，因此，钻井液浸泡储层时间长、侵入深，储层伤害程度相对严重。这就要求酸液体系既要适合于解除钻井液伤害，又要能和基质充分反应，疏通渗流通道，提高渗透率。实践表明，只要酸液以高速向碳酸盐岩喷出，10%和15%的酸液在几乎相同的喷射速度下均能产生导流通道。

根据酸液体系对各种岩性酸化反应机理的不同，酸液主要有下列几种。

（1）盐酸：是油气层酸化中的主要用酸，主要用于碳酸盐及含碳酸盐成分较高的砂岩油气层酸化，同时可溶解铁质矿物或铁质堵塞物。

（2）土酸：它由盐酸和氢氟酸按一定比例混合而成，氢氟酸可溶解硅质矿物，所以，该酸液主要用于处理含泥质成分较高的砂岩储层。

（3）氨基磺酸：是弱酸，也是一种缓速酸，具有有效期长、腐蚀性小、能酸化较深远的地层等特点，可用于溶解钙质、铁质矿物，解除地层的堵塞。

（4）碳酸：可以溶解碳酸盐，碳酸中的二氧化碳可溶于油中，降低油的黏度，提高油的流动性，使它易随残酸从井中排出，也有利于地层渗透率的提高。

（5）有机酸：如甲酸、乙酸等反应速率缓慢，腐蚀性低，并且能够降低在富含沥青质的原油中形成酸油泥状沉积的趋势，因此可用于酸化高温井、深井、水平井等，主要溶解钙质、铁质矿物。

可根据储层岩石类型和酸化目的的不同，选择合适的酸液体系。

根据酸液体系的作用不同，水平井的酸液体系分为预处理酸和主体酸两种。

（1）预处理酸：主要作用是解除近井地带钻井液滤饼的伤害，尽可能恢复储层的渗透率，因此，要求该类型的酸液体系对于钻井液体系的滤饼具有较好的溶失作用，该种类型的酸液体系主要采用油管拖动布酸或者连续油管拖动均匀布酸。

（2）主体酸：主要是在解除钻井液滤饼对于近井筒地带的伤害后，同储层岩石基质反应，来提高基质渗透率，并尽可能地延长酸液作用储层的距离，以沟通远井地带储层，改善油气渗流通道，提高单井产量。该种类型的酸液体系主要采用连续油管定点喷酸或油管进行高排量注入，以期获得较长的酸蚀裂缝。

另外，配酸时，需加入缓蚀剂，保护连续油管、工具和井内生产油管免受腐蚀破坏；加入铁离子稳定剂，防止酸溶液中铁离子在残酸中生成氢氧化铁二次沉淀，伤害储层；其他化学添加剂，可根据井况特殊性进行添加，如防膨剂、淤泥悬浮剂等，防止造成井筒周边伤害。

2. 用酸量优化

根据物质平衡方程和酸岩反应体积模型（图4-2-6），可推导出如式（4-2-1）和式（4-2-2）所示的体积模型方程。

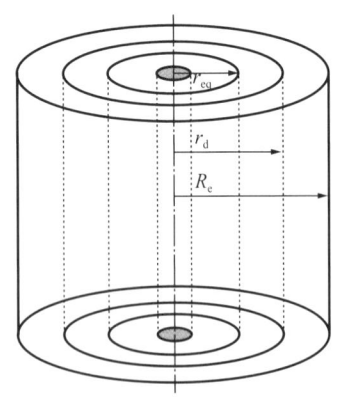

图4-2-6　计算酸岩反应前缘体积模型示意图

$$N_{AC} = \frac{1.37\phi C_{acid}\rho_{acid}}{(1-\phi)\rho_{rock}} \quad (4-2-1)$$

$$r_{eq} = \sqrt{r_w^2 + \frac{N_{AC}V}{\pi\phi ha}} \quad (4-2-2)$$

式中　r_{eq}——酸液有效作用距离，m；
　　　N_{AC}——酸能力数；
　　　a——钙质胶结百分数，%；
　　　V——用酸量，m³；
　　　C_{acid}——酸液浓度，%；
　　　ρ_{acid}——酸液密度，kg/m³；
　　　ρ_{rock}——岩石密度，kg/m³；
　　　ϕ——储层孔隙度，%；
　　　r_w——井筒半径，m；
　　　h——储层伤害深度，m。

对于碳酸盐岩储层基质和低渗透砂岩储层，储层伤害深度一般不会超过30cm，预处理酸液溶蚀堵塞物的处理半径按伤害深度的1.5倍计算，则根据储层的孔隙度、处理井段长度和施工井段井径，再考虑适当酸液富余量，根据式（4-2-1）和式（4-2-2）可以计算出酸液用量。

在筛管完井的情况下，152.4mm钻井井眼，考虑10%的井眼扩径率及50%的酸液富余量，可确定预处理酸液的体积，不同水平井段长度下预处理酸液体积计算结果见表4-2-2。

表4-2-2　不同水平井段长度下预处理酸液体积对比表

侵入带深度，m	水平井段长度，m 用酸量，m³	100	200	300	400	500	600	700	800	900	1000
15		4.50	9.01	13.51	18.01	22.52	27.02	31.52	36.02	40.53	45.03
8		3.72	7.44	11.15	14.87	18.59	22.31	26.02	29.74	33.46	37.18
1		3.32	6.63	9.95	13.26	16.58	19.89	23.21	26.52	29.84	33.15

3. 连续油管拖动速度优化

连续油管的回收速度取决于酸液的注入速率和预定的酸液分配量：

$$v_{CT}=\frac{dx}{dt}=\frac{q_{inj}}{10.7\eta(\frac{dv_d}{dx})} \qquad (4-2-3)$$

式中　v_{CT}——连续油管回收速度，ft/s；
　　　η——酸液的体积波及效率；
　　　q_{inj}——注入量，bbl/min；
　　　$\frac{dv_d}{dx}$——沿井筒地层伤害的斜率，ft³/ft，可通过式（4-2-4）求得。

$$\frac{dv_d}{dx}=\pi\left[\left(r_w-a_{SH.max}\right)^2\frac{X^2}{L^2}+2\left(r_w-a_{SH.max}\right)a_{SH.max}^2\right] \qquad (4-2-4)$$

式中 r_w——井的半径，ft；

$a_{SH.max}$——井筒周围地层伤害椭圆的最大水平轴半长，ft；

L——连续油管长度，ft；

X——连续油管拖动距离，ft。

连续油管拖动速度的优化确定是根据单位时间注入酸液量等于连续油管拖过的井筒容积再附加50%余量。结合设备情况，拖动速度控制在20m/min以内时，计算得到不同井眼尺寸时，不同注入排量下连续油管的拖动速度见表4-2-3，注入排量与连续油管拖动速度的对应关系见图4-2-7。

表4-2-3 不同注入排量下连续油管的拖动速度

井眼，mm \ 速度，m/min \ 排量，L/min	100	200	300	400	500	600	700	800	900	1000
152.4	3.39	6.77	10.17	13.56	16.95	20.33	23.71	27.09	30.47	33.85
101.6	7.44	14.87	22.31	29.75	37.18	44.62	52.06	59.5	66.94	74.38

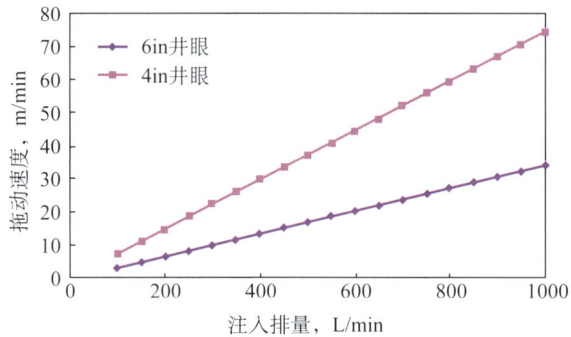

图4-2-7 注入排量与连续油管拖动速度的对应关系

4. 连续油管内流体摩阻系数计算方法

1）经验公式求法

按照式（4-2-5），可以计算连续油管内流体摩阻系数：

$$f_H = 2 \times \left(\frac{\Delta p}{L}\right) \times \left(\frac{OD - 2t}{\rho v^2}\right) \quad (4-2-5)$$

式中 f_H——摩阻系数，无量纲；

Δp——通过连续油管内流体的摩阻压降，MPa；

L——连续油管长度，m；

OD——连续油管的外径，m；

t——连续油管的壁厚，m；

ρ——连续油管内流体的密度，1000kg/m³；

v——流体在连续油管内的平均流速，m/s。

2）理论计算方法

对于井下弯曲的连续油管，流过连续油管的流体类型不同，其摩阻系数的计算方法也不一样，式（4-2-6）给出了牛顿流体在弯曲连续油管内的摩阻系数计算的理论公式：

$$f_{HC} = \frac{0.084}{Re^{0.2}} \left(\frac{OD - 2t}{D_{reel}} \right)^{0.1} \tag{4-2-6}$$

式中 D_{reel}——连续油管滚筒的芯筒直径，m；

Re——雷诺数。

5. 酸化工艺优化

由于水平井段长，钻遇的储层长度大，使水平井段上储层的性能差异更大、非均质性更强，因此，在钻井过程中，不同储层段，因其渗透率不同，受钻井液侵入的深度不同，伤害的程度也不同。一般来说，对于高渗透层段，钻井液更易进入储层的深部；而低渗透层段，钻井液的侵入则相对要小得多。显然，在高渗透率层段和低渗透率层段，采用同样的酸量来解除钻井液的伤害，解除的效果是不同的，高渗透层段应当需要更多的酸液去充分地溶蚀解除钻井液引起的储层堵塞伤害。根据这一思路，为达到完全解除不同渗透率储层的钻井液伤害，在连续油管拖动均匀布酸的基础上，对拖动工艺进行改进，以适应储层伤害程度不同对于酸液用量的不同需要。具体的做法是：在连续油管拖动均匀布酸的基础上，对于储层物性相对较好的部位，采用定点喷酸的方法，在该部位多布一些酸液，以充分解除该部位的钻井液污染，达到完全溶蚀钻井液堵塞物，恢复或提高近井筒地带储层渗流能力的目的。

三、施工工艺程序

连续油管拖动均匀酸化的施工程序相对比较简单，主要施工步骤为：下连续油管→替水平段钻井液→上提连续油管布酸→起出连续油管→油管酸化→放喷和排液→求产。

（1）下连续油管、替钻井液、洗井：连接好连续油管设备，边注入洗井液边循环，下入连续油管至水平井段入窗点，通过喇叭口前后试提连续油管，确认连续油管能够顺利通过喇叭口后，在连续油管设备限压条件下，逐步下入连续油管，注入洗井液，洗井过程中尽可能提高洗井排量，替出各段钻井钻井液，直至连续油管下到井底处。然后，用活性水定点循环洗井，洗至进、出口活性水颜色基本一致。

（2）拖动连续油管布酸：打开油管阀门，在连续油管设备限压条件下，按设定的泵注程序，进行连续油管的拖动布酸施工。

（3）起出连续油管，酸浸泡储层5h。

（4）连接酸压设备，采用原井筒内油管注酸，按施工设计进行水平井段酸压改造施工。

（5）排液求产。

四、实施要求与防护措施

1. 设备安全保证措施要求

（1）入井前，设备防喷部件的防喷器和防喷盒的密封件必须进行更换，并进行逐级试压至50MPa，每段稳压5min不降；同时，密封件必须有备件，便于现场更换。

（2）井口与连续油管设备连接部位（防喷器）逐级试压至55MPa。

（3）连续油管及注入部位逐级试压至60MPa。

（4）入井前进行注入头拉力测试，测试拉力达到15t。

（5）连续油管底部必须接单流阀，下接直喷嘴。

2. 注意事项

1）安全防护措施

（1）施工现场必须有安全警示牌及风向标。明确划分高压区，非高压区岗位操作人员不得进入高压区。

（2）明确发生故障和危险的紧急措施，事先确定安全撤离路线并保证其畅通。

（3）高、低压管汇在施工前按要求试压。

（4）严格按照设计施工，不得随意改变施工参数。特殊情况需变更措施，必须经现场技术负责人同意。

（5）施工过程中必须岗位明确，统一服从施工指挥，不得随意开泵、停泵、倒换闸门。

（6）压裂车必须设置相应的超压装置。施工过程中一旦发现井口或管线刺漏必须及时整改，整改井口及高压管线必须先停泵、关井、泄压，不允许带压整改。

2）有毒有害气体防护措施

（1）必须做到坐岗观察。坐岗人员由试气机组人员和连续油管机组人员共同组成，随时在井口和排出口进行有毒有害气体检测。

（2）按有关规定配齐有毒有害防护设施和器材。

（3）设置安装好风向标和安全警戒线，风向标设置地点为井口、放喷管线出口和酸罐处。

（4）正压呼吸器和空压机必须完好，并由专人保管，随时投入使用。

五、现场应用

连续油管拖动酸化技术已在长庆油田、西南油气田等油气田应用，取得了作业节约成本、简单省时、安全可靠、均匀酸化效果好等应用效果。下面举例说明连续油管拖动酸化工艺的应用情况。

1. JPxx井连续油管拖动均匀布酸工艺

1）储层概况

JP××井是碳酸盐岩储层水平井，水平段钻遇下古生界马家沟组白云岩储层，测井解释气层357.4m，含气层251.9m，合计长度609.3m。

2）钻完井情况

该井于2008年5月9日开钻，2008年8月30日完钻。完钻水平井段长1101m，完钻井深4425.0m（斜深）。根据改造工艺的需要，该井完井采用7in套管固井完井，结合钻遇的储层情况，在水平井段下入$4\frac{1}{2}$in的筛管完井，实际的完井井身结构见图4-2-8。实际的钻井井眼轨迹见图4-2-9。

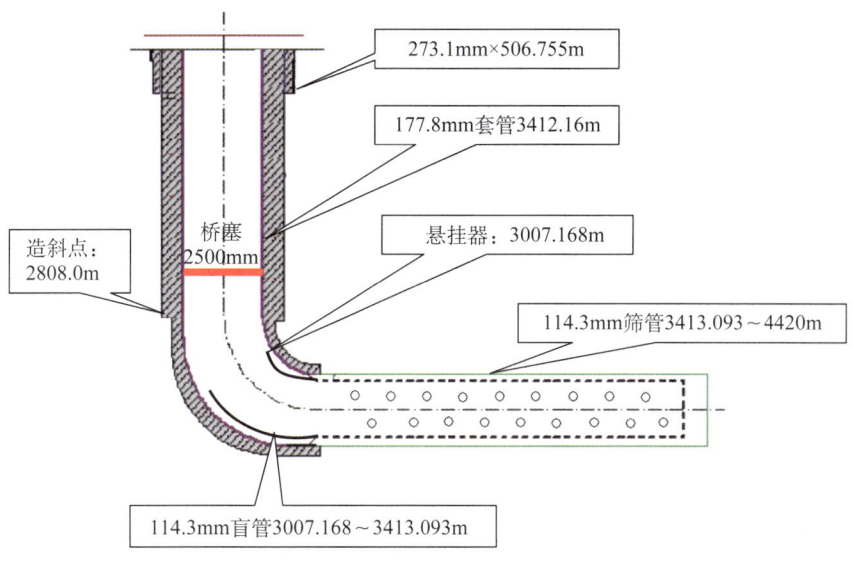

图 4-2-8 JP×× 井完井井身结构示意图

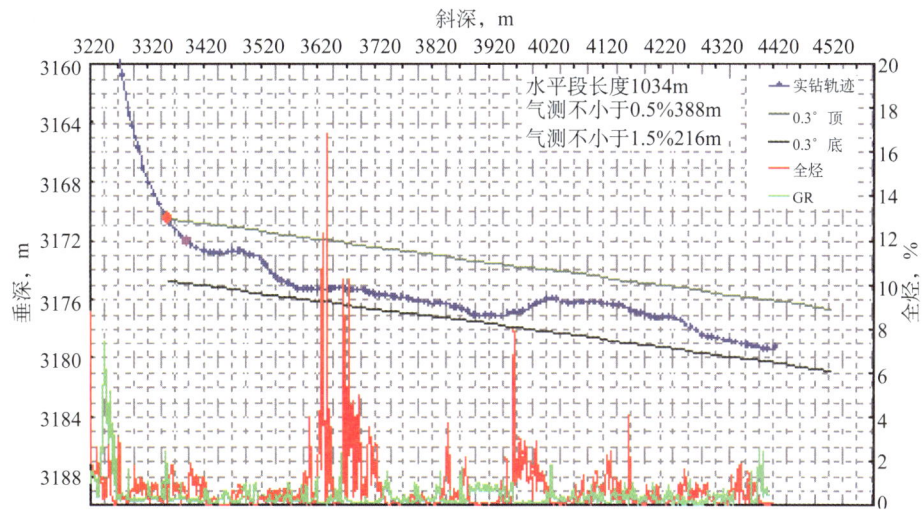

图 4-2-9 JP×× 井实钻轨迹图

3）改造方案

根据该井的解释结果，决定采用连续油管拖动均匀布酸酸化改造求产，然后再采用油管注入酸压改造求产。通过工艺参数的优化，确定下列施工工艺参数。

（1）施工管柱：喇叭口（特制）+$2^7/_8$in 外加厚油管（倒角）+$2^7/_8$in 外加厚油管至井口。

（2）连续油管入井工具：平式注入口（特制）。

（3）施工方式：连续油管拖动布酸酸化求产 + 油管注入酸压求产。

（4）连续油管拖动速度：12.6m/min。

（5）对应注入酸液排量：300L/min。

（6）预测连续油管布酸压力：16.4MPa。

(7) 预处理酸液用量：25.0m³。

(8) 主体酸液用量：500m³。

(9) 主体酸液排量：2.0m³/min—2.5m³/min—3.0m³/min。

(10) 酸液配方：20%HCl+其他添加剂（降阻酸）。

(11) 排液方式：套管注液氮+油管液氮伴助。

(12) 液氮排量：0.20m³/min。

(13) 液氮用量：70m³。

4) 施工简况

该井于2008年11月16日进行连续油管拖动均匀布酸酸化。实际布酸排量：300L/min—260L/min—400L/min—300L/min。布酸压力：17MPa—26MPa—16MPa—28MPa—23MPa。拖动速度13.0m/min。同时，在3980m和3845m点分别布酸4m³和2m³。累计注入地层酸量24m³，排液方式采用连续油管注液氮和套管注液氮助排，共注入液氮19m³。累计排出液量78m³，返排率为96.3%。由于连续油管拖动均匀布酸酸化后已经达到产能要求，所以，该井没有再进行油管酸压施工。

5) 改造效果

该井通过连续油管拖动均匀布酸酸化改造，测试井口产量14.87×10^4m³/d，无阻流量50.8839×10^4m³/d。

投产后，该井的产气量为8×10^4m³/d，油套压力保持在8MPa以上，累计产气量超过7000×10^4m³。生产曲线见图4-2-10。

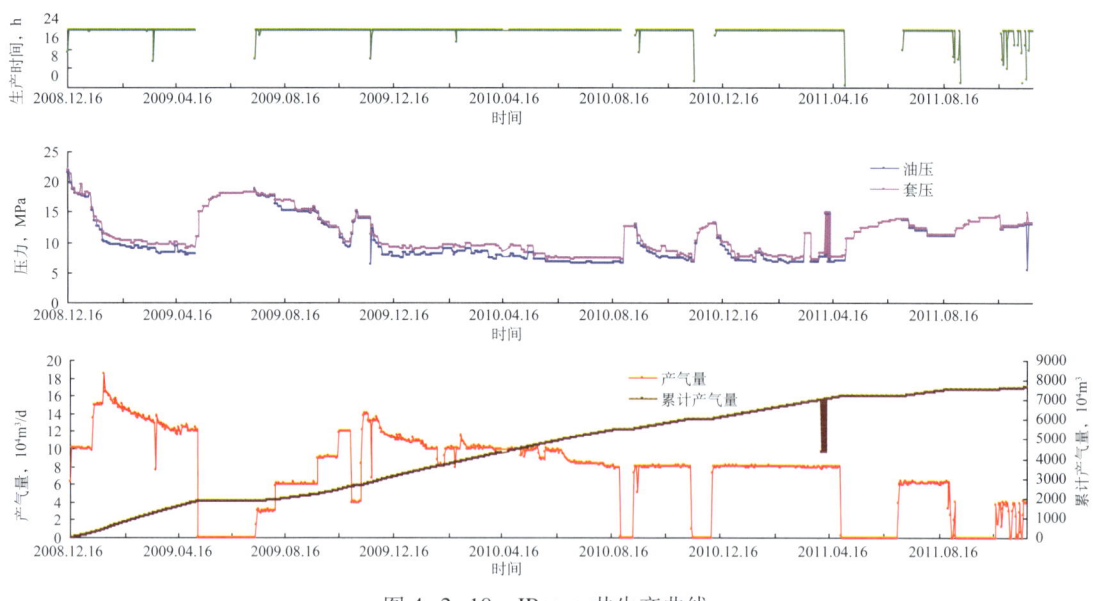

图4-2-10　JP××井生产曲线

2. J××井连续油管拖动定点布酸+油管注入笼统酸压工艺

1) 储层概况

J××井是碳酸盐岩储层水平井，水平段钻遇下古生界马家沟组白云岩储层，测井解释气层344m，含气层398m，结合现场录井显示，共统计气层344m，含气层437m，有效储层钻遇率60%。

2）钻完井情况

该井于2009年12月2日开钻，2010年3月24日完钻，造斜点2710m，靶点斜深3405.0m（垂深3167.41m）。完钻井深4706.0m，水平段长1301.0m，根据改造工艺的需要，该井完井采用7in套管固井完井，结合钻遇的储层情况，在水平井段下入$4\frac{1}{2}$in的筛管完井，实际的完井井身结构见图4-2-11。实际的钻井井眼轨迹见图4-2-12。

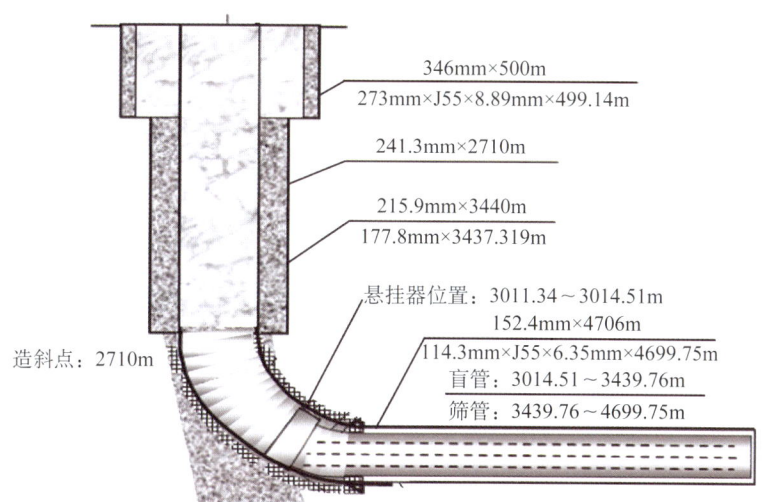

图4-2-11 J××井完井井身结构示意图

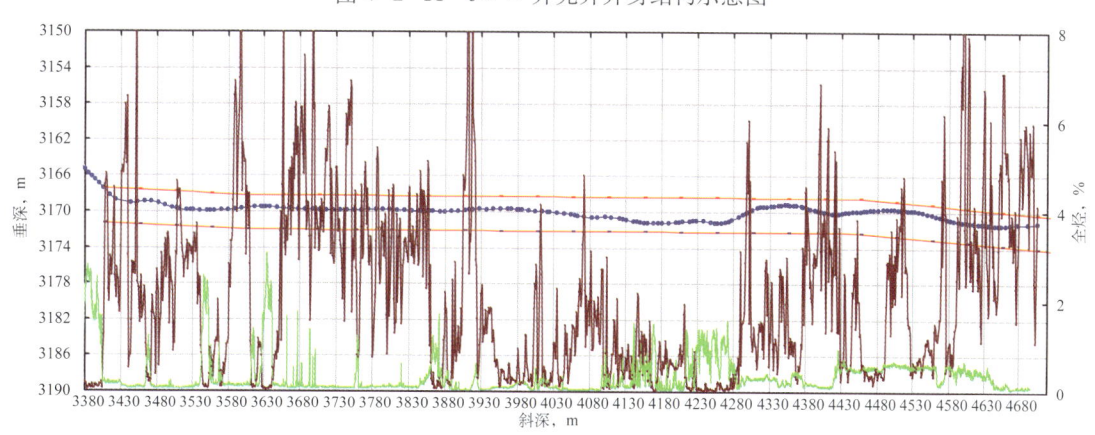

图4-2-12 J××井实钻井眼轨迹图

3）改造方案

根据该井的解释结果，决定采用连续油管拖动定点布酸酸化改造，然后再采用油管注入笼统酸压改造求产。通过工艺参数的优化，确定下列施工工艺参数。

（1）施工管柱：ϕ89mm喇叭口（特制圆弧形喇叭口）+80S2$\frac{7}{8}$in FOX油管（倒角）+80S2$\frac{7}{8}$in外加厚油管（倒角）+80S2$\frac{7}{8}$in外加厚油管。

（2）连续油管入井工具：平式注入口（特制）。

（3）施工方式：连续油管拖动定点布酸酸化求产+油管注入笼统酸压求产。

（4）连续油管拖动速度：5～15m/min。

（5）对应注入酸液排量：200～300L/min。

（6）单点布酸：4658m，4570m，4400m，4290m，3765m，3744m，3720m，3698m，3657m，3597m，3520m 和 3450m 处单点布酸 0.3～0.6m³。

（7）预处理酸液用量：60.0m³。

（8）主体酸液用量：550m³。

（9）主体酸液排量：2.0～3.5m³/min。

（10）酸液配方：20%HCl+其他添加剂（降阻酸）。

（11）排液方式：套管注液氮+油管液氮伴助。

（12）液氮排量：0.20～0.40m³/min。

（13）液氮用量：64.3m³。

4）施工简况

该井于 2010 年 7 月 15 日进行连续油管拖动定点布酸酸化。实际布酸排量 260～510L/min，布酸压力 14～30MPa，拖动速度 13.0m/min；分别在 4658m，4570m，4400m，4290m，3765m，3744m，3720m，3698m，3657m，3597m，3520m 和 3450m 处单点布酸，累计注入地层酸量 147.8m³。油管注入降阻酸 490.2m³，排量 2.8～4.0m³/min。排液方式采用套管注液氮+油管液氮伴助，共注入液氮 64.3m³。该井酸化酸压总注入储层液量 708.4m³，累计排出液量 628m³，返排率为 86.2%。

5）改造效果

该井通过连续油管拖动定点布酸酸化+油管注入笼统酸压改造后，测试气无阻流量 113.96×10⁴m³/d。

投产初期该井的产气量为 50×10⁴m³/d，油套压力保持在 10MPa 以上，累计产气量超过 5000×10⁴m³。生产曲线见图 4-2-13。

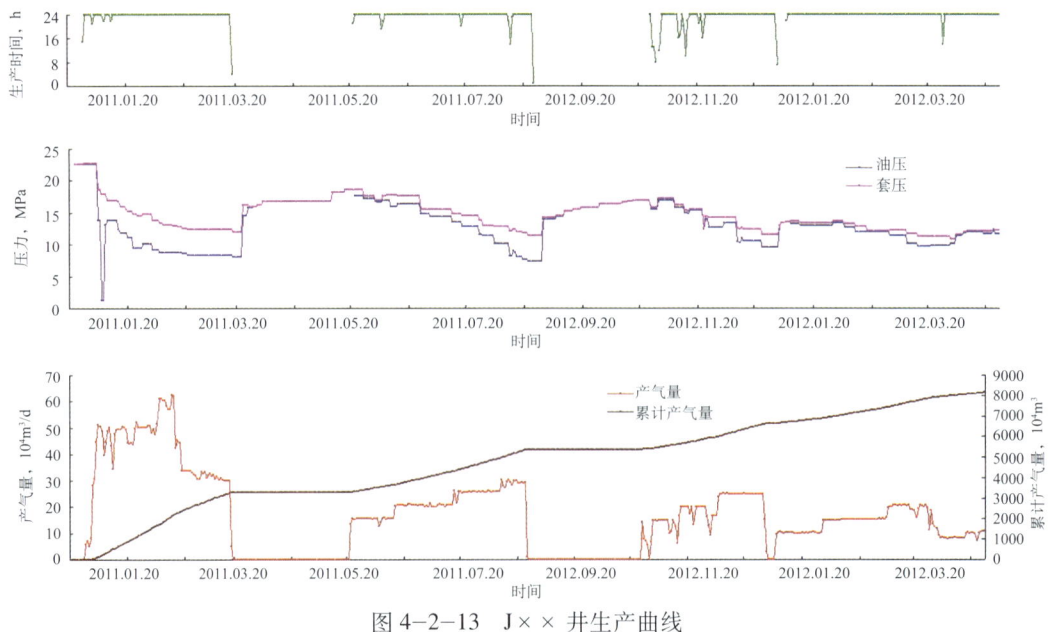

图 4-2-13　J×× 井生产曲线

第五章　碳酸盐岩水平井自转向酸化酸压技术

自转向酸又称为就地转向酸，也有人称为智能转向酸。之所以称为自转向酸，是因为它是基于渗透性选择原则自动选择性地优先进入相对高渗透率和低伤害区域进行酸化反应，反应后使酸液增黏，形成暂堵，提高井底静压力，迫使后续酸液自动转向进入渗透率更低或伤害更严重的区域进行改造。实现在储层内酸液与岩石反应后变黏的途径有两种：一种是在储层内就地交联酸液中的聚合物，使酸液增黏，实现自转向改造的目的。该类技术酸液中必须使用聚合物，因聚合物在储层中的残留会对储层产生一定的伤害，若是交联的聚合物不能彻底破胶，对储层将产生更加严重的伤害，此外，该酸液中使用的交联剂常常会与硫化氢反应形成沉淀，破坏交联剂的交联作用和产生沉淀伤害储层，所以，对在含硫化氢的储层中使用还受到限制。另一种是基于酸液中的黏弹性表面活性剂在储层中酸岩反应后的残酸中形成巨型胶束，使酸液增黏，实现自转向酸化的目的。该类技术酸液中基本不含高分子聚合物，不存在聚合物伤害储层问题，同时，残酸中形成的巨型胶束遇到少量烃类物质或大量的水可以自动彻底破胶，且破胶液的界面张力很低，利于残酸返排，该酸液体系基本对储层无伤害，所以，称为无伤害清洁自转向酸，简称清洁自转向酸。显然，清洁自转向酸比聚合物交联的自转向酸更加具有优势，因此，本章主要介绍清洁自转向酸酸化酸压技术。

第一节　技术原理与适应性

一、自转向酸化酸压原理

1. 酸液增黏与破胶原理

清洁自转向酸中的转向剂在高浓度的鲜酸中难以缔合成巨型胶束，基本以单个分子存在，不改变鲜酸黏度。当酸液与储层岩石发生化学反应后，在产生大量钙镁离子的同时还大幅度降低酸液酸度，使转向剂分子在残酸液中首先缔合成柱状或棒状胶束。形成的柱状或棒状胶束，由于大量钙镁离子的存在，对极性的亲水基团产生吸附，使柱状或棒状胶束形成集合体，并相互连接形成巨大的体型结构，从而导致残酸的黏度急剧增大，由鲜酸的十几毫帕秒增大到 $400 \sim 800 \mathrm{mPa \cdot s}$。这种巨型胶束结构遇到油等烃类物质时，会转变成很小的球状胶束，而使残酸的黏度大幅度降低，实现破胶而利于残酸返排（图 5-1-1）。

对自转向酸的鲜酸和变黏残酸的微观形态经透射电镜观测证实：鲜酸中的转向剂分子只有少量聚集，尺寸仅有 2nm 左右，而残酸中的转向剂巨型结构胶束体的尺寸达到了 2000nm 以上（图 5-1-2），这种特征反映了酸液变黏的内在原因。

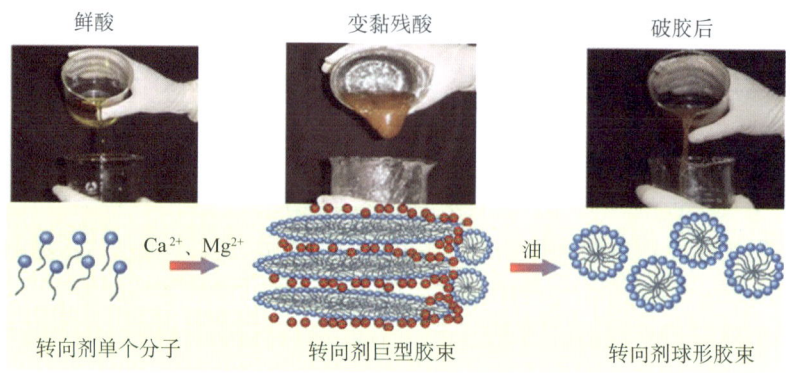

图 5-1-1 自转向酸增黏与破胶机理分析及实验观察结果
(图中下部胶束形成与破胶过程示意图引自斯伦贝谢公司资料)

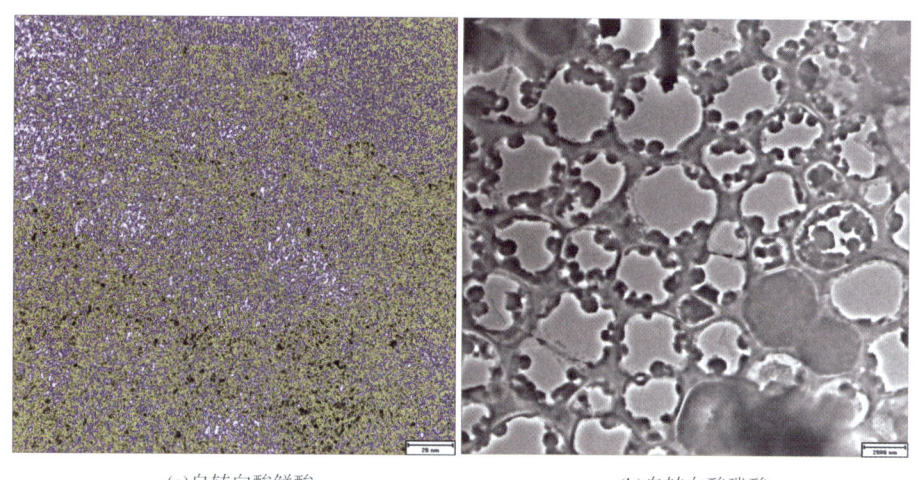

(a)自转向酸鲜酸　　　　　　　　(b)自转向酸残酸

图 5-1-2 自转向酸鲜酸与残酸中转向剂聚集状态的透射电镜照片

2. 酸液自转向酸化酸压原理

清洁自转向酸液被挤入地层后,先沿着较大的孔道,进入渗透率较高储层,与碳酸盐岩发生反应使酸液黏度大幅增加,而增加流动阻力,对大孔道和高渗透率储层产生堵塞,使泵压增高,迫使后续注入的鲜酸自动转向进入较低渗透率的储层,实施酸化;酸岩反应后,残酸又对较低渗透率的储层进行暂堵,使注入酸液的泵注压力继续上升,迫使新注入的鲜酸进入渗透率更小的储层,这一过程重复作用,酸液不仅可以酸化改造渗透率较大的储层,也能够自动转向到渗透率较小的储层进行酸化(图 5-1-3),达到层内均匀酸化的目的。

在酸压施工中,如果油气藏温度较高,酸岩反应速率快,加之酸蚀蚓孔及天然裂缝发育导致的高滤失作用,使常规酸酸压的酸蚀裂缝穿透距离有限,酸压改造沟通储集体概率和提高泄流的能力会降低,从而影响酸压效果。清洁自转向酸与地层碳酸盐岩发生作用之后,其黏度大幅增加,滤失速度得到控制,酸岩反应速率也将减慢,从而增加酸液在地层中的有效作用距离,沟通更多的油气通道,提高酸压效果(图 5-1-4)。

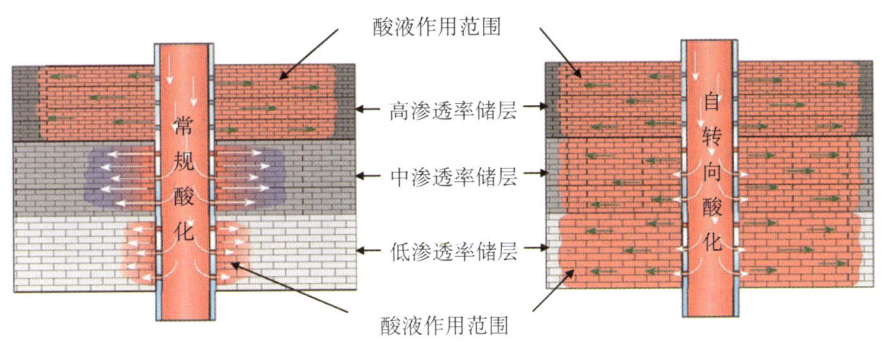

图 5-1-3 常规酸化与自转向酸化效果对比示意图

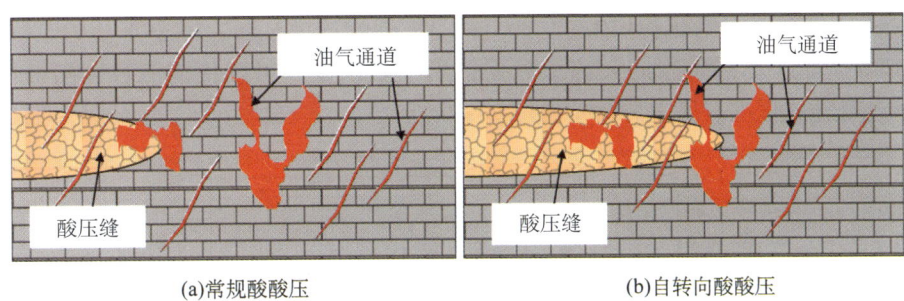

图 5-1-4 常规酸酸压与自转向酸酸压效果对比示意图

3. 酸液清洁改造机理

清洁自转向酸的清洁改造机理基于以下三个方面：

（1）清洁自转向酸变黏后破胶彻底，利于返排，对储层具有保护作用。清洁自转向酸液体系中转向剂分子形成的棒状胶束聚集体遇到烃类物质时，胶束会自行破坏，转变成球状胶束，使残酸黏度大幅降低，有利于返排、保护储层和提高酸化改造的效果。

（2）清洁自转向酸基本不含聚合物（仅在大排量施工时，需要加入少量作为降阻剂的聚合物），不存在聚合物伤害问题。清洁自转向酸基于表面活性剂的胶束缔合增黏技术，体系中基本不含聚合物，对储层伤害小；酸液体系的增黏不采用如铁和锆之类的金属交联剂，特别是在酸性气井中不会因为硫化氢与铁反应，而产生不溶的硫化铁伤害，能够满足含有硫化氢的碳酸盐岩储层应用。

（3）清洁自转向酸变黏后的滤失低，可减轻滤液伤害。清洁自转向酸在地层中与碳酸盐岩反应后会使酸液黏度大幅度增加，在一定程度上具有降滤失效果，减少工作液侵入储层，起到保护储层作用。

二、自转向酸变黏影响因素及其规律

1. 黏弹性表面活剂类型与浓度影响

不是所有的黏弹性表面活性剂（VES）都有较好的使残酸变黏的效果。相同酸、不同 VES 浓度下，5%～6%VES 的增黏效果明显好于 2%～4%VES 情况，VES 的浓度较高时，在较低的酸度下，体系的黏度就有较大幅度的增加，如图 5-1-5 所示。

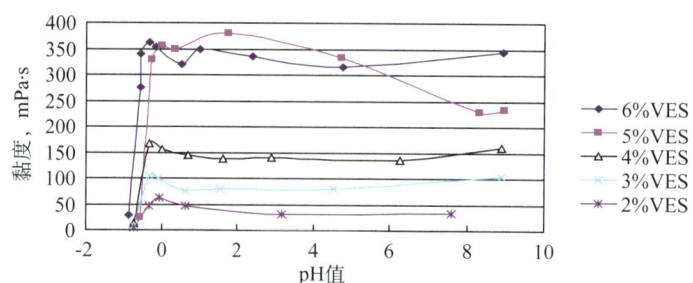

图 5-1-5　在 170s^{-1} 剪切速率下，不同 VES 含量酸液的黏度随 pH 值的变化图

2. 介质的酸碱度和阳离子类型与浓度对变黏效果的影响

只有同时改变介质的酸碱度和阳离子的浓度才能使清洁自转向酸液体系变黏，并且变黏过程存在临界点，大概在 pH 值为 0.26（约 2% 残酸环境）时，体系才开始大幅度增黏，如图 5-1-6 所示。不同类型的阳离子只要达到一定浓度都可以使清洁自转向酸液体系变黏，只不过变黏的程度有所差异。

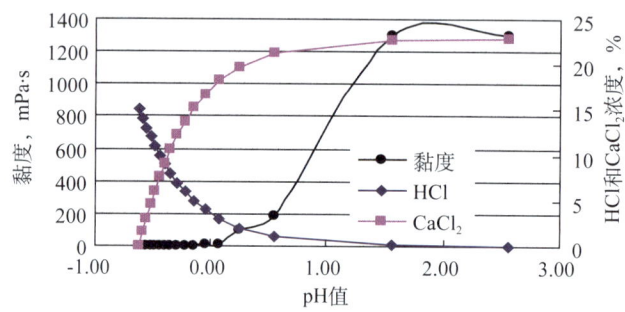

图 5-1-6　同时改变溶液酸碱度和阳离子浓度对清洁自转向酸液体系变黏效果的影响

3. 温度与剪切速率对变黏效果的影响

清洁自转向酸变黏后的黏度随温度的变化是先增加，当达到一个最大值后，又开始降低（图 5-1-7），而且不同的体系，其黏度最大峰值的位置也不同。剪切速率不影响清洁自转向酸液体系变黏，但影响酸液黏度增加的幅度，如图 5-1-8 所示。

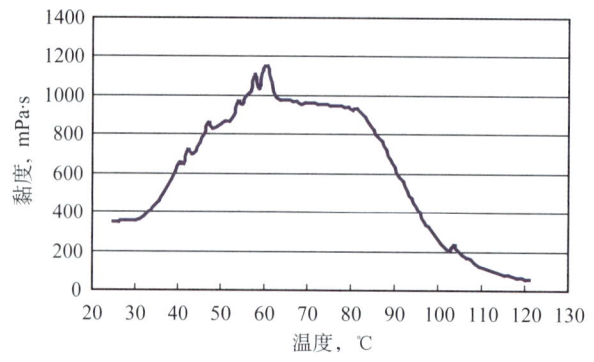

图 5-1-7　清洁自转向酸在 170s^{-1} 剪切速率下的黏温曲线

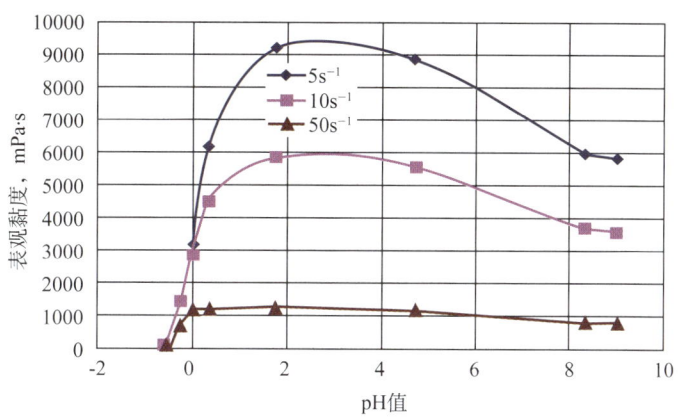

图 5-1-8 不同剪切速率下清洁自转向酸黏度随 pH 值的变化情况

三、自转向酸化物理模拟

1. 方法原理与设备

使用 3 块渗透率不同的岩心进行并联，在同一压力系统、恒定注入酸液流量情况下，向 3 块岩心同时注入清洁自转向酸液。在同一注入压力系统下，酸液先进入高渗透率岩心的量大，侵入深度也大，酸液与高渗透率岩心发生酸岩反应的量也较大，导致残酸 pH 值上升快，随之黏度增大，注入压力增大，阻止酸液进一步进入，此时，酸液进入渗透率相对低的岩心。因此，可以通过测量酸液的注入压力，确定酸液自转向性能。流程示意图和设备见图 5-1-9。

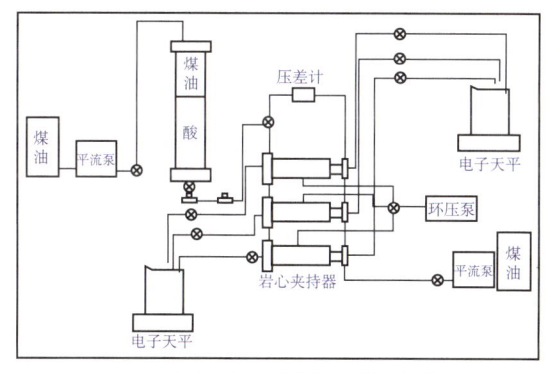

(a) 清洁自转向酸化物理模拟评价流程　　　(b) 清洁自转向酸化设备

图 5-1-9 清洁自转向酸化物理模拟评价流程与设备图

对酸化后的岩心用德国生产的 SONATA 核磁扫描仪进行核磁扫描，观察酸化后岩心酸蚀蚓孔情况，以更加直观地评价自转向酸化效果。

2. 物理模拟结果

1）注酸过程压力变化情况

注酸过程中，注入清洁自转向酸和常规酸的压力变化情况见图 5-1-10。由图 5-1-10 看出，清洁自转向酸的注入压力达到常规酸的 19～20 倍，说明清洁自转向酸具有暂堵高渗透率岩心使系统压力升高,而将后续注入的酸液转向低渗透率岩心进行酸化的功能,显然常规酸基本不具备转向酸化的功能。

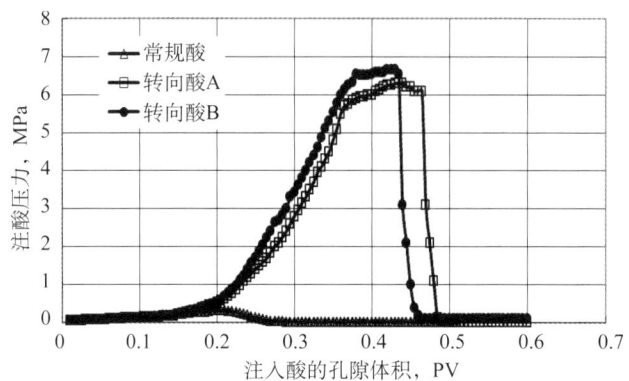

图 5-1-10　清洁自转向酸与常规酸注酸过程压力变化对比

2) 不同渗透率岩心进酸量情况

注入常规酸和清洁自转向酸过程中,不同渗透率的岩心进酸量对比见表 5-1-1。由表 5-1-1 可以看出,注入常规酸时,有 92% 的酸液通过高渗透率岩心,通过中、低渗透率岩心的酸液量仅占 8%;而注入清洁自转向酸时,有 40%~54% 的酸液通过中、低渗透率岩心,通过高渗透率岩心的酸液比例比常规酸低 50% 左右,这样可使高渗透率岩心不至于过度酸化,而中、低渗透率岩心又可以得到有效的酸化。

表 5-1-1　不同渗透率岩心的进酸量对比

岩心号	组别	酸液类型	酸化前岩心渗透率, mD	单块岩心吸酸量 mL	单块岩心吸酸量占总吸酸量的百分比, %
1#	低渗透率	常规酸	26.4	1	2
4#		转向酸	20.2	9	18
7#		转向酸	15.2	7	14
2#	中渗透率	常规酸	48.7	3	6
5#		转向酸	41.1	19	38
8#		转向酸	29.8	13	26
3#	高渗透率	常规酸	99.2	46	92
6#		转向酸	78.7	22	44
9#		转向酸	56.7	30	60

3) 不同渗透率岩心酸化改造效果

不同渗透率岩心酸化改造效果对比见表 5-1-2。由表 5-1-2 中数据可以看出,对渗透率相对低的岩心,常规酸酸化后渗透率只提高了 18%,而清洁自转向酸酸化后渗透率提高了 80%~93%,平均提高了 86.5%,清洁自转向酸酸化提高率是常规酸酸化提高率的

4.44～5.12 倍，平均为 4.8 倍。对渗透率为中等的岩心，常规酸酸化后渗透率只提高了 43%，而清洁自转向酸酸化后渗透率提高了 108%～118%，平均提高了 113%，清洁自转向酸酸化渗透率提高率是常规酸酸化提高率的 2.74～2.51 倍，平均为 2.62 倍。可见，清洁自转向酸对中、低渗透率岩心的改造效果明显好于常规酸，说明清洁自转向酸的转向酸化效果较好。

表 5-1-2　清洁自转向酸与常规酸酸化效果对比

岩心号	组别	酸液类型	酸化前岩心渗透率，mD	酸化后岩心渗透率，mD	酸化渗透率提高率，%	清洁自转向酸酸化提高率/常规酸酸化提高率
1#	低渗透率	常规酸	26.4	31.1	18.00	1.00
4#		转向酸	20.2	36.4	80.00	4.44
7#		转向酸	15.2	29.4	93.00	5.17
2#	中渗透率	常规酸	48.7	69.5	43.00	1.00
5#		转向酸	41.1	89.7	118.00	2.74
8#		转向酸	29.8	62.3	108.00	2.51
3#	高渗透率	常规酸	99.2	>5000	>4940	—
6#		转向酸	78.7	>3000	>3712	—
9#		转向酸	56.7	>2500	>4309	—

4）不同渗透率岩心酸化深度

不同渗透率岩心酸化深度情况的核磁共振扫描切片结果见图 5-1-11 和表 5-1-3。由图 5-1-11 可以看出：清洁自转向酸对渗透率最低的 4# 和 7# 两块岩心的横切核磁照片可以看到 8 张有酸蚀蚓孔，酸蚀蚓孔长度占岩心总长度的 80% 左右；渗透率中等的 5# 和 8# 两块岩心的横切核磁照片可以看到 9 张有酸蚀蚓孔，酸蚀蚓孔长度占岩心总长度的 90%，

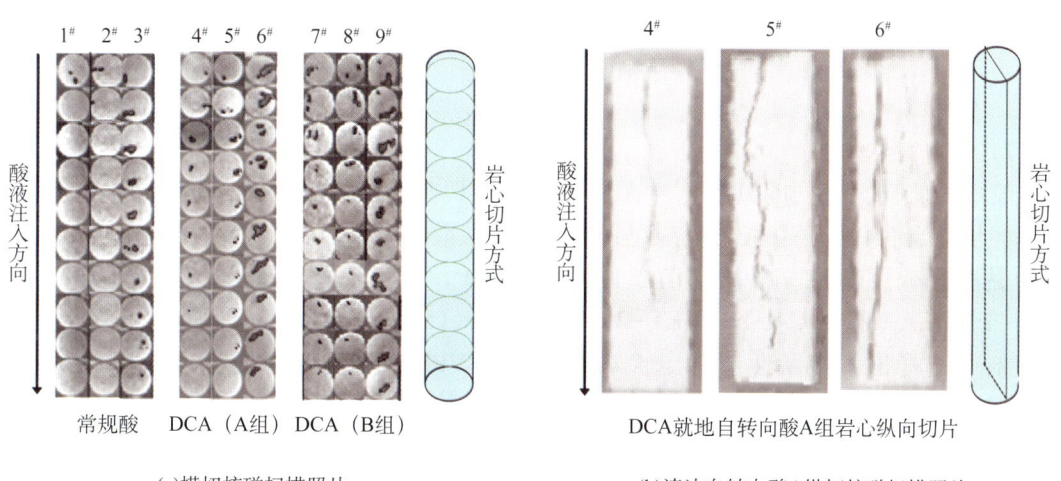

(a) 横切核磁扫描照片　　(b) 清洁自转向酸A纵切核磁扫描照片

图 5-1-11　常规酸与清洁自转向酸（DCA）酸化后岩心核磁切片对比

而对相同渗透率级别的岩心,常规酸酸化的酸蚀蚓孔长度占岩心总长度分别仅有10%和20%,这说明清洁自转向酸具有良好的自转向性能。由表5-1-3可以看出,对中、低渗透率岩心,清洁自转向酸酸化后岩心的蚓孔深度远大于常规盐酸酸化后的蚓孔深度。

表5-1-3　清洁自转向酸与常规酸酸化后岩心核磁扫描结果对比分析

岩心号	组别	酸液类型	显示酸蚀孔的横切片张数	显示酸蚀孔的横切片张数占总横切片张数的比例 %	纵向酸蚀相对长度 %
1#	低渗透率	常规酸	1	10	10
4#		转向酸A	8	80	80
7#		转向酸B	10	100	100
2#	中渗透率	常规酸	2	20	20
5#		转向酸A	9	90	90
8#		转向酸B	10	100	100
3#	高渗透率	常规酸	10	100	100
6#		转向酸A	10	100	100
9#		转向酸B	10	100	100

四、技术适应性

已有的清洁自转向酸适用于储层温度低于150℃的碳酸盐岩储层的酸化与酸压,也适用于碳酸盐岩含量大于30%的砂岩及复杂岩性储层的酸化酸压。

第二节　自转向酸液体系与性能

一、主要添加剂

1. 转向剂

1) 转向剂类型

较好的转向剂应同时具备两方面性能:(1) 具有良好的抗温性和在酸中具有良好的溶解性与稳定性;(2) 在酸岩反应过程中随着酸液酸度的降低,可以缔合形成胶束,使体系的黏度大幅度增加。根据这两条原则,从 VIP、VPH-I、VPH-II、DCA-L、VPS-I、VED-1、DCA-M、DCA-H、VET-2、VEC-1、KTS-1 和 KTS-2 等 12 种黏弹性表面活性剂中选择出了溶解性与稳定性满足要求的 VPH-II、DCA-L、VPS-I、DCA-M 和 DCA-H 5 种黏弹性表面活性剂,然后,将这 5 种黏弹性表面活性剂配制成酸液,让酸液与碳酸盐岩反应后得到残酸,用 HK 公司生产的 RS-600 流变仪测定不同温度下残酸的表观黏度。不同温度下弹性表面活性剂残酸液的黏度值如图 5-2-1 所示。

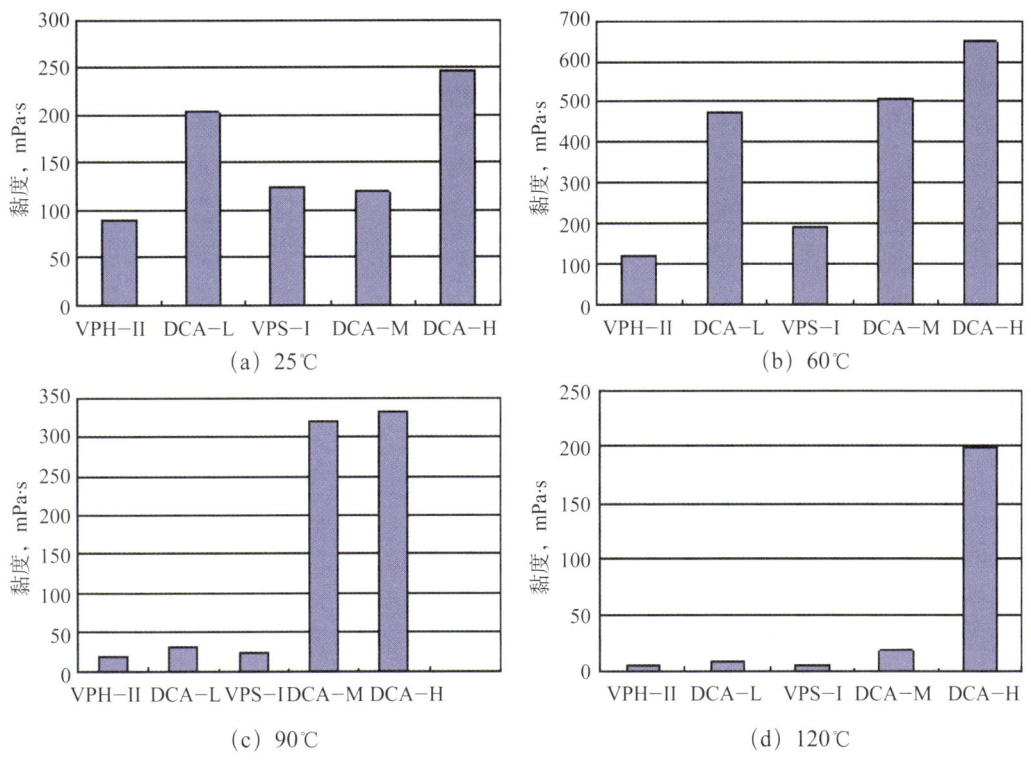

图 5-2-1　不同转向剂酸液残酸在不同温度、剪切速率为 170s⁻¹ 下的黏度

图 5-2-1（a）为 5 种黏弹性表面活性剂配制酸液的残酸在温度为 25℃、剪切速率为 170s⁻¹ 下的黏度图。由图中实验结果可以看出，这 5 种黏弹性表面活性剂配制的酸液在残酸中所形成的胶束集合体均使酸液具有一定的黏度，除 VPH-Ⅱ 的黏度较低为 89.7mPa·s 外，其他 4 种黏弹性表面活性剂配制酸液的残酸黏度均大于 100mPa·s，其中 DCA-L 和 DCA-H 这两种表面活性剂配制的残酸的黏度均大于 200mPa·s。可见，在 25℃ 温度条件下，这 5 种表面活性剂均可以配制成清洁自转向酸液。

图 5-2-1（b）为 5 种黏弹性表面活性剂配制酸液的残酸在温度为 60℃、剪切速率为 170s⁻¹ 下的黏度图。由图中实验结果可以看出，这 5 种黏弹性表面活性剂形成的胶束残酸液，在该条件下均具有一定的黏度，黏度值均大于 100mPa·s，可以看出在 60℃ 下，这 5 种黏弹性表面活性剂残酸黏度均高于其在 25℃ 下的黏度，其中 DCA-L，DCA-M 和 DCA-H 这 3 种黏弹性表面活性剂配制酸液的残酸黏度均大于 400mPa·s。可见，对于 60℃ 低温储层，这 5 种表面活性剂均可以配制出自转向酸，而 DCA-L，DCA-M 和 DCA-H 3 种黏弹性表面活性剂为较理想的清洁自转向酸液的转向剂，但是，从残酸黏度和成本综合考虑，DCA-L 较为适合作为低温（60℃ 左右）储层的清洁自转向酸转向剂。

图 5-2-1（c）为 5 种黏弹性表面活性剂配制酸液的残酸在温度为 90℃、剪切速率为 170s⁻¹ 下的黏度图。由图中实验结果可以看出，VPH-Ⅱ，DCA-L 和 VPS-I 这 3 种黏弹性表面活性剂配制酸液的残酸黏度均低于 40mPa·s，如果作为酸化过程中的转向剂，有一定的转向效果，但转向效果不会很明显。其他两种黏弹性表面活性剂（DCA-M 和 DCA-H）

配制酸液的残酸,在90℃条件下,残酸的黏度均大于300mPa·s,具有良好的转向功能。可见,对于90℃中温储层,DCA-M和DCA-H这两种黏弹性表面活性剂是较为理想的清洁自转向酸液转向剂,但是,从残酸黏度和成本综合考虑,DCA-M更为适合作为中温(90℃左右)储层的清洁自转向酸转向剂。

图5-2-1(d)为5种黏弹性表面活性剂配制酸液的残酸在温度为120℃、剪切速率为170s^{-1}下的黏度图。由图中实验结果可以看出,VPH-Ⅱ,DCA-L,DCA-M和VPS-Ⅰ这4种黏弹性表面活性剂配制酸液的残酸黏度均低于20mPa·s,其中VPH-Ⅱ,DCA-L和VPS-Ⅰ这3种黏弹性表面活性剂残酸黏度均低于10mPa·s,如果作为酸化过程中的转向剂,均基本上没有转向效果。只有DCA-H配制酸液的残酸,在120℃条件下,残酸的黏度为200mPa·s左右,具有良好的转向功能。可见,对于120℃高温储层,DCA-H黏弹性表面活性剂是较为理想的酸化转向剂,选其作为高温(120℃左右)储层的清洁自转向酸转向剂。

综上所述,不是所有的黏弹性表面活性剂都可以作为清洁自转向酸的转向剂,而且,考虑到酸液的成本,对于不同温度的储层应该选择不同的性价比较高的转向剂,所以,可以根据黏弹性表面活性剂配制自转向酸液的难易程度和酸液与碳酸盐岩反应后残酸的黏度值,优选确定出适合不同温度储层的清洁自转向酸液转向剂。

(1)对于60℃左右的低温碳酸盐岩储层,选用DCA-L黏弹性表面活性剂作为清洁自转向酸液的转向剂。

(2)对于90℃左右的中温碳酸盐岩储层,选用DCA-M黏弹性表面活性剂作为清洁自转向酸液的转向剂。

(3)对于120℃左右的高温碳酸盐岩储层,选用DCA-H黏弹性表面活性剂作为清洁自转向酸液的转向剂。

2)转向剂使用浓度确定

使用优选的DCA-L,DCA-M和DCA-H 3种清洁自转向酸转向剂,在转向剂浓度分别为2.0%,3.0%,4.0%,5.0%,6.0%和7.0%情况下配制出低、中、高温自转向酸液体系。将配制好的自转向酸使用碳酸钙粉末中和,制成pH值为1.0左右的低、中、高温自转向酸的残酸。使用高温高压流变仪,分别在60℃,90℃,120℃和170s^{-1}条件下,测定其残酸黏度,结果见图5-2-2。

由图5-2-2(a)可以看出,随着转向剂DCA-L的加量增大,残酸的黏度增大,当转向剂DCA-L的浓度小于3%时,黏度增加幅度较小,当转向剂DCA-L的浓度大于4%时,黏度较大,该曲线的双拐点在转向剂DCA-L的浓度为3%和4%。当转向剂DCA-L的浓度大于4%时,再增加转向剂DCA-L的浓度,其黏度增加幅度减缓。因此,确定低温转向酸体系中的DCA-L转向剂浓度为4%~5%较合适。

由图5-2-2(b)可以看出,随着转向剂DCA-M的加量增大,残酸的黏度增大,当转向剂DCA-M的浓度小于4%时,黏度增加幅度较小,转向剂浓度增加1%,其黏度只增加23mPa·s;当转向剂DCA-M的浓度由4%增加到5%时,黏度增加较大,由77mPa·s增加到319mPa·s;当转向剂浓度大于5%时,再增加转向剂的浓度,黏度增加率降低,转向剂浓度由5%增加到7%,体系的黏度只增加了51mPa·s;黏度随转向剂DCA-M浓度的变化在曲线上的双拐点为4%和5%。当转向剂DCA-M的浓度大于5%时，再增加转向剂DCA-M的浓度，其黏度增加幅度减缓。因此，确定中温清洁自转向酸体系中的转向剂DCA-M的浓度为5%～6%较合适。

由图5-2-2（c）可以看出，随着转向剂DCA-H的加量增大，残酸的黏度增大，当转向剂DCA-H的浓度小于4%时，随着转向剂浓度增大，体系的黏度增加幅度较小，当转向剂的浓度由2%增加到4%时，其黏度只从40mPa·s增加到61mPa·s，体系黏度仅增加了21mPa·s；当转向剂DCA-H的浓度由4%增加到5%时，黏度增加较大，由4%时的61mPa·s增加到5%时的199.7mPa·s，增加了近3倍；当转向剂浓度大于5%时，再增加转向剂浓度，其黏度增加率也降低，转向剂浓度由5%增加到7%，其黏度只从199.7mPa·s增加到217mPa·s，体系的黏度只增加了17.3mPa·s；黏度变化在该曲线上出现双拐点的转向剂DCA-H浓度分别为4%和5%。当转向剂DCA-H的浓度大于5%时，再增加转向剂DCA-H的浓度，其黏度增加幅度减缓。因此，确定高温清洁自转向酸体系中的转向剂DCA-H浓度为5%～6%较合适。

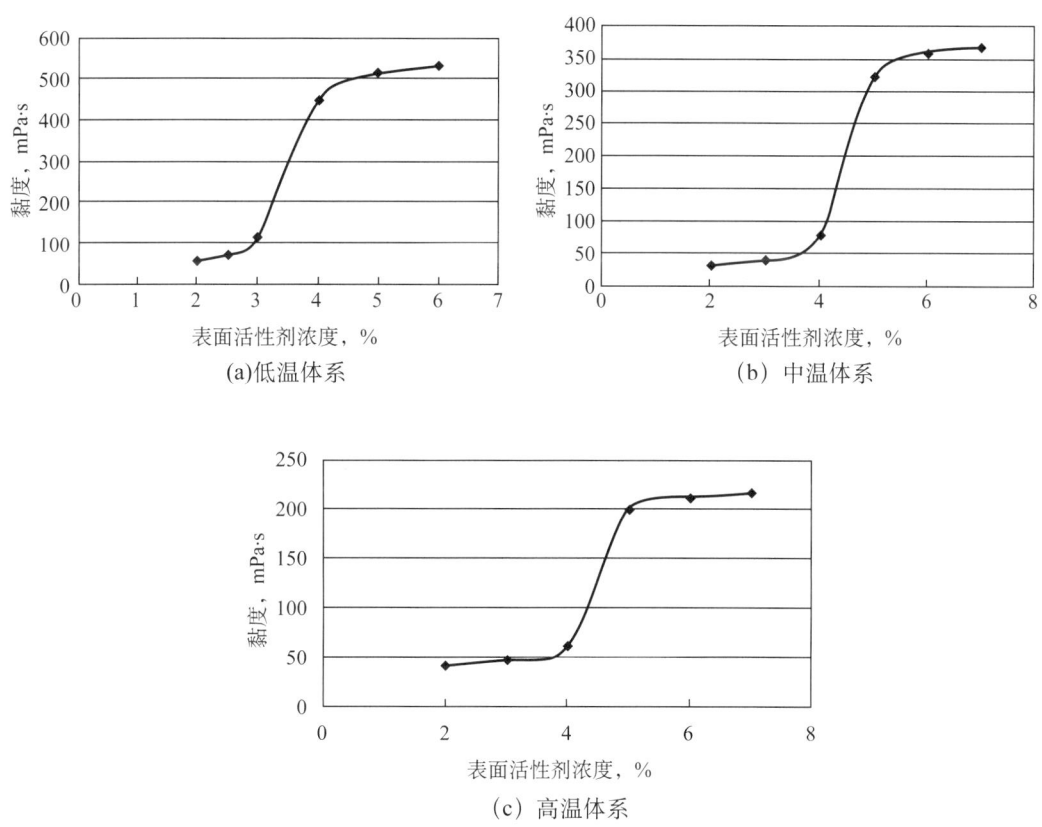

图5-2-2 不同温度下清洁自转向酸残酸黏度与转向剂浓度的关系

2. 缓蚀剂

缓蚀剂是保证酸化工艺安全顺利实施的重要添加剂，如果酸液的缓蚀性能不好，可能对施工车辆、管线、井下设备产生严重腐蚀，造成施工设备损坏，缩短设备的使用寿命，严重时导致油管脱落。除此之外，酸液腐蚀产生的大量铁离子随酸液进入地层，在残酸返排过程中，随着pH值增至2.2时，可能会出现Fe(OH)$_3$沉淀，对地层造成二次伤害，影响酸化效果，因此，为了保证酸化安全施工，筛选性能优良的酸液缓蚀剂极为重要。

1）常规酸液缓蚀剂对清洁自转向酸液的适应性

收集与评价了CMS-6，RMS-2，RMS-3，RMS-4，CMR-61，CMR-62，CMR-63，CMR-64，CMJ和CMU等10种用于常规酸液的缓蚀剂对清洁自转向酸液体系的缓蚀效果，以评价它们对清洁自转向酸体系的适应性，结果见表5-2-1和图5-2-3。

表5-2-1　常规酸缓蚀剂对20%HCl+5%DCA-M清洁自转向酸的缓蚀效果

缓蚀剂	平均腐蚀速率，g/(m²·h)		平均缓蚀率，%	
	0.5%缓蚀剂	0.6%缓蚀剂	0.5%缓蚀剂	0.6%缓蚀剂
CMS-6	66.07	214.08	87.84	60.59
RMS-2	321.05	—	40.90	—
RMS-3	85.92		84.18	
RMS-4	64.76	—	88.08	—
CMR-64	14.10	8.82	97.40	98.38
CMR-63	9.95	7.26	98.17	98.66
CMR-61	24.76	8.62	95.44	98.41
CMR-62	10.32	5.88	98.10	98.92
CMJ	18.60	16.79	96.58	96.91
CMU	—	8.58	—	98.42

从表5-2-1和图5-2-3可以看出，除CMS-6，RMS-2，RMS-3和RMS-4等4种缓蚀剂的缓蚀效果较差外，其余6种缓蚀剂的缓蚀效果都很好，缓蚀率都达到了95%以上。但是在进行酸液体系变黏实验中发现，20%HCl+5%DCA-M酸液体系中加入这些缓蚀剂后，都影响清洁自转向酸液体系的黏度，即影响体系的转向性能。所以，常规酸的缓蚀剂对清洁自转向酸液体系的适应性都较差。

2）清洁自转向酸液新型缓蚀剂

常规酸液使用的缓蚀剂，虽然对自转向酸液的缓蚀效果也很好，但因其与自转向酸体系不配伍，影响酸液体系中黏弹性表面活性剂形成胶束，不能用于清洁自转向酸液体系，针对这一问题，从新开发的KMC-16，KMC-14，KOF-16，KRL-300，KOJ-2，KRJ-2，DCA-6和KOB-2等8种缓蚀剂中优选了适合清洁自转向酸的缓蚀剂，实验结果见表5-2-2和图5-2-4。

从表5-2-2和图5-2-4可以看出，8种清洁自转向酸缓蚀剂除KMC-14外，其余7种缓蚀剂的缓蚀效果都很好，缓蚀率都可以达到95%。但是，KMC-16，KOF16和KRL-300都要比较高的加量，加量1%以上，缓蚀率才可以达到95%。相比之下，KOJ-2，KRJ-2，DCA-6和KOB-2等4种缓蚀剂的缓蚀效果更好，加量仅0.5%时缓蚀率就可以达到98%以上，其中又以DCA-6的效果为最好，缓蚀率达到了99.2%。所以，选择DCA-6作为清洁自转向酸液体系的缓蚀剂。

第五章 碳酸盐岩水平井自转向酸化酸压技术

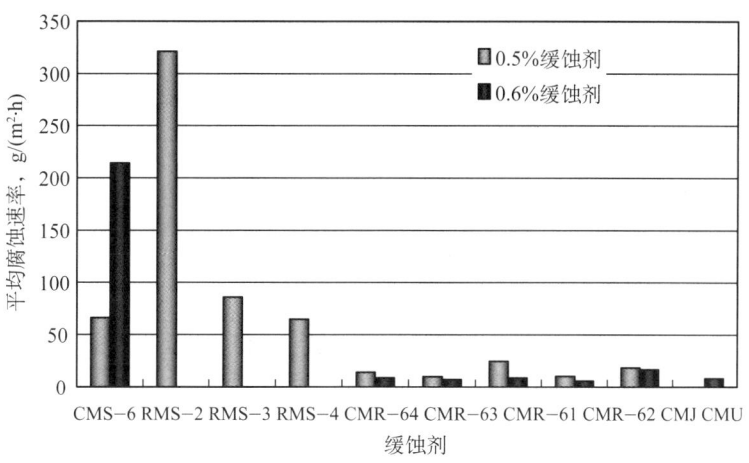

(a) 平均腐蚀速率

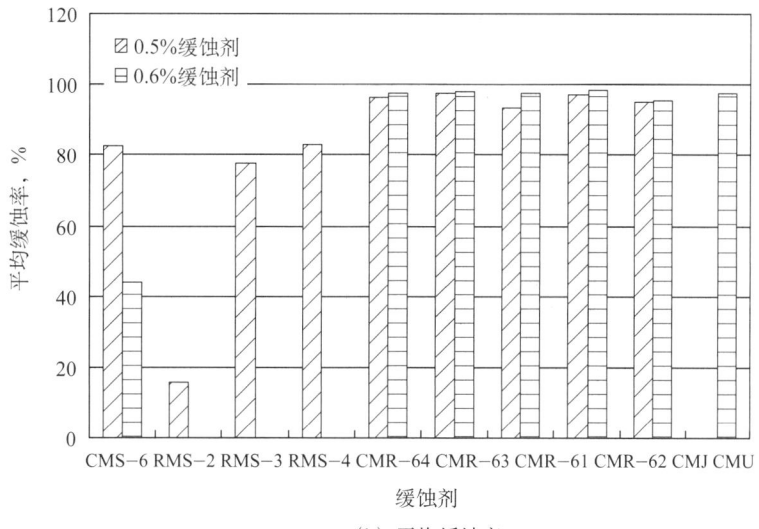

(b) 平均缓蚀率

图 5-2-3　90℃下不同缓蚀剂对 20%HCl+5%DCA-M 酸液体系的平均腐蚀速率与平均缓蚀率

表 5-2-2　不同转向酸缓蚀剂对 20%HCl+5%DCA-M 自转向酸的缓蚀结果

缓蚀剂	不同缓蚀剂浓度下平均腐蚀速率 g/(m²·h)			不同缓蚀剂浓度下平均缓蚀率 %		
	0.5%	1.0%	1.5%	0.5%	1.0%	1.5%
KMC-16	—	8.50	3.32	—	98.43	99.39
KMC-14	—	88.70	—	—	83.67	—
KOF-16	—	25.99	3.67	—	95.21	99.32
KRL-300	—	17.49	2.62	—	96.78	99.52
KOJ-2	9.15	—	—	98.32	—	—
KRJ-2	6.27	—	—	98.85	—	—
DCA-6	4.37	—	—	99.20	—	—
KOB-2	6.76	—	—	98.76	—	—

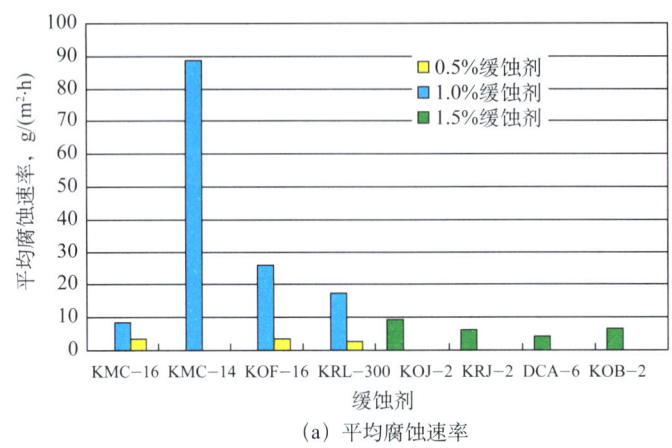

图 5-2-4 90℃下不同转向酸缓蚀剂对 20%HCl+6%DCA-M 酸液体系的平均腐蚀速率与平均缓蚀率

二、配方体系

根据上述实验结果，考虑到室内配液与现场的差异，确定适合不同温度储层的清洁自转向酸液体系的系列配方。

（1）低温（60℃）清洁自转向酸液配方：20%HCl+4%DCA-L+1%DCA-6，适用于 40～80℃、碳酸盐岩含量在 30% 以上的储层。

（2）中温（90℃）清洁自转向酸液配方：20%HCl+5%DCA-M+1.5%DCA-6，适用于 80～110℃、碳酸盐岩含量在 30% 以上的储层。

（3）高温（120℃）清洁自转向酸液配方：20%HCl+6%DCA-H+2%DCA-6，适用于 110～150℃、碳酸盐岩含量在 30% 以上的储层。

三、综合性能

1. 残酸流变性能

清洁自转向酸酸化酸压过程包括黏弹性表面活性剂转向剂在酸与地层岩石的反应过程中的增黏过程，变黏酸液在地层中推进的剪切作用过程，酸化酸压过程中自转向酸液经历的热流变过程,以及遇到地层烃类的降黏、反排过程等,酸液体系的流变性能与酸蚀裂缝的长度、刻蚀形态、酸液滤失、缓速性能和转向酸化效果等都有非常密切的关系,因此,酸液流变性研究对于认识这些过程与关系具有重要作用。

1)残酸流变本构方程

将转向剂加量为5%、HCl含量为20%的清洁自转向酸液与碳酸盐岩反应后,得到清洁自转向酸残酸,分别在30℃和75℃条件下,测量清洁自转向酸残酸的剪切速率与剪切应力的关系,结果见图5-2-5。

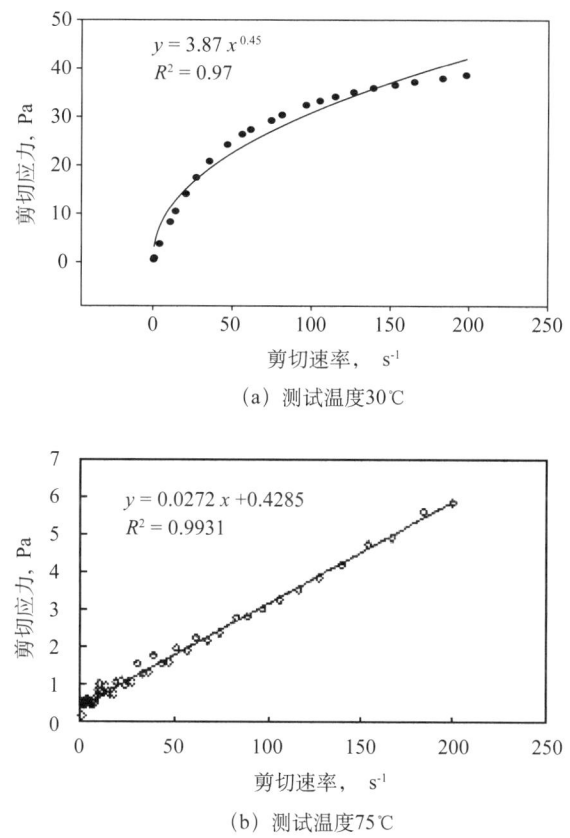

(a) 测试温度30℃

(b) 测试温度75℃

图5-2-5　不同温度测得的清洁自转向酸残酸剪切速率与剪切应力的关系

对测得的剪切应力和剪切速率数据曲线进行回归,可分别得到在30℃和75℃时,清洁自转向酸残酸的本构方程式(5-2-1)和式(5-2-2),即剪切应力随剪切速率变化规律模型:

$$\sigma = 3.87 \times v^{0.45} \quad (R^2=0.97,30℃) \tag{5-2-1}$$

$$\sigma = 0.0272v + 0.4285 \quad (R^2=0.9931,75℃) \tag{5-2-2}$$

式中　σ——剪切应力,Pa;

v——剪切速率,s^{-1}。

由式(5-2-1)可以看出,30℃时的流态指数n=0.45,小于1,说明清洁自转向酸残酸具有剪切变稀特性，符合假塑性流体特性，清洁自转向酸液体系残酸属于非牛顿流体的"幂律"型，可以用假塑性流体本构方程 $\sigma=kv^n$ 来表示。由式（5-2-2）可以看出，75℃时，清洁自转向酸液体系残酸由假塑性流体转变为牛顿流体，本构方程为线性关系。可见，清洁自转向酸液体系残酸的剪切速率和剪切应力的关系不是固定不变的单一假塑性流体，在温度变化之后，其流体模式也发生了改变。因此，根据现场储层温度的实际情况，进行模拟储层温度下的流变性能测量是必要的。

清洁自转向酸液体系残酸的黏度随剪切速率变化的曲线如图 5-2-6 所示。由图 5-2-6 可以看出，30℃时，清洁自转向酸液体系残酸的黏度随着剪切速率的增加而下降，而且下降趋势是在剪切速率小于 $30s^{-1}$ 时，下降较为剧烈，在剪切速率大于 $30s^{-1}$ 时下降较为平缓；75℃时，也先是清洁自转向酸液体系残酸的黏度随着剪切速率的增加直线下降，当剪切速率超过 $20s^{-1}$ 之后，黏度与剪切速率的关系近似呈现一条水平直线的关系。

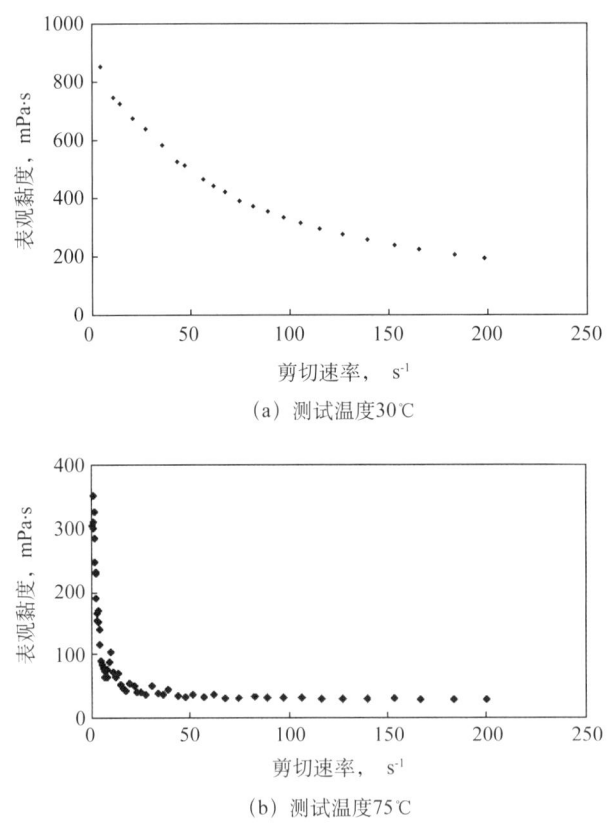

图 5-2-6　清洁自转向酸残酸剪切速率与黏度的关系

总之，对于该清洁自转向酸液体系的残酸，在较低温度下呈现假塑性流体特性，在较高温度下（温度为75℃以上），在较为广泛的剪切速率范围内，体系呈现牛顿流体的特性。这可能与较高温度下黏弹性表面活性剂亲油基团长链的连接方式有关。并且，在温度由低到高变化过程中，自转向酸体系的流体特性并不是发生一个突越式改变，而是逐渐发生这一变化，如图 5-2-7 所示，在温度从 30℃ 至 90℃ 变化过程中，清洁自转向酸液体系残酸的剪切速率与剪切应力的关系呈现逐渐变化的趋势。

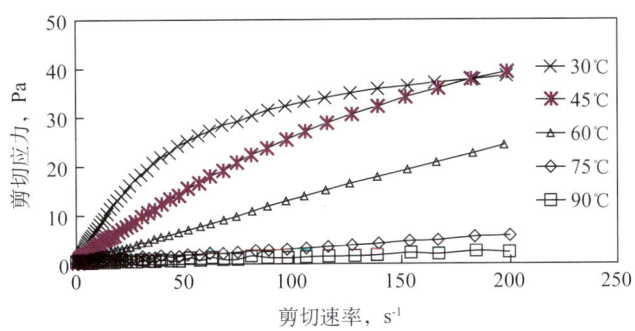

图 5-2-7 不同温度下自转向酸液体系剪切速率与剪切应力的关系

2) 残酸的黏性和弹性

清洁自转向酸残酸的黏弹性可采用小振幅振荡流场来测量，采用复数模量 G^*、储能模量 G' 和损耗模量 G'' 等参数来表征其黏弹性。对于纯黏性流体，储能模量 G' 为零；对于纯弹性流体，损耗模量 G'' 为零；而对于黏弹性流体，储能模量 G' 和损耗模量 G'' 均有一定数值。另外，如果清洁自转向酸液残酸的黏度没有大到呈现固体凝胶的程度，工程上多用表观黏度 η 作为衡量流体黏度的参数。下面所用的术语"黏度"，在没有特别说明的情况下，均指表观黏度。

为了详细地认识清洁自转向酸残酸的流变性能，需要对清洁自转向酸残酸的黏度和弹性在其流变性能中的作用进行分析，来认识清洁自转向酸液体系在与碳酸盐岩储层相互作用过程中的流变性能变化情况。为此，分别在酸岩反应过程中的不同酸度值（pH 值）条件下，用流变仪测定酸液体系的储能模量 G' 和损耗模量 G''。转向剂加量为 5%，不同酸度条件下清洁自转向酸残酸的储能模量 G' 和损耗模量 G'' 变化情况见图 5-2-8。

由图 5-2-8（a）可见，随着振动频率增大，酸液体系的储能模量 G' 值均增大。在 pH 值较小时（pH 值为 -0.50），其值较小，在实验振动频率范围内其值不超过 20Pa；当酸液 pH 值增大后，酸液体系的 G' 值也增大，在 pH 值为 0.01 时，酸液体系的 G' 值已经可以接近 70Pa；当酸液体系的 pH 值为 4.44 时，酸液体系的 G' 值在实验振动频率范围内最高可达 80Pa，是酸度较小时 G' 值的 4 倍。

由图 5-2-8（b）可见，在酸液体系 pH 值较小时，随着振动频率增大，酸液体系的损耗模量 G'' 也逐渐增大，但其值最大不超过 20Pa；当酸液 pH 值增大后，酸液体系的损耗模量与 pH 值较小时变化的规律有所不同，G'' 值先增大到一个最大值，而后逐渐减小。pH 值较大时，G'' 值与储能模量变化规律也有所不同。在 pH 值为 4.44 时，G'' 值比 pH 值为 0.01 时的 G'' 值反而小。

将 pH 值分别为 4.44 和 0.01 时的储能模量与损耗模量放在同一个图中，则可得到更多的信息，如图 5-2-9 所示。

由图 5-2-9 可见，pH 值为 4.44 时的储能模量 G' 值始终大于 pH 值为 0.01 时的储能模量 G' 值；而 pH 值为 4.44 时的损耗模量 G'' 在振动频率小于 1.7 时，pH 值大于 0.01 时的损耗模量 G'' 值，在振动频率大于 1.7 时，pH 值小于 0.01 时的损耗模量 G'' 值。pH 值为 4.44 时，储能模量 G' 值在振动频率大于 0.8 时大于损耗模量 G''，而在振动频率小于 0.8

时，小于损耗模量 G''；pH 值为 0.11 时，储能模量 G' 值在振动频率大于 1.6 时大于损耗模量 G''，而在振动频率小于 1.6 时小于损耗模量 G''。这说明在清洁自转向酸液变黏之后，在酸度较大（即酸液体系的 pH 值相对较小时）时，黏弹性表面活性剂酸液体系的流变性能主要由体系的黏性构成；而在体系的酸度较小时（即酸液体系的 pH 值相对较大时），黏弹性表面活性剂酸液体系的流变性能主要由体系的弹性构成。同时，不管在何种酸度条件下，储能模量 G' 和损耗模量 G'' 的值都不为零，说明清洁自转向酸液体系残酸不是一种纯粹的黏性流体或纯粹的弹性流体，而是一种黏弹性流体。

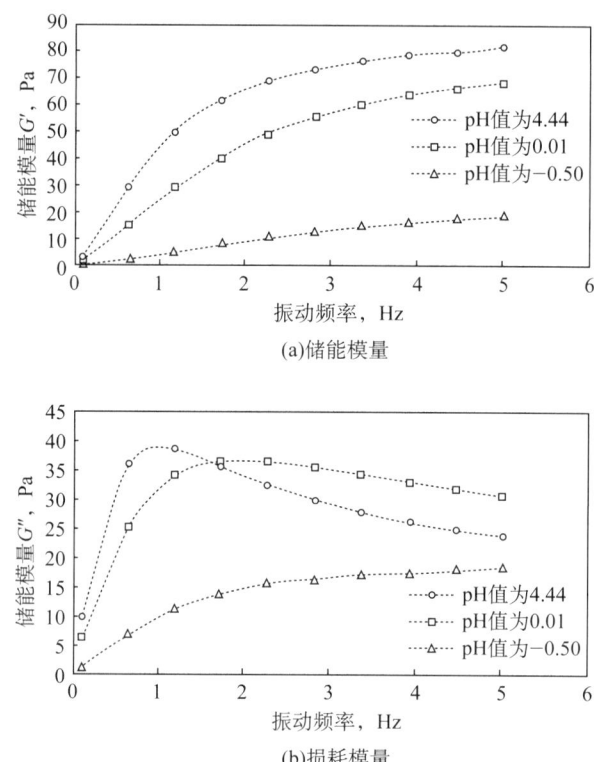

图 5-2-8 不同 pH 值时清洁自转向酸残酸的储能模量和损耗模量变化情况

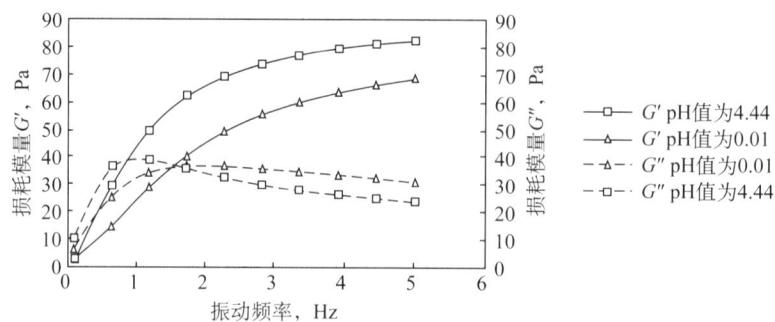

图 5-2-9 不同 pH 值时清洁自转向酸残酸的流变性构成

3) 残酸耐温性

按照前述方法配制清洁自转向酸残酸,使用 RS-600 型流变仪,测定 $50s^{-1}$,$100s^{-1}$ 和 $170s^{-1}$ 3个不同剪切速率下,清洁自转向酸体系残酸的表观黏度随温度的变化情况。中温清洁自转向酸残酸在剪切速率分别为 $50s^{-1}$,$100s^{-1}$ 和 $170s^{-1}$ 下的黏温曲线分别见图 5-2-10 (a) ~图 5-2-10 (c)。高温清洁自转向酸残酸在剪切速率分别为 $50s^{-1}$,$100s^{-1}$ 和 $170s^{-1}$ 下的黏温曲线分别见图 5-2-11 (a) ~图 5-2-11 (c)。

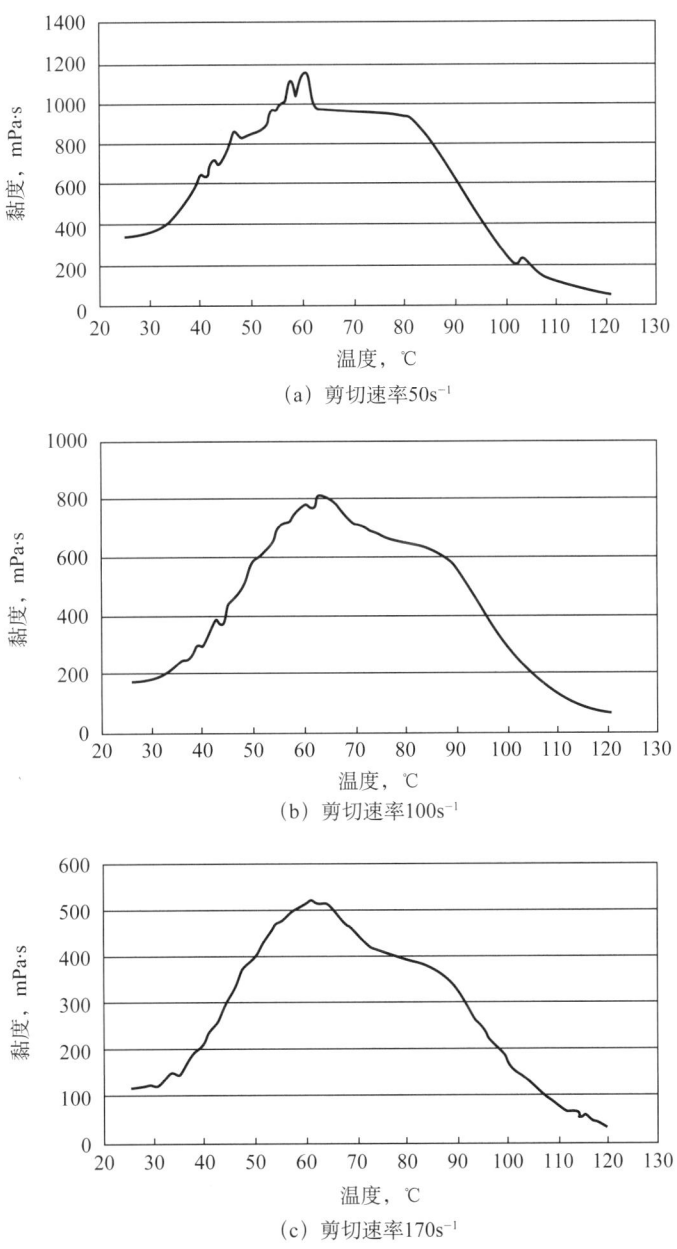

(a) 剪切速率$50s^{-1}$

(b) 剪切速率$100s^{-1}$

(c) 剪切速率$170s^{-1}$

图 5-2-10 中温清洁自转向酸残酸在不同剪切速率下的黏温曲线

由图 5-2-10 可以看出，(1) 在不同的剪切速率下，其残酸的黏度均是先随温度升高而增大，在某一温度点（约60℃左右）达到最大值，随后随着温度升高，残酸的黏度降低；(2) 在90℃不同的剪切速率下，残酸仍具有大于 300mPa·s 的黏度，在115℃、170s^{-1} 剪切速率下残酸黏度仍大于 100mPa·s；(3) 中温清洁自转向酸体系可满足120℃碳酸盐岩储层酸化改造。

由图 5-2-11 (a) 可以看出：(1) 在60℃、50s^{-1} 剪切速率下，体系的最高黏度可以达到 1600mPa·s 以上；(2) 在 60~67℃下，残酸黏度迅速下降，但当达到70℃以

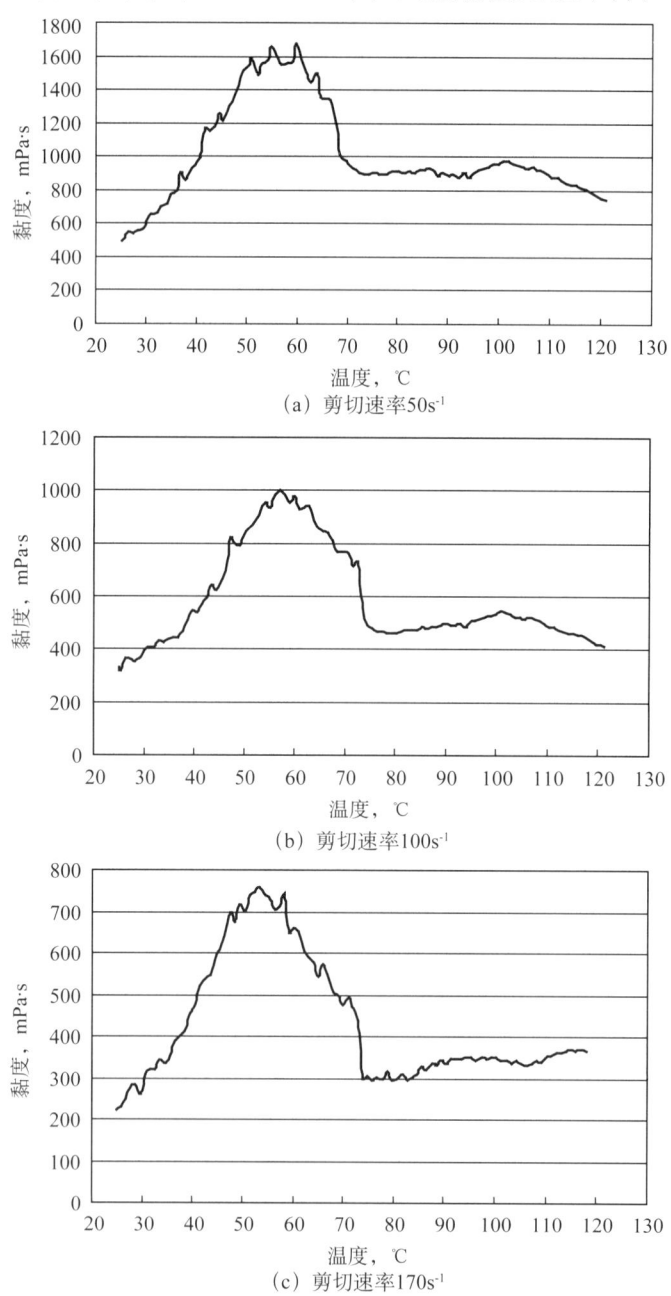

图 5-2-11　高温清洁自转向酸残酸在不同剪切速率下的黏温曲线

后，随着温度的升高，黏度变化不大；(3) 在120℃、50s^{-1}剪切速率下，体系的黏度还有770mPa·s左右。

由图5-2-11 (b) 可以看出：(1) 在55℃、100s^{-1}剪切速率下，体系的最高黏度可以达到约1000mPa·s；(2) 在65~71℃下，残酸黏度迅速下降，但当达到72℃以后，随着温度的升高，黏度变化不大；(3) 在120℃、100s^{-1}剪切速率下，体系的黏度还有400mPa·s以上。

由图5-2-11 (c) 可以看出：(1) 在55℃、170s^{-1}剪切速率下，体系的最高黏度可以达到约750mPa·s；(2) 在58~70℃下，残酸黏度随温度升高而下降，但当达到72℃以后，随着温度的升高，黏度变化不大；(3) 在120℃、170s^{-1}剪切速率下，体系的黏度还有350mPa·s以上。

由图5-2-11可以看出：(1) 在不同剪切速率下，其残酸的黏度均是先随温度升高而增大，在某一温度点（约55℃左右）达到最大值，随后随着温度升高，残酸的黏度降低；(2) 在120℃不同的剪切速率下，残酸仍具有300mPa·s以上的黏度；(3) 高温自转向酸体系可以满足150℃碳酸盐岩储层的酸化改造。

4) 残酸耐剪切性

使用RS-600型流变仪，在一定温度（根据酸液的耐温性确定）、170s^{-1}剪切速率下，连续剪切60min，测量清洁自转向酸残酸的表观黏度随时间的变化情况。中温自转向酸残酸的耐剪切性在90℃下测定，高温清洁自转向酸残酸的耐剪切性在120℃下测定，结果分别见图5-2-12 (a) 和图5-2-12 (b)。

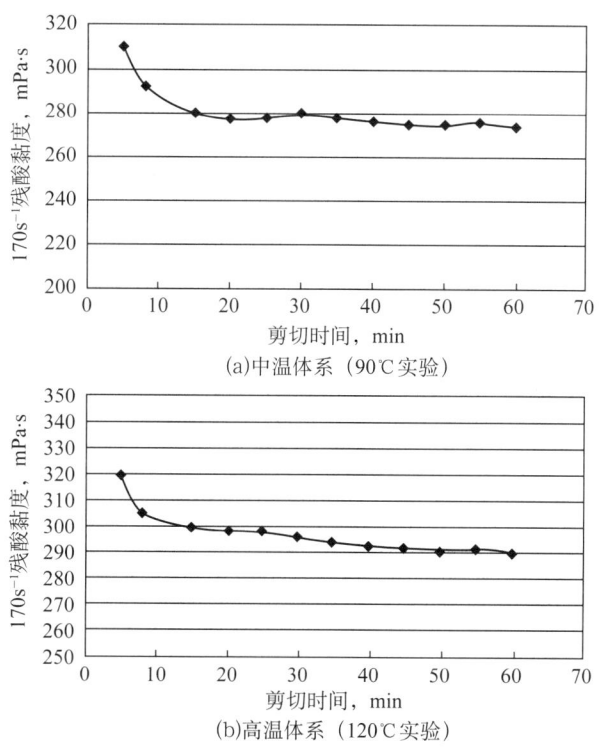

图5-2-12 中温和高温清洁自转向酸残酸在170s^{-1}下的耐剪切性

由图 5-2-12（a）可以看出：（1）中温体系残酸在 90℃、170s^{-1} 下剪切 60min，仍具有较高的黏度，其黏度大于 280mPa·s；（2）残酸的黏度随着剪切时间增加而减小，但减小的幅度不大，在剪切的前 10min 内降低幅度较大，当剪切时间大于 30min 后，剪切时间延长，残酸黏度基本不变；（3）中温清洁自转向酸残酸具有良好的耐剪切性。

由图 5-2-12（b）可以看出：（1）高温体系残酸在 120℃、170s^{-1} 剪切 60min，仍具有较高的黏度，黏度为 290mPa·s 左右；（2）残酸的黏度随着剪切时间增加而减小，但减小的幅度不大，在剪切的前 10min 内降低幅度较大，当剪切时间大于 30min 后，剪切时间延长，残酸黏度基本不变；（3）高温自转向酸残酸在 120℃、170s^{-1} 下具有良好的耐剪切性。

2. 残酸破胶性能

在清洁自转向酸残酸中加入适量的煤油后，充分搅拌 10min，再静置 20min，使用 RS-600 型流变仪，在 170s^{-1} 剪切速率下，测量混有煤油的清洁自转向酸液体系残酸的黏温曲线，可评价残酸胶束的破坏情况，结果见图 5-2-13。结果表明：（1）混有煤油的清洁自转向酸残酸在 170s^{-1} 剪切速率下的黏度随温度升高而下降；（2）油可以使清洁自转向酸残酸彻底破胶，破胶后的黏度与常规酸的残酸液基本相当，说明清洁自转向酸残酸的破胶性能良好。

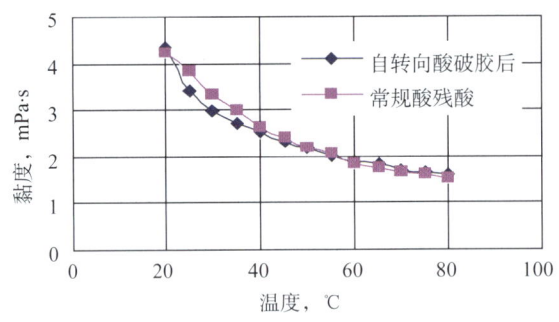

图 5-2-13 清洁自转向酸残酸的破胶性能

3. 腐蚀性能

清洁自转向酸是一种以盐酸为基础酸的储层改造工作液。在酸化作业中，酸液与施工设备、油气井的管柱均要接触，特别是在地层高温条件下，酸液对油气井管柱的腐蚀是相当严重的。如果酸液的缓蚀性能较差，酸液就会腐蚀井下管柱，可能导致井下复杂情况发生，所以，酸液必须具有良好的缓蚀性能，以确保施工安全顺利。因此，对清洁自转向酸的缓蚀性能进行评价非常重要。按照与前面缓蚀剂评选相同的方法，评价了 20%HCl+5%DCA-M+1.5%DCA-6 转向酸液的缓蚀效果，结果见表 5-2-3。

从表 5-2-3 可以看出，加有缓蚀剂的清洁自转向酸液体系的腐蚀速率从没有缓蚀剂时的 543.192g/（m^2·h）降至 4.370g/（m^2·h），缓蚀率达到 99.2%，说明清洁自转向酸液体系的缓蚀效果很好，可以满足酸化施工要求。

4. 缓速性能

由图 5-2-14 中的 G15-5 井岩心在 95℃ 下，常规盐酸、稠化酸与高温清洁（VES）自转向酸的反应速率数据可见，在相同条件下，常规普通盐酸的酸岩反应速率约是高温清洁自转向酸的酸岩反应速率的 1.7 倍，这说明高温清洁自转向酸体系具有减缓酸岩反应速率的作用，缓速效果较好。当初始酸浓度大于12%时，酸岩反应后清洁自转向酸增黏作用不明显，黏度比稠化胶凝酸低，酸岩反应速率比稠化胶凝酸快；在初始酸浓度较低或残酸条件时，酸岩反应后清洁自转向酸的增黏作用明显，使得其黏度高于稠化胶凝酸的黏度，因而，酸岩反应速率比稠化胶凝酸慢，所以，此时清洁自转向酸相对于稠化酸也具有缓速效果。

表 5-2-3 中温清洁自转向酸缓蚀性能评价结果

实验序号	缓蚀剂	钢片编号	原始质量 w_1 g	反应后质量 w_2 g	质量变化 Δw g	反应面积 S m²	反应时间 t h	腐蚀速率 v g/(m²·h)	平均腐蚀速率 g/(m²·h)	缓蚀率 %
25	—	827#	10.7282	7.7297	2.9985	0.00136	4	551.195	543.192	0
26		828#	10.7618	7.957	2.8048	0.00136	4	515.588		
27		833#	10.8864	7.8248	3.0616	0.00136	4	562.794		
139	DCA-6	161#	10.9298	10.9038	0.026	0.00136	4	4.779	4.370	99.2
140		164#	10.8995	10.8755	0.024	0.00136	4	4.412		
143		163#	11.009	10.9866	0.0224	0.00136	4	4.118		
144		181#	11.1742	11.1515	0.0227	0.00136	4	4.173		

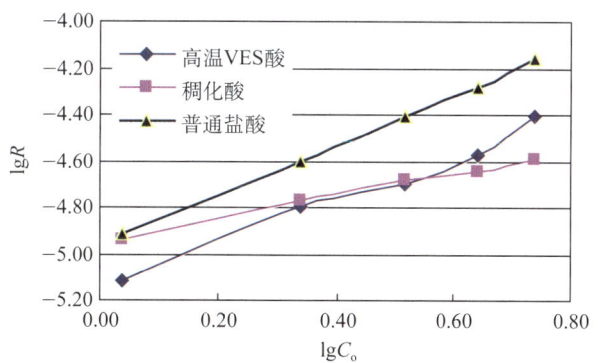

图 5-2-14 不同酸液体系的酸岩反应速率比较

5. 保护储层性能

清洁自转向酸是基于黏弹性表面活性剂形成胶束增黏的酸化酸压技术，该技术的酸液体系中不使用聚合物来提高酸液黏度，是靠酸液在与储层岩石发生酸岩反应、生成残酸过程中，特殊的黏弹性表面活性剂分子在残酸中形成巨型胶束结构，使酸液体系的黏度升高，实现暂堵转向酸化；当残酸与储层烃类流体相接触后，胶束结构被破坏，残酸黏度大幅度降低，利于返排。由于体系中不含任何聚合物，对储层伤害小，具有良好的保护储层性能。下面是清洁自转向酸残酸破胶液对储层岩心伤害情况的评价结果。

实验方法为：(1) 选取具有代表性的储层岩心，使用标准盐水测定其渗透率；(2) 在低于岩心最低临界流速的注入速率下，将破胶后的清洁自转向酸的残酸液反向注入岩心 3

倍孔隙体积；(3) 再使用标准盐水，测定被残酸污染后岩心的渗透率，确定残酸保护储层性能。表 5-2-4 给出了 90℃ 中温清洁自转向酸残酸破胶后的储层岩心流动实验结果，表 5-2-5 给出了 120℃ 高温清洁自转向酸残酸破胶后的储层岩心流动实验结果。

表 5-2-4　中温清洁自转向酸残酸破胶液伤害储层岩心评价结果 (90℃)

岩心号	初始渗透率 mD	伤害后渗透率 mD	渗透率恢复值 %	渗透率伤害率 %
7#	51.47	51.47	100	0
8#	38.98	38.36	98.43	1.57
9#	27.42	26.99	99.21	0.79
平均值			99.21	0.79

表 5-2-5　高温清洁自转向酸残酸破胶液伤害储层岩心评价结果 (120℃)

岩心号	初始渗透率 mD	伤害后渗透率 mD	渗透率恢复值 %	渗透率伤害率 %
7#	29.34	28.85	98.33	1.67
8#	57.67	56.32	97.66	2.34
9#	87.12	86.18	98.92	1.08
平均值			98.30	1.70

由表 5-2-4 中数据可以看出，中温清洁自转向酸残酸的破胶液对 3 块岩心的渗透率基本没有伤害，伤害率最高为 1.57%，平均渗透率伤害率仅为 0.79%，岩心的渗透率恢复值平均达到 99.21%，可见，中温清洁自转向酸残酸的破胶液对岩心的渗透率基本没有伤害，保护储层效果好。

由表 5-2-5 中数据可以看出，高温清洁自转向酸残酸破胶液对 3 块岩心的渗透率伤害率也很低，最高为 2.34%，最低为 1.08%，平均为 1.70%，岩心的渗透率恢复值平均达到 98.3%，可见，高温清洁自转向酸残酸破胶后对储层岩心的渗透率伤害很小，保护储层效果也很好。

上述实验结果说明，中温清洁自转向酸和高温清洁自转向酸的残酸破胶后对储层岩心的渗透率都基本没有伤害，保护储层效果好，是一种清洁的储层酸化改造液。

第三节　自转向酸化酸压工艺

一、酸岩反应动力学

酸岩反应动力学参数是酸化酸压工艺设计所需的基础参数。因黏弹性表面活性剂（VES）清洁自转向酸液体系与岩石的反应是一个酸液增稠过程，酸液黏度的大幅度增加给酸岩反应产物的分析带来非常大的难度，常规的测定酸度变化或离子浓度变化方法难以用于研究这种酸液体系的酸岩反应动力学。用新建立的该种酸液体系的酸岩反应动力学研究方法，确定了低、中、高温自转向酸液体系与方解石和白云石碳酸盐岩储层岩心的静、动态酸岩反应动力学，认识到在典型的储层条件下，清洁自转向酸与灰岩的反应均属于传质控制反应模式。

1. 酸岩反应动力学研究方法

比较多种方法，最后选择了基于碳酸盐岩质量变化的方法，即先确定酸岩反应前后碳酸盐岩的质量变化，再根据酸岩反应的化学计量关系，求得反应 Δm 质量的碳酸盐岩需要消耗酸液的浓度 ΔC，按照以下步骤即可建立酸岩反应动力学方程，从而确定工艺设计所需的酸岩反应动力学参数。

1）确定酸岩反应消耗碳酸盐岩的质量 Δm

根据式（5-3-1）计算酸岩反应消耗的碳酸盐岩质量：

$$\Delta m = (m_o - m) \times S_R \tag{5-3-1}$$

式中　m_o——酸岩反应前碳酸盐岩样品的质量，g；

　　　m——酸岩反应后碳酸盐岩样品的质量，g；

　　　S_R——碳酸盐岩样品的酸溶失率，%。

2）计算消耗碳酸盐岩的物质的量

根据式（5-3-2）计算出酸岩反应过程中消耗的碳酸盐岩的物质的量：

$$\begin{cases} N_{CaCO_3} = \dfrac{P_{CaCO_3} \times \Delta m}{M_{CaCO_3}} \\ N_{CaMg(CO_3)_2} = \dfrac{P_{CaMg(CO_3)_2} \times \Delta m}{M_{CaMg(CO_3)_2}} \end{cases} \tag{5-3-2}$$

式中　N_{CaCO_3} 和 $N_{CaMg(CO_3)_2}$——反应中消耗的方解石和白云石的物质的量，mol；

　　　M_{CaCO_3} 和 $M_{CaMg(CO_3)_2}$——方解石和白云石的摩尔质量，g/mol；

　　　P_{CaCO_3} 和 $P_{CaMg(CO_3)_2}$——碳酸盐岩中方解石和白云石的质量分数，%。

3）计算消耗盐酸的物质的量

根据盐酸与碳酸盐岩反应的化学计量关系式，消耗 1mol 的方解石需要 2mol 的盐酸，消耗 1mol 的白云石需要 4mol 的盐酸，则可以由式（5-3-3）来计算反应消耗盐酸中氢离子的物质的量：

$$N_{H^+} = 2N_{CaCO_3} + 4N_{CaMg(CO_3)_2} \tag{5-3-3}$$

式中　N_{H^+}——反应过程中消耗盐酸中氢离子的物质的量，mol。

4）计算酸岩反应速率

酸岩反应速率的定义为：酸岩反应体系中单位面积上单位时间内消耗的某一反应物的物质的量或生成产物的物质的量。根据该定义，若以消耗盐酸中氢离子的物质的量来计算反应速率，则清洁自转向酸与碳酸盐岩的反应速率可以表示为式（5-3-4）：

$$R_T = \frac{N_{H^+}}{\Delta t \times S} = \frac{N_{H^+}}{\Delta t \times \pi \times r^2} \tag{5-3-4}$$

式中　R_T——总体酸岩反应速率，mol/(cm²·s)；
　　　Δt——反应时间，s；
　　　S——反应面积，cm²；
　　　r——岩心半径，cm。

5) 酸岩反应速率方程求取

在反应进行时间很短的情况下，可以认为酸液的初始浓度 C_o 就是反应时的浓度，同时不管反应是由传质控制还是由表面反应控制，其最终结果都可以表示为酸浓度的消耗，所以，整个酸岩反应过程的反应速率方程可以表示为：

$$R_T = K_T C_o^\alpha \tag{5-3-5}$$

式中　R_T——总体酸岩反应速率，mol/(cm²·s)；
　　　K_T——总体反应速率常数，mol/[cm²·s·(mol/L)$^\alpha$]；
　　　α——反应级数；
　　　C_o——酸液的初始酸浓度，mol/L。

将式（5-3-5）两边同时取对数有：

$$\lg R_T = \lg K_T + \alpha \lg C_o \tag{5-3-6}$$

可见，$\lg R_T$ 对 $\lg C_o$ 作图可以得到一条直线，直线的斜率即为反应级数，截距为反应速率常数的对数。

2. 不同温度下酸岩反应动力学方程

按照上述方法，建立了不同温度下的清洁自转向酸与灰岩的酸岩反应动力学方程。

(1) 60℃下与方解石的酸岩反应速率方程为：$R_T = 2.6461 \times 10^{-6} C^{1.7984}$
(2) 90℃下与方解石的酸岩反应速率方程为：$R_T = 2.9336 \times 10^{-7} C^{4.7389}$
(3) 95℃下与云岩的酸岩反应速率方程为：$R_T = 7.3536 \times 10^{-6} C^{0.9277}$
(4) 130℃下与云岩的酸岩反应速率方程为：$R_T = 5.3223 \times 10^{-6} C^{1.2064}$

上述方程拟合的相关系数都在 0.97 以上，说明这些动力学方程的拟合关系较好。

3. 酸浓度与温度对酸岩反应动力学的影响规律

1) 酸浓度对酸岩反应动力学的影响规律

不同温度下清洁自转向酸的酸浓度对酸岩反应速率的影响情况见图 5-3-1。从图中

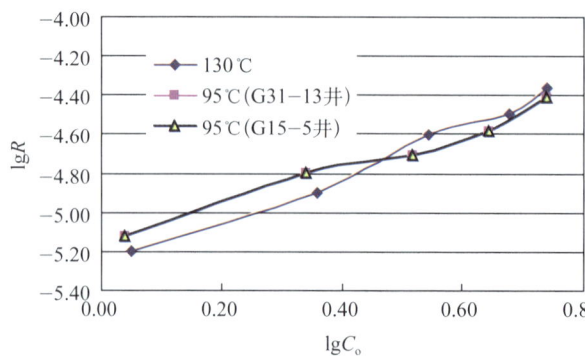

图 5-3-1　不同温度下清洁自转向酸的酸浓度对酸岩反应速率的影响

结果可以看出，G31-13 井和 G15-5 井岩心的酸岩反应速率与酸浓度关系的实验曲线重合，说明这两口井储层岩石的酸岩反应速率相近。虽然两口井储层岩石组分有一定的差异，但酸岩反应速率相差不大，说明岩石的组分对酸岩反应速率影响的敏感程度较低。从图 5-3-1 还可以看出，在初始酸浓度较低时，反应温度增加，反应速率反而降低；当初始酸浓度较高时，反应速率随反应温度的增加而增加。反映在现场施工时，在酸浓度较高的鲜酸情况下，储层温度越高，反应速率越快；在酸浓度较低的残酸环境，储层温度越高，反应速率越慢。

2）温度对酸岩反应动力学的影响规律

（1）温度对酸岩反应速率的影响。

温度对自转向酸酸岩反应速率的影响见图 5-3-2。从图 5-3-2 中可以看出，随着反应温度增加，对于初始酸浓度等于和低于 8% 的自转向酸液体系，反应速率降低；对于初始酸浓度等于和高于 12% 的自转向酸液体系，反应速率增加。

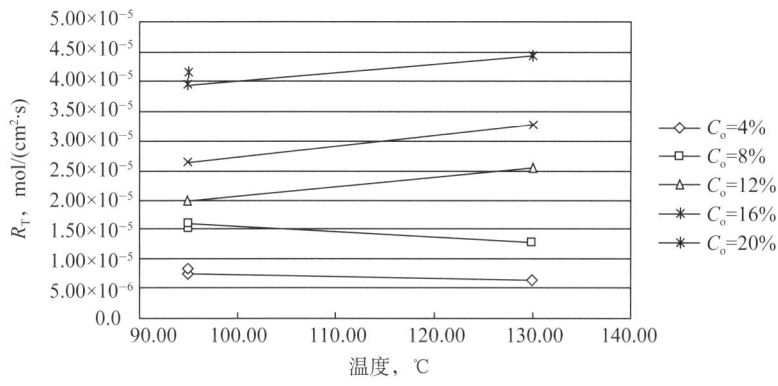

图 5-3-2 温度对高温 VES 自转向酸酸岩反应速率的影响

将不同初始酸浓度下温度对反应速率的影响关系曲线进行拟合，得到如下温度与反应速率的关系式：

体系初始酸浓度为 4% 时，反应速率 $R_T=-4\times 10^{-8}T+1\times 10^{-5}$（$R=0.9137$）；

体系初始酸浓度为 8% 时，反应速率 $R_T=-8\times 10^{-8}T+2\times 10^{-5}$（$R=0.9808$）；

体系初始酸浓度为 12% 时，反应速率 $R_T=2\times 10^{-7}T+4\times 10^{-6}$（$R=1.0000$）；

体系初始酸浓度为 16% 时，反应速率 $R_T=2\times 10^{-7}T+1\times 10^{-5}$（$R=0.9997$）；

体系初始酸浓度为 20% 时，反应速率 $R_T=1\times 10^{-7}T+3\times 10^{-5}$（$R=0.8917$）

式中　R_T——体系的反应速率，$mol/(cm^2\cdot s)$；

　　　T——反应温度，℃；

　　　R——线性拟合时的相关系数。

T 前面的系数为负值，说明反应速率随温度的增加而降低；系数为正值，说明反应速率随温度的增加而增加。曲线拟合时的相关系数约在 0.90 以上，最高达到 1.0000，说明这些关系式拟合的相关性较好。

（2）温度对酸岩反应速率常数和反应级数的影响。

温度对清洁自转向酸酸岩反应速率常数与反应级数的影响情况见图 5-3-3。由

图 5-3-3 可以看出，总体趋势是反应速率常数随着反应温度的增加而降低；而反应级数是随着反应温度的增加而升高，影响的具体数学关系式可以通过曲线拟合得到。

温度对反应速率常数的影响：$K_T=-0.0524T+12.139$（$R=0.9833$）

温度对反应级数的影响：$\alpha=0.0075T+0.2297$（$R=0.9947$）

上述拟合关系式的相关系数 R 为 0.98 以上，说明拟合关系的相关性很高。

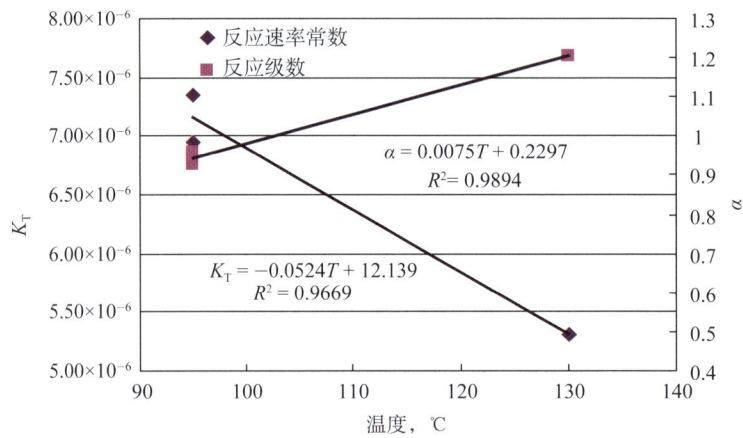

图 5-3-3 温度对高温 VES 自转向酸酸岩反应速率常数与反应级数的影响

反应速率常数随反应温度的增加而降低，而反应级数随反应温度的增加而增加，整个反应的反应速率随反应温度的增加而增加，说明温度对反应速率常数的影响程度要比对反应级数的影响程度小。

二、工艺设计

碳酸盐岩储层水平井清洁自转向酸化酸压工艺设计主要包括以下几方面内容。

1. 优化设计所需参数和推荐软件

1）设计所需基本参数

清洁自转向酸酸化酸压设计所需要的一般储层井况参数见表 5-3-1。

表 5-3-1 清洁自转向酸酸化酸压设计所需要一般储层井况参数

参数项	参数值	参数项	参数值
施工井段及中深，m		施工段长度，m	
储层碳酸盐岩含量，%		延伸压力梯度，MPa/m	
压力系数		地层温度，℃	
孔隙度，%		渗透率，mD	
杨氏模量，MPa		泊松比	

2）设计所需酸岩反应动力学参数

设计所需的酸岩反应动力学参数见前面酸岩反应动力学部分不同温度和不同岩性的酸岩反应速率方程，温度对反应速率的影响方程和温度对反应速率常数与反应级数的影响方程。

3）优化设计推荐软件

在确定储层地质特征、井筒条件及酸化酸压施工目的后，可以通过 FracproPT，StimPlan 和 StimPT 等压裂酸化设计优化软件进行施工参数优化和工艺优化。

2. 排量优化设计

1）以实现裂缝高导流为目标的排量优化

由图 5-3-4 中所示的旋转圆盘实验结果可以看出，酸液排量较低时（即低转速下），酸岩反应后形成的岩心端面比较平滑，这种情况下形成的酸蚀裂缝的导流能力较低；而酸液排量较高时（即高转速下），酸岩反应后形成的岩心端面高低不平，这种情况下形成的酸蚀裂缝的导流能力较高。所以，较高的排量容易形成高导流能力的酸蚀裂缝，实际施工设计中，在泵注设备能力允许的情况下，应尽量使用高排量。

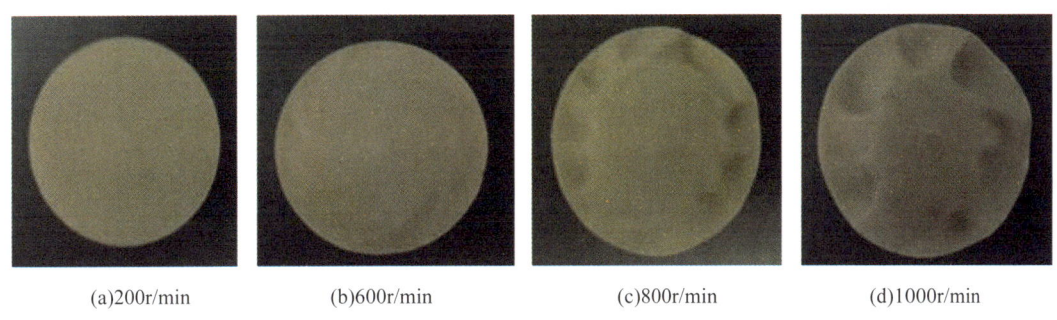

(a)200r/min　　　　(b)600r/min　　　　(c)800r/min　　　　(d)1000r/min

图 5-3-4　酸液与岩心不同相对运动速度下的旋转圆盘实验结果

2）以实现酸蚀最大穿透距离为目标的排量优化

由不同注酸排量下酸液穿透岩心所需注入的酸液体积实验结果（图 5-3-5）可以看出，对于 1in 岩心端面，注酸排量为 1～10mL/min，酸液穿透岩心时，所需注入的酸液体积较小，即在该排量范围内，注入相同体积的酸液时，酸液的穿透距离较远。所以，设计清洁自转向酸的泵注排量时，在泵注设备能力允许的情况下，应尽量选择接近 $0.02m^3/(min \cdot m^2)$ 的排量。

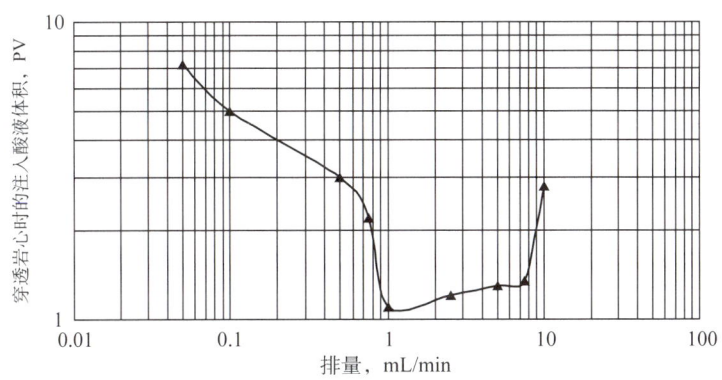

图 5-3-5　不同注酸排量下酸液穿透岩心所需注入的酸液体积

3. 推荐参数与泵注程序

1) 酸液用量推荐

对于酸化施工，清洁自转向酸的用酸强度由酸化井段长度确定，一般为 1～2m³/m。当储层天然裂缝发育、钻井液密度较大或井段伤害时间较长时，可适当加大酸液用量；当酸化井段为长度较大的水平井段时（大于 300m），则需要适当控制用酸量，以防止施工时间过长或近井带被过度酸蚀。

对于酸压施工，清洁自转向酸的用酸强度由需要沟通的距离（一般由近井可能发育的储集体或良好储层发育区距离井的远近）来模拟确定，一般用酸强度为 1.6～2.6m³/m。当储层天然裂缝发育、应力方向匹配较差、滤失可能较大时，则取较强用酸量；当储层孔隙条件差、应力方向匹配较好时，则控制用酸量。

最终的用酸量，可结合酸压或酸化施工目的及井层条件，采用优化设计软件进行优化。

2) 酸液泵注排量

根据自转向酸酸液体系的降阻率、井深及管柱条件、井口及套管限压情况，结合施工目的进行优化模拟，在确保安全的同时达到施工目的。

3) 清洁自转向酸与醇醚酸的配比

在醇醚酸中醇醚破胶剂加量为 5% 时，醇醚酸：清洁自转向酸一般为 1：2～1：3；在醇醚酸中醇醚破胶剂加量为 8% 时，醇醚酸：清洁自转向酸一般为 1：4～1：5。

4) 酸化酸压泵注程序

指清洁自转向酸与醇醚酸的注入级数及配比。根据储层特征、施工目的和酸液性能，通过软件模拟确定。一般地，大规模酸压改造需要清洁自转向酸与醇醚酸多级注入，以改善裂缝酸蚀距离及酸蚀形态，并确保酸液施工后破胶彻底。

三、实施工艺

1. 配制工艺

清洁自转向酸现场配制工艺包括现场用酸选择、配制用水选择、配制程序、配制质量控制等。

1) 工业盐酸选择

在选择配制清洁自转向酸的工业盐酸时，除要考虑盐酸浓度、成本等因素外，主要应考虑盐酸中所含的各种离子。

对于某个油田而言，首先根据就近原则，对该施工井所在矿区附近盐酸生产厂家的样品进行取样，使用原子吸收方法分析其中的所有离子，确定各种离子对清洁自转向酸的性能有没有影响，初步选择不含对清洁自转向酸性能有影响的盐酸，再分析盐酸的纯度，确定盐酸的用量，最后从成本和运输等方面考虑，选择哪个厂家、哪个批次的盐酸作为清洁自转向酸的基础酸。

2) 配制用水选择

由于使用的工业盐酸浓度一般为 31%，而现场使用的清洁自转向酸中盐酸的浓度一般为 20%，需要将工业盐酸用水来稀释，这就涉及配酸液用水的选择。

在选择配制清洁自转向酸的水时，主要是考虑水源、水质情况。由于水中的一些离子会影响清洁自转向酸的转向性能,另外,油田腹地的一些地表水源经常含有烃类物质,这些物质对残酸的胶束形态影响更大,要求配制清洁自转向酸的用水中烃类物质含量低于10mg/L。对于远离水源的沙漠腹地作业,还要考虑水的组织难易情况。

3)配制工艺

在室内模拟现场使用条件的配制工艺时,应考虑到现场可能出现的各种情况,进行清洁自转向酸的配制室内模拟:主要应模拟配制酸液使用的工业盐酸浓度与含离子情况,模拟配制用水的矿化度、含油污情况、含机械杂质情况、各种化学剂的加量范围(主要是黏弹性表面活性剂的加量),以及搅拌强度与时间对清洁自转向酸性能的影响等。

考虑到现场施工的复杂性,有时由于现场组织、井筒组织等环节不能顺利衔接,导致现场清洁自转向酸配制好不能立即用于施工,所以在室内还应模拟现场条件,测试清洁自转向酸在不同存放时间内的性能变化。

4)材料质量控制

所有清洁自转向酸的配液材料按设计准备,并对所有材料进行取样,标明名称、生产日期和取样时间。如果现场配液,在清洁自转向酸配液材料拉往井场前,应由相关质量检测技术人员,按有关化工产品取样通则进行取样检测,避免不合格产品拉到井场。对到井场材料进行取样,并标明名称、生产日期和取样时间,检验合格后再进行配液。

5)配制设备及其他要求

(1)配酸用罐尽量控制在50m^3以内,自带两个搅拌器;液罐容积在20m^3以内时,自带一个搅拌器即可。

(2)配酸用罐应具备形成前后循环或上下循环的接口,并能够满足形成500L/min以上的循环排量。

(3)配酸用罐要求无残酸、残碱、残菌、铁锈、油污及其他机械杂质,确认所有阀门操作灵活,确保罐上搅拌器运转正常。

(4)配酸用水检测(数量、外观、机械杂质、pH值),要求配液用水达到注入水标准。

(5)配液设备工况良好,无残酸、残碱、残菌、铁锈、油污及其他机械杂质,能够提供500L/min以上的循环排量。

(6)冬季施工应配备两台锅炉车,用于材料增温降黏和已配清洁自转向酸酸液的保温(解决主剂低温高黏加入困难和已配酸液低温下主剂析出问题)。当施工为特大型规模时,锅炉车应酌情增加。

6)配制程序及要求

(1)首先向洗净罐中加入少量清水,然后加入DCA-6缓蚀剂和31%的工业盐酸,补足淡水,用搅拌器搅拌均匀,保证酸液在15℃以上(冬季使用锅炉车保温)。

(2)打开搅拌器,循环并吸入(真空)降阻剂,吸入降阻剂后继续循环15min以上保证酸液均匀起黏。

(3)循环加入清洁自转向酸转向剂,继续搅拌及循环至均匀,要求现场酸液的黏度不低于实验室配制酸液黏度的90%。

(4)循环吸入降阻剂和循环加入清洁自转向酸转向剂时,液罐循环应形成大循环(上下循环或前后循环)以确保液体均匀。应将排出管线出口插入液面以下,以减少泡沫产生。

在配液过程中要打开搅拌器。

7) 醇醚酸液配制程序及要求

(1) 首先向洗净罐中加入少量清水，再加入缓蚀剂和31%的工业盐酸，然后加铁离子稳定剂，补足淡水，用搅拌器搅拌均匀。

(2) 打开搅拌器，循环并吸入（真空）胶凝剂，吸入胶凝剂后继续循环20min以上保证酸液均匀起黏。

(3) 循环加入醇醚破胶剂DCA-4，继续搅拌及循环至均匀，要求现场酸液的黏度不低于实验室配制酸液黏度的90%。

(4) 醇醚酸配制过程中严禁烟火。

2. 破胶返排工艺

对于油藏来说，可以借助返排过程中残酸与原油接触来破坏残酸中的巨型胶束结构，大幅降低残酸黏度，基本可以实现彻底破胶；而对于气藏来说，天然气破坏胶束结构的效果较差，必须辅以适当的破胶剂，才能达到较好的破胶效果。为此，开发了醇醚破胶剂，通过实验确定使用醇醚破胶剂的浓度为2.5%~3.5%较好（图5-3-6）。

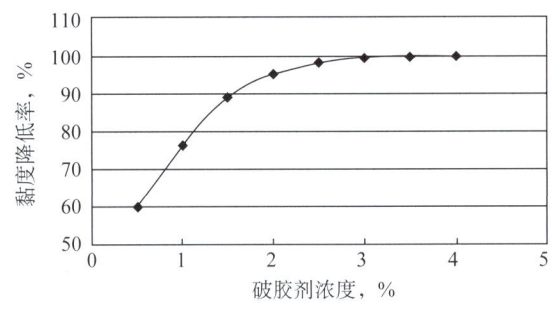

图5-3-6 破胶剂加量实验结果

用岩心流动实验模拟酸化破胶返排过程，岩心经清洁自转向酸酸化后，再用针对自转向酸配制的破胶液处理，岩心渗透率都有不同程度的增加，增加1.58~194.62倍，详见图5-3-7。

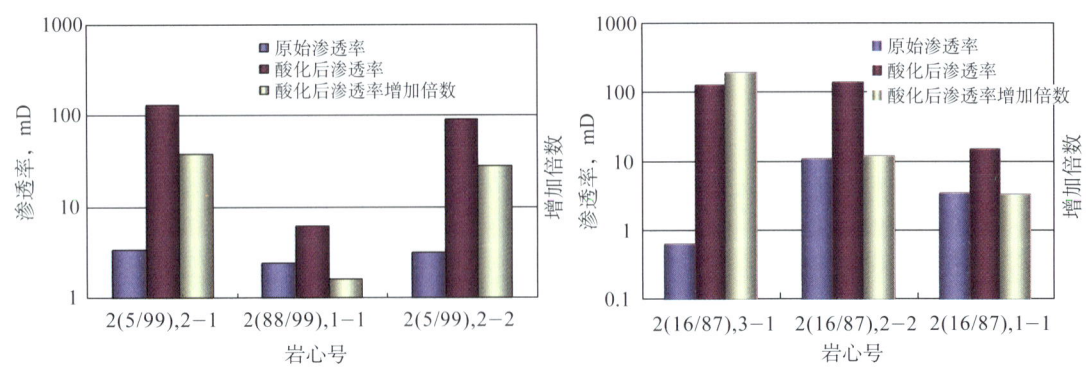

图5-3-7 G15-5井和G31-13井岩心酸化前、后渗透率变化情况

为了使醇醚破胶剂的破胶效果较好，现场实施时，一般采用清洁自转向酸与醇醚破胶酸交替注入的工艺。

3. 减阻工艺

为了降低清洁自转向酸泵注过程的摩阻,以满足深井大排量酸化酸压施工,发展了配套的清洁自转酸减阻剂,并对其减阻效果进行了评价,实验结果见图 5-3-8。

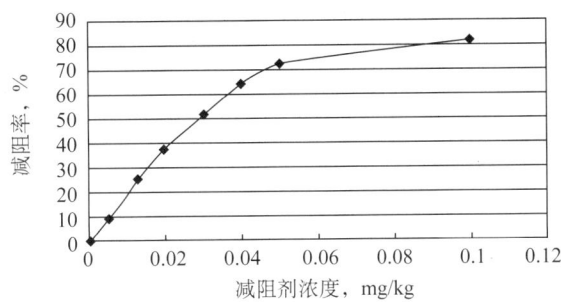

图 5-3-8 特殊减阻剂对清洁自转向酸的减阻效果

由图 5-3-8 可以看出,清洁自转向酸的配套减阻剂,在 0.06～0.1mg/kg 的减阻剂使用浓度下,可将酸液的泵注阻力降低 70%～80%。

4. 转向控制工艺

由图 5-3-9 可以看出,最大转向压力随岩心原始渗透率的增加而增加,高渗透率岩心表现出更高的转向压力,低渗透率岩心表现出较低的转向压力。所以,通过控制泵注排量来控制泵注压力,可以控制清洁自转向酸的转向效果。

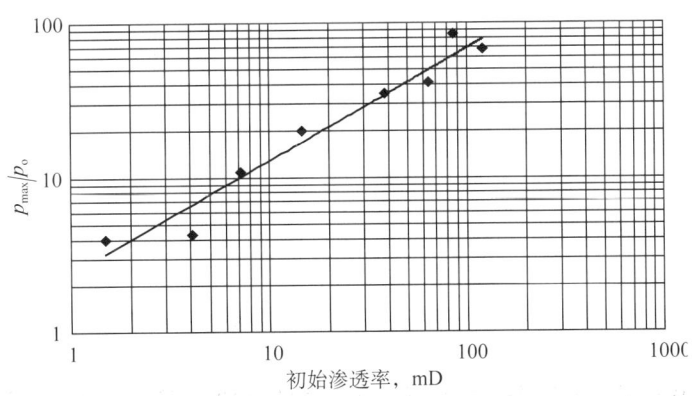

图 5-3-9 岩心原始渗透率与转向压力的关系

5. 可降解纤维封堵裂缝辅助转向酸化酸压工艺

对于裂缝发育和存在较大裂缝的碳酸盐岩储层,仅依靠转向酸与岩石反应后的黏度增加,难以达到很好的转向效果。有些水平井无法实现工具分段,常规酸压只能在最薄弱的储层段压开一条酸蚀裂缝,为提高水平井酸压效果,需要压开多条酸蚀裂缝(图 5-3-10)。针对这一问题,开发了可降解纤维(DCF)暂堵剂(图 5-3-11),酸压施工时泵入含可降解纤维的 DCF 清洁转向液,暂堵老缝,使裂缝在新的位置开启;施工结束后随温度恢复,DCF 自动降解,保证清洁改造。通过将其与酸液交替注入,对裂缝和高渗透率带进行有效封堵,可以提高转向酸化酸压的效果。

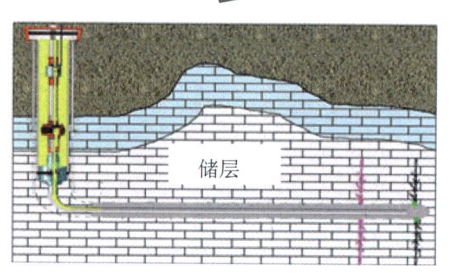
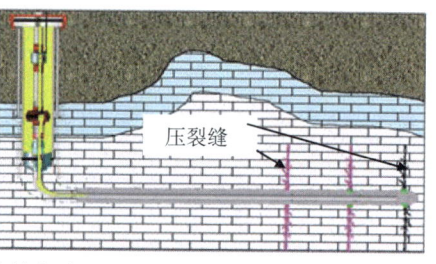

图 5-3-10 纤维暂堵转向酸压示意图

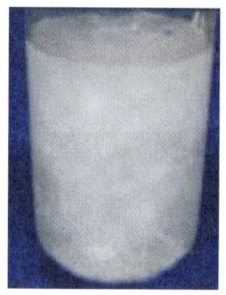

(a) 降解前　　　　　　　(b) 降解后

图 5-3-11 可降解纤维 DCF 照片

6. 定向转向酸化酸压工艺

对于碳酸盐岩储层，有时有利区带可能在井眼的下方或上方，或因水层存在的原因，需要改造方向尽量向某一方向延伸，而避免向另一方向延伸，为此，开发了上浮转向剂和下沉转向剂。开发出的高强度、低密度上浮转向剂，可以对井眼上部裂缝进行封堵，迫使裂缝向下增长，尽可能地沟通下部储集体，提高酸压效果，如图 5-3-12 所示。优选出的高强度、高密度下沉转向剂，可以对井眼下部裂缝进行封堵，迫使裂缝向上增长，尽可能地沟通上部储集体，避免压开下部水层，提高酸压效果，如图 5-3-13 所示。

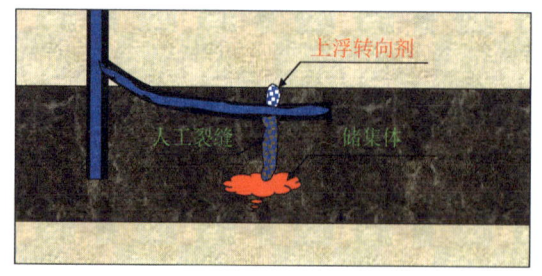
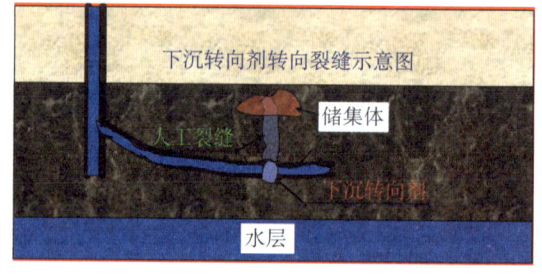

图 5-3-12 上浮转向剂定向酸压示意图　　图 5-3-13 下沉转向剂定向酸压示意图

四、实施要求及注意事项

1. 实施要求

1) 酸化酸压施工前要求

(1) 井口采油树要用绷绳拉紧，地面高低压管线固定牢靠，避免高压大排量泵注时发生晃动，产生安全隐患。施工前井口必须接好地面节流放喷管线，安全措施按试油操作规程。

（2）所有配液、运输液体及施工所用的车辆、管线、储罐等设备都应严格清洗，严格按配液要求进行配液及准备，配液剩余药品应妥善处理。

（3）所有施工设备在上井前应认真进行检查，确保整个施工安全顺利进行。施工前对所有施工人员进行措施交底，做到施工人员岗位明确，安全施工。

（4）施工前油管注入高压管汇试压到高于设计施工压力10MPa，稳压5min，不刺不漏为合格。

（5）连接放喷管线。

（6）检查所有压裂设备超压保护，必须做到灵敏可靠，如有失灵待整改后才能施工。

（7）配套急救药品、医护人员、救护车和消防车，制定防治H_2S措施，以保证施工人员安全。

2）酸化酸压施工中要求

（1）施工时由指挥人员统一指挥，各施工单位、施工人员分工明确。

（2）配液人员必须佩戴橡胶手套、防护镜、安全帽、防护衣等必需的防护用品，无关人员严禁进入配液作业区。

（3）配液过程中，所有液体药剂尽可能采取泵送方式加入，禁止人员以倾倒的方式加入药剂。干粉状药剂应采用木勺、铲子等加入，切勿接触皮肤。

（4）施工严格按设计参数执行，并准确记录油压、套压、各种排量、累计用液量等，施工后由施工队提交全部原始记录图表及数据。

（5）作业进行中，除井口操作人员外，其他人员严禁进入高压区或穿越高压区。施工人员应按要求穿戴劳保防护用品，井场内严禁烟火。

（6）施工时若发生特殊情况，应由施工领导小组及时商议，果断处理。

3）酸化酸压施工后要求

（1）进行压力降落测试20min，油嘴控制放喷，防止井底压力突降，增大裂缝有效闭合压力，降低其导流能力。

（2）测压降后，应立即放喷排液。如果不能自喷排液，则进行抽汲排液或气举排液，对于稠油还可以进行掺稀油排液。

（3）严禁随意排放罐内残余液体和返排液体，施工后剩余酸液及返排残液应排放到指定的地点，并进行后续环保处理。

（4）施工完毕，应先关总闸门，再进行管线拆卸工作。

4）井控要求

井控操作应严格按照《中国石油天然气集团公司石油与天然气井下作业井控规定》、《中国石油天然气集团公司关于进一步加强井控工作的实施意见》以及各油田公司制定的各油田《井下作业井控实施细则》执行。

2. **注意事项**

1）含H_2S井施工注意事项

（1）施工前必须做好应急预案，并特别对井口和压裂管线进行检查，按额定工作压力试压合格后,方可施工。

(2) 入井管柱、工具、井口设备等均要求抗硫,并符合各油田含 H_2S 油气井管理及施工作业规定要求。

(3) 作业监督应按照含硫化氢气井施工的相关规定,严格检查各作业单位的硫化氢应急预案,硫化氢检测仪数量必须符合规定并在标定有效期内,正压式呼吸器数量必须符合规定且处于正常工作状态。

(4) 施工中,严格遵守 HSE 各项管理规程,注意 H_2S 防护,确保人身及财产安全。

(5) 排液时,放喷口必须配备自动点火装置或设置常明火。

2) 其他注意事项

(1) 应选择满足施工要求的、具有合格资质的队伍进行施工,施工单位应制定自己的、具体的安全预案。

(2) 排液时,人员不得随意停留在放喷区域。如因工作需要,应经现场负责人同意,穿戴齐全的防护用品后方可进入放喷区域。若皮肤不慎接触残酸,应立即用大量清水及 5% 的碳酸氢钠溶液冲洗 10min 以上。若残酸溅入眼内,应立即用大量清水冲洗至少 15min。

(3) 若发生现场难以处理的人身安全问题,应及时送就近医院处理。

第四节 现场应用

清洁自转向酸酸化酸压技术已经在塔里木油田、冀东油田和西南油气田的数十口井应用,取得了显著的效果与效益。下面根据清洁自转向酸酸化酸压技术的发展完善历程,以 4 口井为例来说明清洁自转向酸的现场应用情况。

一、M×× 井中低温清洁自转向酸酸化

1. 储层概况

该井是位于某构造的一口水平井,产层为嘉二 2 亚段和嘉二 1 亚段,射孔井段有 5 段:3740～3585m,3549～3293.4m,3215.2～3206.6m,3183.4～3162m 和 3118～3109.6m,总射开厚449m,跨度为 630.4m。嘉二段储层主要由亮晶粒屑灰岩、粉晶云(灰)岩、粒屑云岩、泥晶云岩和膏质碳酸盐岩组成,云岩储层中大多含有石膏及一定量泥质成分。膏质与酸液作用会产生石膏沉淀,黏土矿物与泥质成分会使储层具有速敏、酸敏、水敏性。要求试油作业要力争保护产层,尽量减少储层因试油造成的二次伤害。

该构造取心井物性资料统计表明,嘉二段储层孔隙度为 3%～25.53%,其中以 3%～6% 者居多,但高孔隙度样品也占一定的比例,平均孔隙度为 6.76%,平均渗透率为 0.834mD,属于低孔隙度、低渗透率储层范畴。

嘉二段岩心和薄片观察表明,储层段裂缝整体不发育,但局部井区见有裂缝。岩心上除部分井段能见沉积成因的层理缝外,构造裂缝少见;薄片孔隙类型统计表明,储集空间以孔隙为主,微裂缝少见,孔隙是主要的储集空间。

本构造嘉二段属高含水气藏,含水饱和度 40%～80%,产出流体伴有大量地层水,嘉二段产出流体中普遍含有 H_2S 有毒气体。

按邻井资料预测，地层温度93℃，地层压力66.22MPa。

2. 钻完井情况

该井于2006年2月23日开钻，2006年6月16日完钻。造斜点井深为2758m，完钻井深3766.00m（斜深），垂深3078.69m，井底位移814.98m，水平段长301.0m。套管固井完井，井身结构为：表层套管339.7mm×98.25m；技术套管244.5mm×1664.58m和177.8mm×3059.67m；油层套管为悬挂尾管127mm×（2900.94～3765.15）m。表层套管和技术套管水泥返高到地面，尾管水泥返高到2900.94m。嘉二1亚段井段3330～3334.0m，厚4.0m。2006年5月30日9:00下钻至井深3372.71m开泵循环，泵压11MPa，排量12L/s，迟到时间63min，钻井液密度2.32g/cm³，黏度90s，氯离子含量3540mg/L，钻井液静置33h，10:05见后效气侵（中停15min），钻井液密度由2.32g/cm³下降至2.27g/cm³，黏度由90s上升至95s，氯离子含量及池体积无变化，槽面针孔状气泡占5%，至10:10后效达高峰，密度下降至2.20g/cm³，黏度上升至105s。

3. 改造方案

1）改造思路

（1）储层在钻完井过程难免会受到伤害，确定该井酸化施工主要目的为：解除井筒附近钻、完井伤害，恢复并提高气井产能。

（2）按照施工目的，酸化分为两步：

①先实施解堵酸化解除部分伤害，并开井排液，将污染物带出井底。

②在解堵酸化的基础上，再进行一次深度酸化，力求改善远井地带渗流能力，达到增产目的。

（3）由于磨溪嘉二气藏储层吸酸压力高，采用连续油管注酸施工压力高，排量较低，难以实现水平井深度酸化改造的目的，因此施工不采用连续油管注酸。

（4）嘉二段储层主要都发育在硬石膏之下的云岩中，因此要求酸液必须具有抗石膏沉淀能力。

（5）酸液体系采用DCA清洁自转向酸，能够对储层进行均匀、全面、高效的酸化改造，对储层伤害小，而且摩阻比较低，适合大型酸化施工。

（6）根据孔隙性储层改造特征，深度酸化需要尽量增加酸液的作用距离，达到增加泄流面积、降低渗流阻力的作用。因此，应该在井身条件和施工设备允许的条件下尽量提高施工排量。

（7）按照试油工程设计要求，套管清水控制压力不超过52.51MPa，而油管注入KQ65-105型井口，施工泵压可以达到80MPa以上，油管和套管抗压强度差异较大，为避免套管注入对油管注入排量的影响，选择油管、套管各由一组压裂车分别泵注。

2）施工参数确定

（1）施工规模。

按照该井酸化方案讨论结果与地质设计要求，解堵酸化用酸量为清洁自转向酸40m³、醇醚酸5m³，深度酸化用酸量为清洁自转向酸180m³、醇醚酸55m³。

（2）施工排量预测。

①解堵酸化。借鉴该构造嘉陵江组储层吸酸压力梯度资料，预测本井吸酸压力梯度为 0.023～0.026MPa/m，施工采用 73mm 油管注入，不同排量下的施工泵压预测结果见表 5-4-1。

表 5-4-1 不同延伸压力梯度下 φ73mm 油管注入施工泵压预测

排量，m³/min		2	3	3.5	4	4.5	5
液柱压力，MPa		33.2	33.2	33.2	33.2	33.2	33.2
摩阻，MPa		8.8	17.9	23.5	29.7	36.5	43.9
延伸压力梯度 0.023MPa/m	井底压力，MPa	70.8	70.8	70.8	70.8	70.8	70.8
	井口压力，MPa	49.0	61.4	69	77.4	86.6	96.7
延伸压力梯度 0.024MPa/m	井底压力，MPa	73.9	73.9	73.9	73.9	73.9	73.9
	井口压力，MPa	52.1	64.5	72	80.5	89.7	99.8
延伸压力梯度 0.025MPa/m	井底压力，MPa	77.0	77.0	77.0	77.0	77.0	77.0
	井口压力，MPa	55.1	67.5	75.1	83.5	92.8	102.9
延伸压力梯度 0.026MPa/m	井底压力，MPa	80.1	80.1	80.1	80.1	80.1	80.1
	井口压力，MPa	58.2	70.6	78.2	86.6	95.9	105.9

若用 KQ65-105 型井口，按照施工压力不超过 90MPa 控制，油管最大施工排量可以达到 4m³/min。

②深度酸化。施工采用 φ73mm 油管，并进行油套环空注入施工，则不同排量下，油管注酸施工泵压预测结果见表 5-4-2，油套环空注酸施工泵压预测结果见表 5-4-3。

表 5-4-2 油管注酸施工泵压预测结果

油管尺寸 in	延伸压力梯度 MPa/m	不同排量下的泵压，MPa					
		2.0m³/min	3.0m³/min	3.5m³/min	4.0m³/min	4.5m³/min	5.0m³/min
2⁷/₈	0.023	49.0	61.4	69	77.4	86.6	96.7
2⁷/₈	0.024	52.1	64.5	72.0	80.5	89.7	99.8
2⁷/₈	0.025	55.1	67.5	75.1	83.5	92.8	102.9
2⁷/₈	0.026	58.2	70.6	78.2	86.6	95.9	105.9

表 5-4-3 油套环空注酸施工套压预测

油套环空尺寸 in	延伸压力梯度 MPa/m	不同排量下的泵压，MPa					
		1m³/min	1.5m³/min	2.0m³/min	2.5m³/min	3.0m³/min	5.0m³/min
2⁷/₈～7	0.023	38.4	39.2	40.3	41.5	43.0	96.7
	0.024	41.5	42.3	43.4	44.6	46.1	99.8
	0.025	44.6	45.4	46.5	47.7	49.2	102.9
	0.026	47.7	48.5	49.6	50.8	52.3	105.9

用 KQ65-105 型井口，按照施工压力不超过 90MPa 控制，油管最大排量可以达到 4.0m³/min 左右；按照该井试油工程设计要求，清水时最高控制套压不超过 52.51MPa，按此压力控制，环空排量可以达到 3.0m³/min 左右。

4. 施工简况

施工中采用 φ73mm 油管和油套环空同注。使用清洁自转向酸 50m³ 从环空注入压井，使环空和油管充满清洁自转向酸。在注酸约 41min 时，清洁自转向酸进入储层，酸液与储层岩石发生反应，在排量没有改变的条件下，压力下降了近 10MPa；后来随着清洁自转向酸的注入，油管压力明显上升。当醇醚酸进入储层（在 65.8～68.63min），由于破胶剂破坏了清洁自转向酸残酸中的胶束结构，使其黏度降低，油管压力大幅降低，压力由 65.8min 的 71.67MPa 下降到 68.63min 的 68.63MPa。在 78～83min 时间段，排量没有改变，泵注清洁自转向酸液，压力从 73.92MPa 上升到 84.76MPa，转向压力达到约 11MPa，自转向效果明显。施工曲线见图 5-4-1。

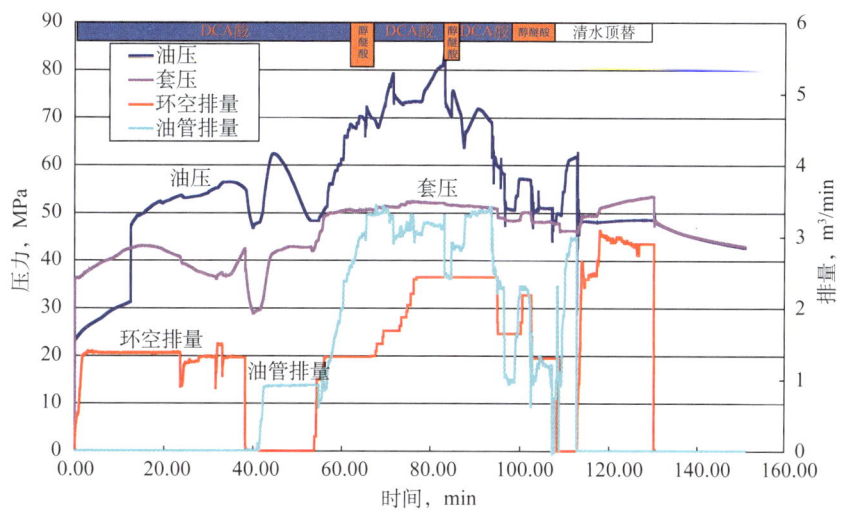

图 5-4-1 M××井清洁自转向酸酸化施工曲线

5. 改造效果

酸化前使用胶凝酸酸洗后，日产水 12.88m³，日产气 7.32×10⁴m³；清洁自转向酸酸化后，日产水 20.3m³，日产气 18.5×10⁴m³，产水增加 57%，产气增加 1.52 倍，增产效果明显。清洁自转向酸酸化后，产气量增加的倍数比产水量增加的倍数大，说明清洁自转向酸具有一定的选择性改造作用，对油气层的改造程度比对水层的改造程度要大。

二、LN××水平井清洁自转向酸大型酸压

1. 储层概况

该井是位于某区块古潜山的一口水平开发井。主要产油层为鹰山组上段的中上部。储层段主要岩石类型为亮晶砂屑灰岩、亮晶砂砾屑灰岩、含生屑亮晶砂屑灰岩、泥晶砂屑灰岩、含生屑砂屑泥晶灰岩、泥晶灰岩等，溶洞及裂缝中充填或沉积有泥岩和粉砂岩及方解石胶结物。根据岩心薄片、铸体薄片资料统计，亮晶砂屑灰岩占 63%，泥晶灰岩占 23%，藻灰岩占3.7%。

通过对6口井鹰山组碳酸盐岩取心实测物性资料统计表明，225个样品的孔隙度分布范围为0.03%～19.55%，平均孔隙度为1.48%；212个样品的渗透率分布范围为0.009～37.06mD，平均渗透率为0.89mD。邻井奥陶系灰岩测井解释储层135.0m/18层，其中Ⅰ类储层11.5m/1层、Ⅱ类储层37.5m/7层、Ⅲ类储层20.5m/2层，孔隙度0.5%～5.0%，加权平均1.45%，为差储层；裂缝孔隙度0.001%～0.197%。奥陶系基质孔隙性差，但岩溶发育，综合评价为好储层。

该井区奥陶系潜山原油西稠东稀，稠油具有超重、超黏、低凝、高硫、高胶质+沥青质的特点，稀油具有高凝的特点。在地面条件下，原油密度（20℃）0.9321～0.9799 g/cm^3，平均0.9610g/cm^3，平均凝固点−3.97℃，含硫0～2.14%；稀油平均密度0.8650 g/cm^3，平均凝固点20℃；原始气油比39～101m^3/m^3，平均70m^3/m^3。相邻区块井区原油体积系数1.069～1.094，平均1.082。天然气相对密度0.61～0.82，平均0.73；甲烷含量平均77.33%，氮气含量平均5.26%，二氧化碳含量平均4.96%。井区内西部稠油区已钻井尚未检测到硫化氢气体。地层水为氯化钙型，密度为1.106～1.151g/cm^3，总矿化度165100～210600mg/L，氯离子含量85917～128800mg/L。

井区奥陶系油藏的静压梯度为1.12MPa/100m，温度梯度为1.93℃/100m，属于正常的温度、压力系统。取油藏中部海拔−4301.12m，深度5240.85m，对应油藏中部温度为124.15℃，压力为58.70MPa。

2. 钻完井情况

该井造斜点井深为4981.00m，A点井深5355.66m（斜深）/5218.51m（垂深），B点井深5681.79m（斜深）/5233.51m（垂深），完钻井深5681.79m（斜深）/5233.51m（垂深），水平段长度328.14m。筛管裸眼完井，井身结构为：表层套管244.47mm×999.90m，技术套管177.80mm×5204.74m，悬挂尾管127mm×（4827.47～5204.86）m，筛管114.30mm×（5204.86～5533.00）m。钻井过程中全井段有漏失。

3. 改造方案

1）改造思路与实现方法

（1）改造思路。

本井水平井段储层发育好，钻井有明显漏失。分析最好储层分布在4段：即图5-4-2中所示的①②③④段。改造的难点是如何使酸液尽可能对全井段进行改造，尤其使显示最好的4段得到改造。要实现这一目标，重点应做到以下两点。

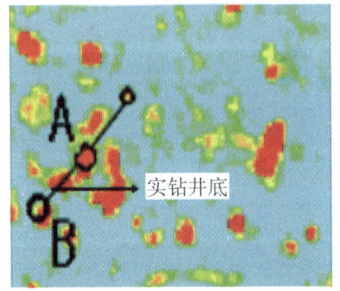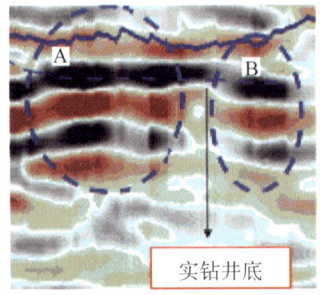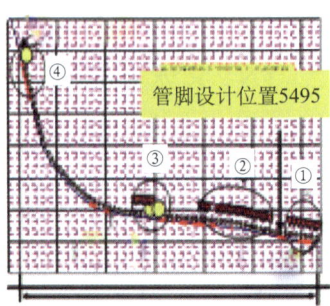

图5-4-2　LN××水平井自转向酸压改造井段

第一点：在不进行分段改造的前提下，必须优化管柱结构，否则酸液将可能在②段以上井段大量滤失，而使①②段难以得到较好改造；建议将管脚下至5490m处，用油管大排量注入并结合使用高黏酸液体系使①②段处尽量得到改造；同时从环空注入来实现③④段的改造。

第二点：为防止早期在目的井段形成大缝大洞，造成工作液的局部突破，影响全井段的改造效果，本井的主体改造思路设计为酸化+酸压的组合模式。

（2）实现方法。

采用酸化+酸压的组合工艺，具体经历下列两个阶段。

第一阶段：在进行压裂液造缝前，选用黏度高、降滤好，并具有自转向功能的DCA清洁自转向酸液进行全井段布酸酸化，尽量使多个漏失段得到均匀布酸酸化，提高水平井段渗流能力。

第二阶段：进行压裂液造缝，争取在最好的储层段形成更宽更深的人工裂缝，争取更深更大范围缝洞体系的沟通，保证酸压后的高产稳产。

具体工艺为：第一级油管、套管高排量混注清洁转向酸DCA及醇醚酸体系，然后油管、套管同注压裂液，争取更宽更深造缝，最后注入温控变黏酸进行压开缝的深部改造。

2）酸化酸压管柱结构

酸化酸压注入方式为油管+环空注入方式。酸压管柱结构如下：

油管挂+$3\frac{1}{2}$in×P110×6.45mm EUE×$3\frac{1}{2}$in×P110E×6.45mm 防硫双公短节+$3\frac{1}{2}$in×TN110SSE×6.45mm 防硫油管4800m+$3\frac{1}{2}$in 变扣短节（内螺纹）×$2\frac{7}{8}$in×TN110SSN×5.51mm 平式防硫油管690m+$2\frac{7}{8}$in 平母管鞋（管鞋深度5495m）。

油管内容积25.0m³，环空内容积68.6m³（环空计算至7in套管脚）。

3）井口施工压力预测

采用全井$3\frac{1}{2}$in+$2\frac{7}{8}$in油管进行酸压，在裂缝延伸压力梯度为0.012~0.013MPa/m、排量在6m³/min时，预测井口油管压力在80MPa左右。环空排量为7.5m³/min时，预测井口压力在45MPa左右（表5-4-4和表5-4-5）。

表5-4-4 酸压施工油管井口压力（油压）预测结果

施工排量，m³/min	2.50	3.00	3.50	4.00	4.50	5.00	5.50	6.00	延伸压力梯度 MPa/m
井口压力，MPa	23.84	28.97	34.80	41.55	49.12	57.53	66.74	76.79	0.0130
	29.21	34.34	40.17	46.92	54.49	62.90	72.11	82.16	0.0140
	34.58	39.71	45.54	52.29	59.86	68.27	77.48	87.53	0.0150
	39.95	45.08	50.91	57.66	65.23	73.64	82.85	92.90	0.0160
总摩阻，MPa	11.92	17.05	22.88	29.63	37.20	45.61	54.82	64.87	—

4）酸压工作液用量

根据室内研究与实验结果，结合本次改造目的层地质条件，确定采用DCA+醇醚酸+压裂液+温控变黏酸配方体系，具体工作液用量为：压裂液300m³，DCA清洁自转向酸200m³，醇醚酸100m³，TCA温控变黏酸300m³。

表 5-4-5　酸压施工套管井口压力（套压）预测结果

施工排量，m³/min	3.50	4.00	4.50	5.00	5.50	6.00	6.50	7.00	延伸压力梯度 MPa/m
井口压力，MPa	12.54	14.18	15.99	17.96	20.11	22.44	24.88	26.01	0.0120
	17.91	19.55	21.36	23.33	25.48	27.81	30.25	31.38	0.0130
	23.28	24.92	26.73	28.70	30.85	33.18	35.62	36.75	0.0140
	28.65	30.29	32.10	34.07	36.21	38.55	40.99	42.12	0.0150
总摩阻，MPa	5.99	7.63	9.44	11.41	13.56	15.89	18.33	19.46	—

5）泵注程序

设计的油管泵注程序见表 5-4-6，油套环空的泵注程序见表 5-4-7。

表 5-4-6　酸化酸压施工油管泵注程序

序号	施工步骤	液量，m³	油压，MPa	排量，m³/min	备注
1	正挤 DCA 清洁自转向酸	120	40～65	4～5	
2	正挤醇醚酸	60	40～65	4～5	
3	正挤压裂液	160	50～90	5～6	尽量提高排量
4	正挤 TCA	180	50～90	5～6	尽量提高排量
5	低挤顶替液（线性胶+清水）	25	50～80	5～6	

表 5-4-7　酸化酸压油套环空泵注程序

序号	施工步骤	液量，m³	套压，MPa	排量，m³/min	备注
1	反挤 DCA 清洁自转向酸	80	＜45	2～3	
2	反挤醇醚酸	40	＜45	2～3	
3	反挤压裂液	100	＜45	3～5	尽量提高排量
4	反挤 TCA	120	＜45	3～5	尽量提高排量
5	低挤顶替液（线性胶+清水）	70	＜45	3～5	

4. 施工简况

2008 年 1 月 28 日，对该井 5204.86～5533.00m 井段奥陶系鹰山组储层进行油管、套管同注大型清洁自转向酸酸化酸压施工，共注入液体 925m³，其中压裂液 260m³，自转向酸 DCA 200m³，温控变黏酸 TCA 270m³，醇醚酸 100m³，顶替液 95m³。施工曲线见图 5-4-3。注入排量不变时，油管压力变化幅度达到 6.36～15.47MPa，说明 DCA 清洁自转向酸的转向作用明显。

5. 改造效果

该井完井后开井没有自然产能。清洁自转向酸酸压改造后，7mm 油嘴求产，油压 10～11MPa，套压 9.5～11.8MPa，产油 155.42～168.53m³/d。与邻井对比，酸压后产量是侧钻井酸压后产量的 2 倍，直井酸压后产量的 7 倍左右，对比数据见表 5-4-8。

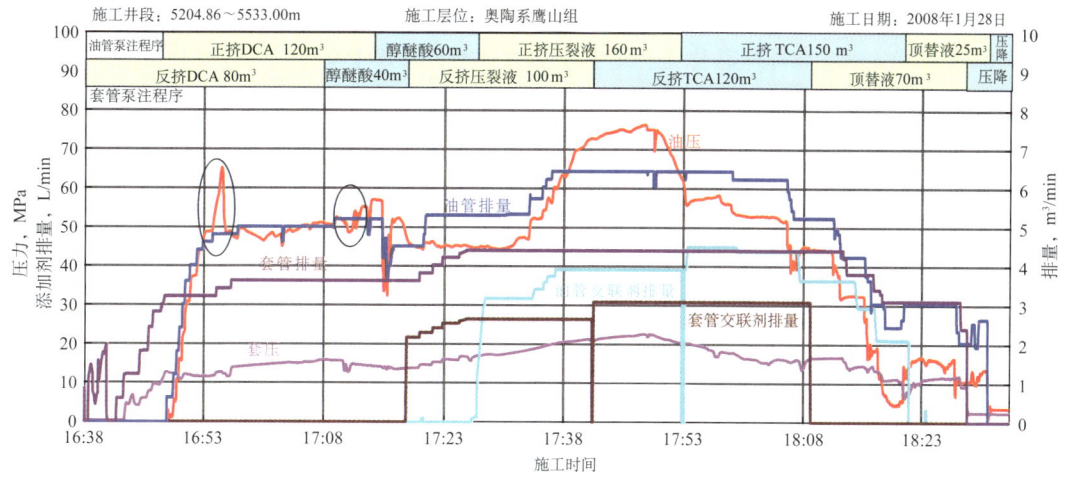

图 5-4-3　LN×× 水平井大型清洁自转向酸酸压施工曲线

表 5-4-8　LN×× 井清洁自转向酸酸压效果对比表

井号	井型	层位	井深 m	油嘴 mm	产油量 m³/d	产水量 m³/d	酸液体系
LG××1	直井	奥陶系	5165.0～5175.0	8	17.3	37.9	自转向酸
LG××2	直井	奥陶系	5272～5291	8	12.17	12.74	稠化酸
LG××3	侧钻井	奥陶系	5318.85～5817	8	83	16	胶凝酸
LN××	水平井	奥陶系	5204.86～5533.00	7	155.42～168.53	0	自转向酸

三、LG×× 井清洁自转向酸多级注入酸压

1. 储层概况

该井为位于某断背斜东部缓坡向陡坡过渡的一个局部高宽缓平台上的侧钻开发井。本井目的层为鹰山组，以开阔海台地相为主，发育台内滩和滩间海两个亚相，处于岩溶坡地的溶丘洼地上，主要储层类型为溶洞、孔洞和裂缝。井区Ⅲ级断裂较发育，该井在两个断裂之间，伴生裂缝发育。鹰山组岩性以砂屑灰岩、颗粒灰岩和泥晶灰岩为主，其中亮晶砂屑灰岩占 60.7%，泥晶灰岩占 34.5%；云质（化）灰岩占 4.8%。该段岩性质纯性脆，又在早中奥陶世遭受强烈的风化剥蚀，裂缝、岩溶十分发育。井底附近存在串珠状强反射，井底距下部洞顶 180m，潜山顶面附近有弱振幅反射，裂缝较发育。

统计岩心物性分析资料：该井区原生基质孔隙很不发育，85% 以上的岩心孔隙度小于 1.8%，80% 以上的岩心渗透率小于 0.1mD，对油气储渗贡献不大，基质岩块基本不具备储渗性能。该井区测井解释总孔隙度 0.12%～87%；孔洞孔隙度 0.08%～87%，平均 5.3%；裂缝孔隙度 0.01%～2.93%，平均 0.16%；渗透率 0.004～984.83mD，平均 14.6mD。

根据实际分析资料，该井区奥陶系原油密度由西向东呈现降低的趋势。地面原油密度平均 0.857g/cm³，黏度（50℃）为 9.93mPa·s，凝固点 17℃，含蜡量 11.9%，含硫量 0.16%，为高含蜡、低含硫的轻质原油。天然气相对密度 0.5847～0.7140，平均 0.6171；

甲烷含量平均 90.99%，氮气含量平均 3.31%，二氧化碳含量平均 2.02%。该井区硫化氢含量 0～540mg/m³。地层水为氯化钙型，密度 1.1183g/cm³，总矿化度 177116mg/L，氯离子含量 107258mg/L。

该井区奥陶系油藏中部海拔 -4372m，深度 5308m，对应油藏中部压力为 57.638MPa，压力系数 1.086，属正常压力系统；对应油藏中部温度为 123.93℃，地温梯度 1.92℃/100m，属正常温度系统。

2. 钻完井情况

本井于 2008 年 10 月 8 日开钻，2008 年 12 月 6 日钻至井深 5510m 完钻。目的层下部钻进过程中放空 0.92m，放空井段 5490.21～5490.53m 和 5498.5～5499.1m，槽面无显示、池体积无变化、无溢流、无井漏；目的层段共见油气显示 15m/4 层，全烃最高值由 0.5% 上升至 2.5%。本井目的层段井眼小，未进行测井。完钻后用 6mm 油嘴放喷求产，油压由 0.06MPa 上升至 11.9MPa 后下降至 8.74MPa，套压由 2.53MPa 上升至 4.14MPa 后下降至 2.47MPa，出油 0.1m³，密度（20℃）0.7587g/cm³，出环空保护液 20.06m³，密度 1.02g/cm³，氯离子含量 7500mg/L，pH 值为 7，折日产气 43370m³，相对密度 0.6581，硫化氢含量 6mg/L。

3. 改造方案

1) 改造思路

(1) 本井酸压改造的目的是大范围改造表层弱反射区，并非沟通附近的"串珠"。酸压的原则是通过大规模造缝，连通储层裂缝体系，加强酸液的转向能力，形成大范围、深穿透的酸蚀缝，"网络化"疏通改造储层裂缝体系，大幅提高储层的泄流能力，达到产能突破目的。

(2) 结合本井情况，酸液考虑采用 DCA 清洁自转向酸体系，利用 DCA 清洁自转向酸残酸的高黏及智能转向作用，实现更广泛缝洞体系的疏通酸蚀改造。设计方案先用前置液造缝，酸液采用 DCA+ 醇醚酸的二级注入，努力实现改造后的高产稳产。

2) 酸压管柱结构

酸压注入方式为油管注入。井口采用 105MPa 采油树。酸压管柱结构如下：

油管挂 +3$\frac{1}{2}$in 变扣短节（外螺纹）×3$\frac{1}{2}$in 变扣短节（外螺纹）短节 +3$\frac{1}{2}$in BG110SE×6.45 新油管 +3$\frac{1}{2}$in 变扣短节（内螺纹）×2$\frac{7}{8}$in 变扣短节（外螺纹）+7inRH 封隔器（封隔器位置 4650m 左右）+2$\frac{7}{8}$in TN110SSE×5.51mm 新油管 1 根 + 球座 +2$\frac{7}{8}$in TN110SSE×5.51mm 新油管 +2$\frac{7}{8}$in 外加厚油管鞋（管鞋位置 5410m）。

油管内容积 23.8m³。

3) 井口施工压力预测

采用 3$\frac{1}{2}$in 油管 +2$\frac{7}{8}$in 油管进行酸压，储层裂缝延伸压力梯度取为 0.012MPa/m，排量为 5.5～6.0m³/min 时，预测井口压力为 80～90MPa，详见表 5-4-9。

4) 酸压工作液用量

根据室内研究与实验结果，结合本次改造目的层地质条件，确定采用前置液 +DCA 清洁自转向酸配方体系，具体工作液用量设计为：前置压裂液 180m³，DCA 清洁自转向酸 160m³，醇醚酸 60m³。

第五章 碳酸盐岩水平井自转向酸化酸压技术

表 5-4-9 LG×× 井酸压施工井口压力预测结果

施工排量，m³/min	3.00	3.50	4.00	4.50	5.00	5.50	6.00	延伸压力梯度，MPa/m
井口压力，MPa	26.38	35.29	43.02	51.78	58.64	67.35	78.69	0.011
	31.86	40.76	48.49	57.26	64.12	72.83	84.16	0.012
	37.34	46.24	53.97	62.74	69.59	78.30	89.64	0.013
	42.81	51.72	59.44	68.21	75.07	83.78	95.12	0.014
	48.29	57.19	64.92	73.69	80.55	89.26	100.59	0.015
管柱总摩阻，MPa	20.40	29.31	37.04	45.81	52.66	61.37	72.71	—

5) 酸压模拟计算

采用酸压优化设计软件和表 5-4-10 中的模拟参数，进行三维数值模拟，模拟酸压结果为：动态缝长 93.3m，最大酸蚀缝长 82.4m。

表 5-4-10 酸压模拟计算部分输入参数表

地层温度，℃	120	延伸压力梯度，MPa/m	0.012
渗透率，mD	0.1	孔隙度，%	1.8
压力系数	1.09	酸液初始浓度，%	20
杨氏模量，MPa	30000	泊松比	0.26
前置液稠度系数	0.8852	前置液流态指数	0.8199
清洁酸流态指数	0.7410	清洁酸稠度系数	0.029
清洁酸反应级数（120℃）	1.8732	清洁酸反应速度常数（120℃）	8.00×10^{-7}

注：施工井段 5442～5510m。

6) 酸压泵注程序

设计的酸压泵注程序见表 5-4-11。

表 5-4-11 LG×× 井酸压泵注程序

序号	施工步骤	液量，m³	油压，MPa	排量，m³/min	备 注
1	挤 DCA 清洁自转向酸	20	20～40	2.0～3.0	
2	高挤交联前置压裂液	170	80～90	5.0～6.0	
3	高挤 DCA 清洁自转向酸	80	80～90	5.0～6.0	现场根据实际施工情况确定具体平衡压力
4	高挤醇醚酸	30	80～90	5.0～6.0	
5	高挤 DCA 清洁自转向酸	60	80～90	5.0～6.0	
6	高挤醇醚酸	30	80～90	5.0～6.0	
7	低挤顶替液（线性胶＋清水）	24	10～30	1.0～3.0	
8	停泵测压力降落 20min				

4. 施工简况

2008年12月15日，对该井5442.0～5510.0m井段进行酸压施工，挤入井筒总液量414m³，其中，交联前置压裂液170m³，清洁自转向酸（DCA）160m³，醇醚酸60m³，顶替液24m³。施工曲线见图5-4-4。图中的施工曲线反映出，酸液进入地层后酸蚀效果明显，注入前置压裂液前期地层破裂明显，压力下降约6MPa，后排量稳定在6m³/min，压力缓升，造缝明显；注入前置压裂液期间套压上升，说明油套窜通。注第一级DCA前期，压力下降近20MPa，是排量降低、酸液比重高和DCA摩阻低等因素综合影响的结果，后期在排量不变的情况下，泵压上升5MPa左右；套压上升是由于井底憋压所致，同时也说明转向作用明显；后油压与套压下降，由于酸液侧向沟通周围储集体，酸液起到较好的酸蚀作用。注第二级DCA酸液时也出现排量不变时，泵压先降低后升高的现象，都反映出了自转向酸的良好转向作用。

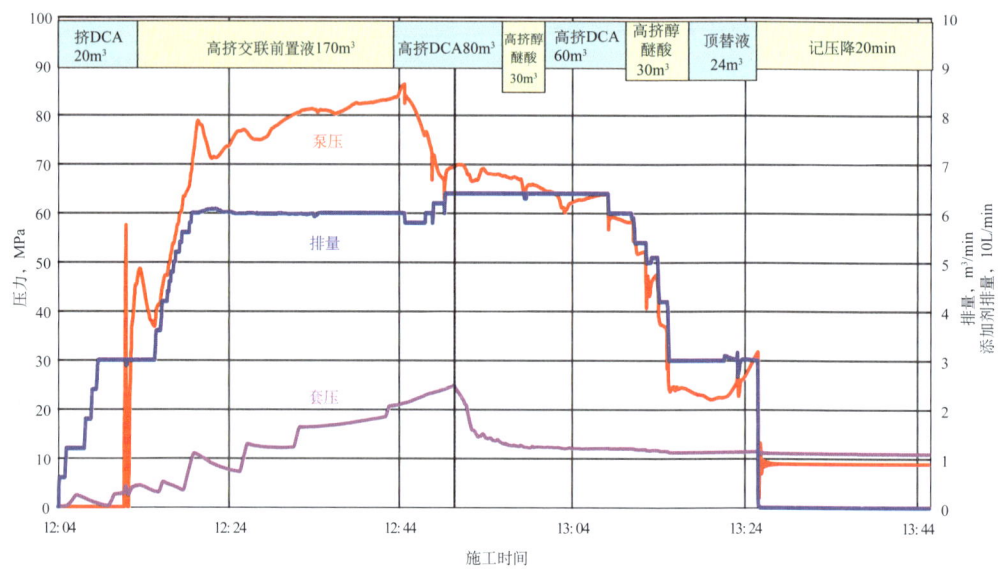

图5-4-4　LG××井5442.0～5510.0m井段酸压施工曲线

5. 施工效果

该井酸压前敞放求产，油压和套压为0，日产油0.27m³。酸压后用5～6mm油嘴求产，油压31.5～39.14MPa，套压10.15～33.25MPa，日产油12.87～28.24m³，日产气106947～156985m³。详细数据对比见表5-4-12。

表5-4-12　LG××井酸压效果对比

求产日期	求产方式	油压 MPa	套压 MPa	残液 m³/d	累计残液 m³	产油 m³/d	累计产油 m³	产气 m³/d	备注
2008.12.15	敞放求产	0	0	0	—	0.27	—	0	酸压前
2008.12.16	6mm油嘴	36.54	10.9	29.92	—	0	—	156985	液为残酸
	5mm油嘴	39.14	10.15	39.83	69.75	26.69	16.68	117919	液为残酸

续表

求产日期	求产方式	油压 MPa	套压 MPa	残液 m³/d	累计残液 m³	产油 m³/d	累计产油 m³	产气 m³/d	备注
2008.12.17	5mm 油嘴	35.36	15.42	15.53	85.28	28.24	44.92	117684～109614	液为残酸
2008.12.18	5mm 油嘴	35.6	18.57	12.74	94.56	22.85	58.73	106947	液为残酸
2008.12.19	关井	—	—	—	—	—	—	—	—
2008.12.20	5mm 油嘴	39.1	31.1	9.3	97.66	15.45	63.88	112506	液为残酸
2008.12.21	5mm 油嘴	36.35	32.52	8.8	105.36	15.62	77.55	117684	液为残酸
2008.12.22	5mm 油嘴	35.32	33.25	8.44	113.8	14.16	91.71	107309～109464	液为残酸
2008.12.23	5mm 油嘴	31.5	32.28	7.67	121.47	12.87	104.58	111535～112136	液为残酸

四、M××H2 井可降解纤维暂堵 + 清洁自转向酸大型分段酸压

1. 储层概况

该井是位于某断裂构造带上的一口水平开发井。本井目的层主要为低孔隙度、低渗透率的灰岩储层，局部为低孔隙度高渗透率储层，储层裂缝发育，石炭系砂砾岩段—奥陶系潜山气藏气水界面为 −1026m（对应深度 2353.12m）。奥陶系主要为粗结构的褐灰色、灰色、浅灰色、灰白色砂屑灰岩、粒屑灰岩、生物灰岩、鲕粒灰岩、云岩。水平井段测井解释Ⅰ类储层 26m/3 层、Ⅱ类储层 219m/18 层，Ⅰ、Ⅱ类层全部解释为气层；Ⅲ类储层 209.5m/12 层，干层 24.5m/3 层。成像测井反映水平井段横切井眼的天然垂直裂缝发育，根据成像测井成果，分层井段为：（1）第 1 段 2612.5～2785m/172.5m；（2）第 2 段 2502～2607.5m/105.5m；（3）第 3 段 2322～2498m/176m。井眼轨迹与最大主应力方位匹配较好，分层改造将会形成横切水平井眼的垂直缝。

综合岩心分析、测井解释和完井测试资料，石炭系砂泥岩段（C_I）为中孔隙度高渗透率气藏，孔隙度为 12.25%，渗透率为 122.83mD；石炭系生屑灰岩段（C_{II}）孔隙度为 2.25%，渗透率 2.23mD，石炭系砂砾岩段（C_{III}）孔隙度为 3.46%，渗透率 3.12mD，均为低孔隙度、低渗透率气藏；奥陶系潜山（O）气藏主要为低孔隙度、低渗透率气藏，孔隙度 1.95%，渗透率为 2.38mD，局部为低孔隙度、高渗透率气藏。但是，由于石炭系生屑灰岩（C_{II}）和奥陶系潜山（O）气藏储层主要为碳酸盐岩，裂缝比较发育，在酸化过程中，酸液侵蚀了裂缝中的填充物，导致井底附近的储层发生变化，使酸化后的试井解释渗透率很高，由低渗透率变成了中—高渗透率型。

该井所处构造石炭系及奥陶系气藏天然气组分相似，具有相对密度低（0.6159～0.7267），甲烷含量高（73.7%～85.1%）、氮气含量高（7.04%～20.61%）、含硫化氢的特点，基本为干气特征。奥陶系气藏硫化氢含量 1080～2000mg/L，石炭系生屑灰岩段（C_{II}）硫化氢含量 0.49～132mg/L，石炭系砂泥岩段（C_I）硫化氢含量 1073mg/L。地层水 pH 值为 6～8，地层水密度 1.0738～1.0900g/cm³，氯离子含量为 68506～81723mg/L，总矿化度 112202～131442mg/L，水型氯化钙型，封闭条件好。

各气藏均属于正常的温度、压力系统,地温梯度(2.1～2.5)℃/100m,石炭系砂泥岩段(C_I)气藏压力系数0.91,石炭系生屑灰岩段(C_{II})气藏压力系数0.91～0.92,石炭系砂砾岩段(C_{III})—奥陶系(O)压力系数1.05～1.08。

水平井眼方位为114°～119°,天然裂缝方位为230°左右,天然裂缝的平均倾角为75°～85°,以高角度缝为主;裂缝发育密度1～4条/m。最大主应力方向为北东南西向,裂缝方向与之基本一致,水平井眼方位与应力方位基本为有利的匹配(图5-4-5和图5-4-6)。

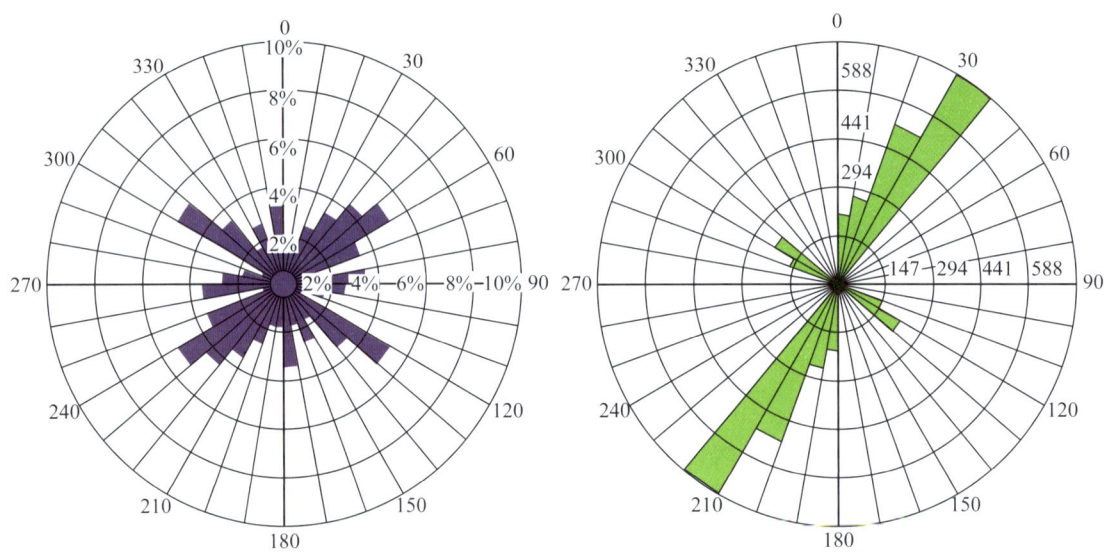

图5-4-5　M××H2井裂缝走向图　　　图5-4-6　M××H2井最大主应力方向图

2. 钻完井情况

该井2007年11月19日开钻,2008年6月11日完钻。造斜点井深为1884.00m,A点井深2285.00m(斜深)/2143.86m(垂深),B点井深2785.00m(斜深)/2145.07m(垂深),完钻井深2785.00m(斜深)/2145.07m(垂深),水平段长463m。裸眼完井,井身结构为339.72mm套管×198.89m+244.47mm套管×1268.04m+177.80mm套管×2283.00m。水平段2285～2785m共漏失钻井液28.6m³。目的层段录井见油气显示26m/19层,其中2398.00～2400.00m和2566.00～2568.00m井段显示最好,气测全烃值分别达94.82%和91.32%。

3. 改造方案

1) 改造思路

(1) 本井改造总体思路是通过工具实现全井分段改造,在各分段内采用转向酸化+转向酸压的工艺思路。根据成像测井成果,用工具将整个水平井段分成3个井段进行改造:①第1段(2612.5～2785)m/172.5m;②第2段(2502～2607.5)m/105.5m;③第3段(2322～2498)m/176m。通过各分段内的转向酸化实现裂缝发育储层均匀布酸与深度酸化,争取裂缝发育长井段的高效酸化;通过各分段的新型转向酸压工艺争取多处沟通近井可能存在的高渗透率带,使每一段更大突破;最终目标是达到水平井的最佳产能。

(2) 考虑先进行酸压后可能形成单点突破对全井转向酸化带来困难,每段改造工艺暂定先酸化后酸压。现场根据第1段施工情况,再调整第2、第3段酸化与酸压的先后次序,并对后两个分段施工参数进行再次优化。

(3) 转向酸化工艺:对于每个分段改造段,因其长度大,分别为176m,105.5m和176m,采用普通低黏度酸难以实现全改造井段高效布酸,采用含聚合物的酸液体系在储层低温条件下(约64℃),破胶及降解难度大,易对裂缝性储层形成伤害,故转向酸化酸液体系优选残酸黏度高、缓速好、无聚合物、温度不影响破胶、破胶液黏度小易返排、自转向功能强的DCA清洁自转向酸液体系,实现水平井段的高效、清洁酸化;为避免酸化后滤失增大导致转向困难,同时,采用DCF可降解纤维新型转向液加强暂堵转向效果。

(4) 转向酸压工艺:对于裂缝发育及长度较大的分段,试验采用1次转向酸压,争取形成更多深穿透裂缝,以增大沟通概率或增大储层向井的供气能力。转向酸压采用含可降解固相添加剂的DCF清洁转向液进行转向酸压。为保证压裂液在酸性条件下高黏造缝,压裂液采用清洁压裂液体系。

2)酸压管柱结构

酸压注入方式为油管注入方式。酸压管柱结构如下:

油管挂+$3\frac{1}{2}$in×BG110S×6.45mm BGT1油管(总长1900m)+MHR封隔器(坐封位置1840m)+XN坐落接头+悬挂器(悬挂位置1874m)+$3\frac{1}{2}$in×BG110S×6.45mm BGT1油管(总长1000m)+封隔器1(坐封位置2322m)+封隔器2(坐封位置2507m)+封隔器3(坐封位置2640m)。

油管内容积12.6m^3。

3)井口施工压力预测

采用全井$3\frac{1}{2}$in油管进行酸压,在裂缝延伸压力梯度为0.013MPa/m、排量为8~8.5m^3/min时,预测井口油管压力为60~70MPa,各段的井口压力预测结果见表5-4-13~表5-4-15。

4)酸压工作液用量

根据室内研究与实验结果,结合本次改造目的层地质条件,确定采用清洁自转向酸DCA+醇醚酸+清洁压裂液+清洁转向液DCF组成酸压工作液配方体系。各种液体的具体用量设计为:清洁压裂液170m^3,DCA清洁自转向酸1160m^3,醇醚酸460m^{3}和DCF暂堵转向液96m^3。

5)酸压泵注程序

设计的3段酸压泵注程序见表5-4-16~表5-4-18。

表5-4-13 第1段(2612.5~2785m)酸压施工井口压力预测结果

施工排量 m^3/min	1.00	2.00	3.00	4.00	5.00	6.00	7.00	8.00	9.00	延伸压力梯度 MPa/m
井口压力 MPa	7.95	11.35	15.72	23.65	31.75	43.09	52.07	64.54	78.38	0.0130
	10.09	13.49	17.86	25.80	33.89	45.23	54.22	66.68	80.53	0.0140
	12.24	15.64	20.01	27.94	36.04	47.37	56.36	68.83	82.67	0.0150

续表

施工排量 m³/min	1.00	2.00	3.00	4.00	5.00	6.00	7.00	8.00	9.00	延伸压力梯度 MPa/m
井口压力 MPa	14.38	17.78	22.15	30.09	38.18	49.52	58.51	70.97	84.82	0.0160
总摩阻 MPa	1.30	4.70	9.07	17.00	25.10	36.43	45.42	57.89	71.73	—

表5-4-14 第2段（2502～2607.5m）酸压施工井口压力预测结果

施工排量 m³/min	1.00	2.00	3.00	4.00	5.00	6.00	7.00	8.00	9.00	延伸压力梯度 MPa/m
井口压力 MPa	7.88	11.10	15.24	22.75	30.41	41.14	49.65	61.45	74.56	0.0130
	10.02	13.24	17.38	24.89	32.56	43.29	51.79	63.60	76.70	0.0140
	12.17	15.39	19.53	27.04	34.70	45.43	53.94	65.74	78.85	0.0150
	14.31	17.53	21.67	29.18	36.84	47.57	56.08	67.88	80.99	0.0160
总摩阻 MPa	1.23	4.45	8.58	16.09	23.76	34.49	43.00	54.80	67.91	—

表5-4-15 第3段（2322～2498m）酸压施工井口压力预测结果

施工排量 m³/min	1.00	2.00	3.00	4.00	5.00	6.00	7.00	8.00	9.00	延伸压力梯度 MPa/m
井口压力 MPa	7.81	10.85	14.75	21.84	29.07	39.19	47.21	58.35	70.71	0.0130
	9.95	12.99	16.89	23.98	31.21	41.33	49.36	60.49	72.85	0.0140
	12.10	15.13	19.04	26.12	33.35	43.48	51.50	62.64	75.00	0.0150
	14.24	17.28	21.18	28.27	35.50	45.62	53.65	64.78	77.14	0.0160
总摩阻 MPa	1.16	4.19	8.10	15.18	22.41	32.54	40.56	51.69	64.06	—

表5-4-16 第1段（2612.5～2785m）储层改造泵注程序

序号	施工步骤	液量, m³	排量, m³/min	泵压, MPa	交联比, %	备注
1	泵注DCA	70	2.0～3.0	10～20	—	酸化
2	泵注醇醚酸	30	2.5～3.5	15～25	—	酸化
3	泵注DCF	8	1.0～1.5	5～10	4	暂堵转向
4	泵注DCA	10	1.0～1.5	5～10	—	顶DCF
5	泵注DCA	60	3.5～4.0	20～25	—	转向酸化
6	泵注醇醚酸	30	4.0～4.5	25～30	—	酸化破胶
7	泵注DCF	8	1.0～1.5	5～10	4	暂堵转向
8	低挤DCA	10	1.0～1.5	5～10	—	顶DCF
9	高挤DCA	70	6.0～8.0	45～65	—	酸压
10	高挤醇醚酸	30	6.0～8.0	45～65	—	酸压破胶

续表

序号	施工步骤	液量，m³	排量，m³/min	泵压，MPa	交联比，%	备注
11	高挤DCA	60	6.0~8.0	45~65	—	酸压
12	高挤醇醚酸	30	6.0~8.0	45~65	—	酸压破胶
13	泵注DCF	20	1.0~1.5	5~10	4	暂堵转向
14	挤清洁压裂液	10	1.0~1.5	5~10	—	顶DCF
15	高挤清洁压裂液	70	6.0~8.0	45~65	待定	转向酸压
16	高挤DCA	80	6.0~8.0	45~65	—	转向酸压
17	高挤醇醚酸	30	6.0~8.0	45~65	—	酸压破胶
18	高挤DCA	60	6.0~8.0	45~65	—	转向酸压
19	高挤醇醚酸	30	6.0~8.0	45~65	—	酸压破胶
20	顶替清水	15	2.0~3.0	10~20	—	—
21	停泵测压降	—	—	—	—	20min

表5-4-17 第2段（2502~2607.5m）储层改造泵注程序

序号	施工步骤	液量，m³	排量，m³/min	泵压，MPa	交联比，%	备注
1	泵注DCA	60	2.0~3.0	10~20	—	酸化
2	泵注醇醚酸	20	3.0~3.5	15~20	—	酸化破胶
3	泵注DCF	8	1.0~1.5	5~10	4	暂堵转向
4	泵注DCA	10	1.0~1.5	5~10	—	顶DCF
5	泵注DCA	50	3.5~4.0	20~25	—	转向酸化
6	泵注醇醚酸	20	4.0~4.5	25~30	—	酸化破胶
7	泵注DCF	8	1.0~1.5	5~10	4	暂堵转向
8	低挤DCA	10	1.0~1.5	5~10	—	顶DCF
9	高挤DCA	70	6.5~8.5	45~70	—	酸压
10	高挤醇醚酸	30	6.5~8.5	45~70	—	酸压破胶
11	高挤DCA	60	6.5~8.5	45~70	—	酸压
12	高挤醇醚酸	30	6.5~8.5	45~70	—	酸压破胶
13	顶替清水	15	2.0~3.0	10~20	—	—
14	停泵测压降	—	—	—	—	20min

表5-4-18 第3段（2322~2498m）储层改造泵注程序

序号	施工步骤	液量，m³	排量，m³/min	泵压，MPa	交联比，%	备注
1	泵注DCA	60	2.0~3.0	10~20	—	酸化
2	泵注醇醚酸	20	2.5~3.5	15~20	—	酸化破胶
3	泵注DCF	8	1.0~1.5	5~10	4	暂堵转向
4	泵注DCA	10	1.0~1.5	5~10	—	顶DCF
5	泵注DCA	50	3.5~4.0	15~25	—	转向酸化

续表

序号	施工步骤	液量, m³	排量, m³/min	泵压, MPa	交联比, %	备注
6	泵注醇醚酸	20	4.0～4.5	20～30	—	酸化破胶
7	泵注 DCF	8	1.0～1.5	5～10	4	暂堵转向
8	泵注 DCA	10	1.0～1.5	5～10	—	顶 DCF
9	泵注 DCA	50	4.0～4.5	20～30	—	转向酸化
10	泵注醇醚酸	20	4.0～4.5	20～30	—	酸化破胶
11	泵注 DCF	8	1.0～1.5	5～10	4	暂堵转向
12	低挤 DCA	10	1.0～1.5	5～10	—	顶 DCF
13	高挤 DCA	70	7.0～9.0	45～70	—	酸压
14	高挤醇醚酸	30	7.0～9.0	45～70	—	酸压破胶
15	高挤 DCA	80	7.0～9.0	45～70	—	酸压
16	高挤醇醚酸	30	7.0～9.0	45～70	—	酸压破胶
17	泵注 DCF	20	1.0～1.5	5～10	4	暂堵转向
18	挤清洁压裂液	10	1.0～1.5	5～10	—	顶 DCF
19	高挤清洁压裂液	80	7.0～9.0	45～70	—	转向酸压
20	高挤 DCA	80	7.0～9.0	45～70	—	转向酸压
21	高挤醇醚酸	30	7.0～9.0	45～70	—	酸压破胶
22	高挤 DCA	60	7.0～9.0	45～70	—	转向酸压
23	高挤醇醚酸	30	7.0～9.0	45～70	—	酸压破胶
24	顶替清水	15	2.0～3.0	10～20	—	—
25	停泵测压降	—	—	—	—	20min

4. 施工简况

2008年10月30日，对该井2322～2785m井段分为3段：第1段2612.5～2785m；第2段2502～2607.5m；第3段2322～2498m进行DCA酸化／酸压施工。挤入井筒总液量1907.5m³，其中，清洁压裂液170m³，DCA清洁自转向酸1160m³，醇醚酸447.5m³，DCF清洁转向液84.m³，清水30m³。施工曲线见图5-4-7。由图5-4-7可以看出，DCA清洁转向酸液和DCF清洁转向液进入地层后，在排量不变的情况下，出现了泵压的明显升高，这说明它们起到了有效的暂堵升压转向作用。醇醚酸进入地层后，在泵注排量不变的情况下，泵压出现了明显的降低，这说明醇醚酸中的醇醚有效地破坏了清洁自转向酸残酸中的转向剂形成的巨型胶束，使酸液的黏度降低，流动性增加而使泵压下降。这一现场应用结果进一步表明，清洁自转向酸液体系的自转向作用与破胶清洁改造作用。

5. 施工效果

该井酸化酸压前开井无自然产量。用清洁自转向酸酸化酸压后，用20mm油嘴进分离器放喷，油压10.79～11.019MPa，套压1.161～2.245MPa，日产油9.99m³，日产气550816～559899m³。油气当量是邻近直井的2.48倍，详见表5-4-19。

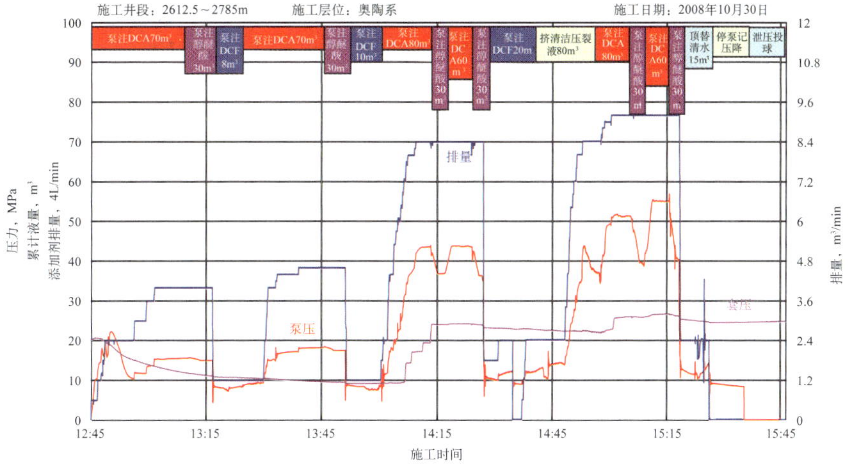

第五章 碳酸盐岩水平井自转向酸化酸压技术

(a) 第1段酸压施工曲线

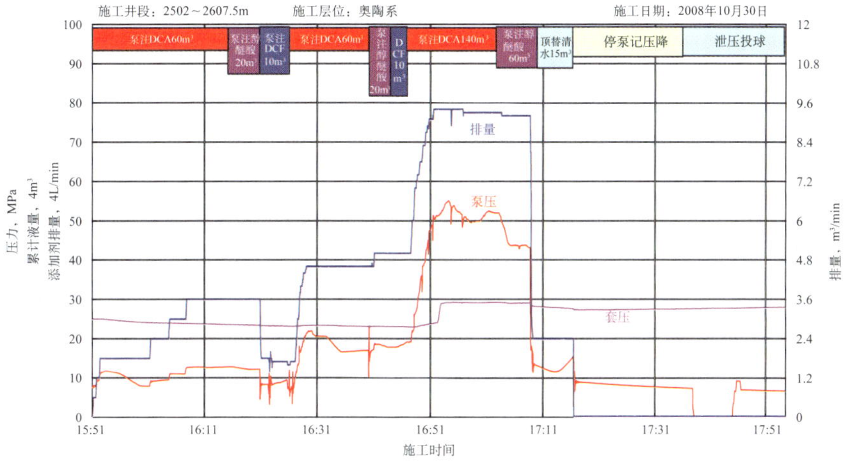

(b) 第2段酸压施工曲线

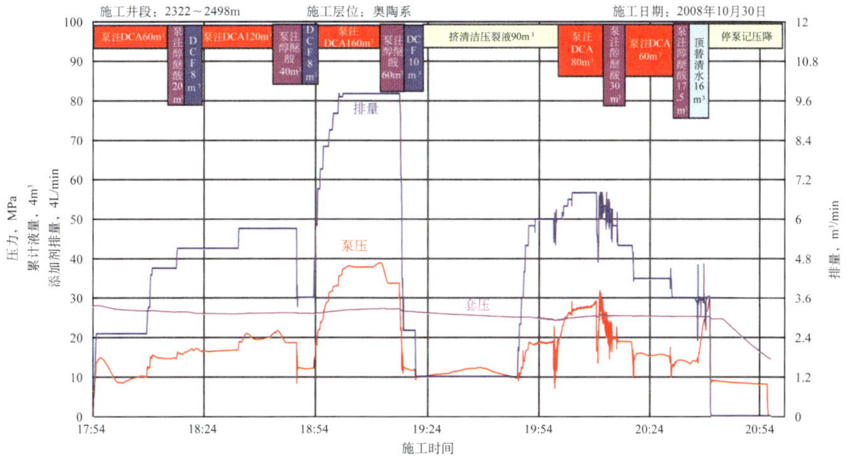

(c) 第3段酸压施工曲线

图 5-4-7　M××H2 水平井酸化酸压施工曲线

表 5-4-19　M××H2 水平井酸化酸压效果与邻井对比

井号	井型	层位	井深 m	油嘴 mm	产气量 10⁴m³/d	产油量 m³/d	产水量 m³/d	酸液体系
M××1	直井	奥陶系	2243～2272	8	1.6～2.0	0	0	胶凝酸
			2243～2272	12	22.8	0	0	低浓度酸
M××H1	水平井	奥陶系	1931.41～2433.00	10	32	0	0	稠化酸
M××H2	水平井	奥陶系	2322～2785	22	55.08～55.99	9.9	0	DCA 转向酸

第六章　砂岩水平井暂堵转向酸化技术

砂岩水平井暂堵转向酸化技术，就是通过增黏前置酸对高渗透率或低伤害储层井段进行暂堵，或者辅助使用颗粒物质对特高渗透率或裂缝储层部位进行暂堵，使整个待酸化井段的吸酸能力差距尽量减少，后续注入主体酸时井段上的所有储层都基本达到酸化改造的目的。使用增黏前置酸液暂堵转向酸化的增黏酸液技术有两类：一类是使用聚合物增黏，利用增黏的聚合物稠化酸段塞暂堵高渗透率或低伤害储层井段，达到暂堵转向酸化的目的，该类技术由于使用的聚合物浓度较大，聚合物的吸附或进入小孔道中不能彻底返排，常常会引起储层伤害，影响酸化效果；另一类是近年开发的利用黏弹性表面活性剂在强酸环境中形成巨型胶束结构，使酸液增黏，实现暂堵转向酸化，该类技术不使用聚合物，不存在聚合物伤害储层问题，同时，酸液中形成的黏弹性表面活性剂巨型胶束结构遇到烃类物质时，可以彻底破胶，破胶液的黏度和表面张力低，利于酸液返排，基本对储层无伤害，所以，又称为清洁暂堵转向酸。使用颗粒暂堵特高渗透率或裂缝储层部位辅助暂堵转向的技术也有两类：一类是使用油溶性树脂或水溶性盐类颗粒暂堵特高渗透率孔隙或裂缝性通道，实现暂堵转向；暂堵储层的油溶性树脂或水溶性盐类颗粒借助储层产油或产水加以溶解，解除堵塞；由于这种溶解存在过饱和问题，达到溶解过饱和后，颗粒就不再溶解，所以，存在储层中的暂堵颗粒无法完全溶解排除，引起永久性储层伤害问题。另一类是在储层中生成固相颗粒对储层进行暂堵，包括早期在储层中生成皂类物质暂堵和近年开发出的在地下生成溶解度对温度敏感的颗粒暂堵，由于皂类物质很难溶解，会对储层造成永久性的伤害，已经被淘汰；温度敏感颗粒的溶解主要取决于温度，一般不存在过饱和问题，只要达到其临界溶解温度就可以完全溶解返排，对储层基本无伤害，是一种清洁的颗粒暂堵辅助转向技术。与其他暂堵转向技术相比，清洁暂堵转向酸与清洁颗粒暂堵辅助转向剂组成的清洁暂堵转向酸化技术具有明显的优势，因此，下面仅介绍该类暂堵转向酸化技术。

第一节　技术原理与适应性

一、技术原理

1. 前置转向酸清洁转向原理

应用于碳酸盐岩储层的清洁自转向酸中的黏弹性表面活性剂转向剂在高酸性鲜酸中没有增黏作用，随着酸液与地层中碳酸盐岩反应后才会变黏，起到暂堵转向作用。然而，因砂岩储层岩石中的碳酸盐岩含量一般较少，酸液与岩石反应过程中无法产生足够的钙镁离子和大幅度降低酸液的酸度，所以，清洁自转向酸中使用的黏弹性表面活性剂，就不能像在碳酸盐岩储层酸化中那样随着酸岩反应的进行，形成巨型胶束结构使酸液体系变黏，无法实现砂岩储层暂堵转向的目的。因此，如果想在砂岩储层中应用黏弹性表面活性剂实现清洁暂堵转向酸化，就必须改变技术思路，寻找可以在高酸性环境中增黏的黏弹性表面活性剂清洁转向剂。通过改进黏弹性表面活性剂的性质，使其在高酸性条件下可以形成巨型胶束结构使酸液体系变黏，形成一种类似于稠化酸的高黏度鲜酸（图6-1-1）。酸化时，首先注入这种基于黏弹性表面活性剂增黏的高黏度前置酸液，使其先进入高渗透率或低伤害部位，在这些部位形成黏性表皮暂堵，增加后续酸液进入这些部位储层的流动阻力，降低其吸液能力，从而改善各小层段在渗透性上的均匀程度。随后，改注低黏度主体酸，此时，主体酸可以在各小层段吸液能力大体一致的情况下对储层进行改造，达到均匀酸化各层段的目的。这种高黏度转向酸与低黏度主体酸的交替注入可以重复多次，以达到更好的均匀布酸与转向酸化的效果。酸化施工完成后，残酸中的黏弹性表面活性剂胶束结构可以在原油或者破胶剂的作用下迅速彻底地破胶（图6-1-2），完全返排，不会对油气通道造成二次伤害，实现清洁暂堵转向酸化的目的，以提高整个井段的酸化改造效果。

图6-1-1　砂岩清洁暂堵转向酸鲜酸

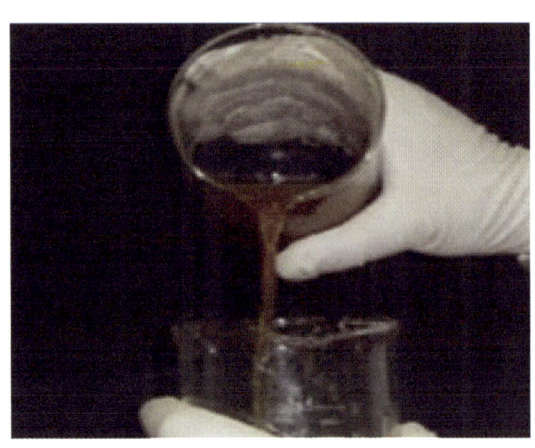

图6-1-2　砂岩清洁暂堵转向酸破胶后

2. 转向增效剂辅助转向原理

对于存在高渗透率带和微裂缝的砂岩储层，因前置清洁暂堵转向酸的黏性暂堵转向作用有限，仅靠前置清洁暂堵转向酸的转向效果不够理想，还需要使用辅助暂堵高渗透率带和微裂缝的清洁暂堵转向增效剂，来改善清洁暂堵转向酸的转向效果。清洁暂堵转向增效剂是一种溶解度对温度敏感的颗粒，不但具有普通颗粒转向剂遇烃类物质溶解的特点，而且其溶解度对温度还具有很强的敏感性，只要超过溶解临界温度，该颗粒转向剂无须遇油也可立即溶解。常温下将转向增效剂溶解在有机溶剂中，尾随前置转向酸液注入储层，遇水或水基溶液后会析出形成颗粒，增加对高渗透率带的暂堵转向效果，使后续主体酸液转向低渗透率部位酸化。当高渗透率带的酸液随着在地层中滞留的时间延长被地温加热升温后，达到转向增效剂暂堵颗粒的溶解温度时，转向增效剂析出的暂堵颗粒会很快溶解而解除堵塞，不会对地层产生永久性的堵塞伤害，使酸液可继续进入储层深部，达到对储层均匀酸化的目的。图6-1-3是转向增效剂遇水基酸液析出颗粒，而后高温溶解的过程照片。图6-1-4是转向增效剂颗粒的溶解度随温度变化的情况，该图说明，只有达到约70℃时，转向增效剂颗粒的溶解度才突然大幅度增加，并在约80℃时，完全溶解。

第六章　砂岩水平井暂堵转向酸化技术

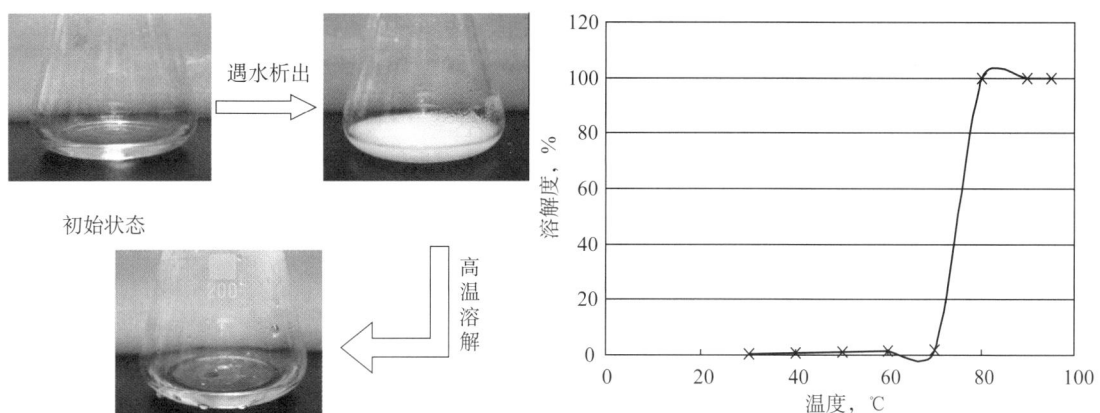

图 6-1-3　转向增效剂颗粒析出溶解过程　　　　图 6-1-4　转向增效剂颗粒溶解度随温度的变化

二、技术适应性

砂岩储层清洁暂堵转向酸化技术适应于储层温度小于 140℃，无法采用机械方式进行分段酸化或机械分段后单段长度仍然大于 100m 的砂岩水平井的暂堵转向酸化。

第二节　酸液体系与性能

砂岩储层酸化容易引起过度酸化破坏储层和二次伤害问题，所以，酸液配方比碳酸盐岩储层酸化液配方要复杂得多，除了要研究与评选性能满足要求的较好添加剂及优化其使用浓度以外，更重要的工作还包括对于特定的砂岩储层，首先要研究确定针对性的基础酸液配方。

一、基础酸液配方

砂岩储层转向酸化液的基础酸液配方的确定，主要是根据储层岩石矿物组成分析结果、钻井液与完井液组成、酸与岩石及钻井液与完井液滤饼的化学反应实验结果，初步配制不同的基础酸液配方进行溶失率实验，以耗酸量较小、溶失率适当为原则，优选合适的基础酸液配方。

以某油田 DQZZ，JDGSP 与 JGLYM，JLLP1 与 JLHP2，CQSLG，以及 TLMHD，TLMLN，TLMTZ 和 TLMDHT 等区块为例，根据其储层矿物组成、物性和大量溶失率实验结果，优化确定出了适合这些区块的基础酸液配方。

1. 中低温砂岩油藏基础酸液配方

针对 DQZZ，JDGSP 与 JDLYM，JLLP1 与 JLHP2 区块中低温砂岩油藏，确定其基础酸液配方。

根据表 6-2-1 中 DQZZ 区块的储层矿物组成、物性和大量溶失率实验分析结果，优化确定适合该区块的基础酸液配方：前置酸与后置酸 10%～12%HCl，主体酸 8%～10%HCl+2%～3%HF。

表 6-2-1　DQZZ 区块基础酸液配方确定依据

区块	矿物组成，%		物性		不同酸液配方的溶失率，%	
	方解石	黏土	孔隙度，%	渗透率，mD	8%~15%HCl	8%~15%HCl+1.5%~4.5%HF
DQZZ	4.9~5.5	7.2~19.7	5.23~23.5	0.16~113.5	7.53~9.83	39.0~59.2

根据表 6-2-2 中 JDGSP 区块与 JDLYM 区块的储层矿物组成、物性和大量溶失率实验分析结果，优化确定适合该区块的基础酸液配方：前置酸与后置酸 6%~8%HCl，主体酸 6%~8%HCl+2%HAc+0.5%HF+5%HBF$_4$。

表 6-2-2　JDGSP 区块与 JDLYM 区块基础酸液配方确定依据

区块	矿物组成，%		物性		不同酸液配方的溶失率，%	
	方解石	黏土	孔隙度 %	渗透率 mD	6%~20%HCl	6%HCl+0.5%HF+2%HAc+5%~8%HBF$_4$
JDGSP	0.6	14.0	5~45	10~14400	2.3~6.5	10.4~30.2
JDLYM	—	12.8	5~45	10~14400	3.4~6.3	9.1~27.8

根据表 6-2-3 中 JLLP1 井区与 JLHP2 井区的储层矿物组成、物性和大量溶失率实验分析结果，优化确定适合这些井区的基础酸液配方。

JLLP1 井区：15%HCl；前置酸与后置酸 8%~10%HCl，主体酸 6%~8%HCl+0.5%~1%HF。

JLHP2 井区：前置酸与后置酸 6%~8%HCl，主体酸 6%HCl+1%~1.5%HF。

2. 中低温气藏基础酸液配方

根据表 6-2-4 所列的 CQSLG 气田 4 口代表性井的矿物组成、物性和溶失率实验结果，优化确定适合该中低温气田的基础酸液配方：前置酸与后置酸 6%~10%HCl，主体酸 6%~8%HCl+1.5%~3.0%HF。

表 6-2-3　JLLP1 井区与 JLHP2 井区基础酸液配方确定依据

区块	矿物组成，%		物性		不同酸液配方的溶失率，%	
	方解石	黏土	孔隙度，%	渗透率，mD	5%~15%HCl	4.5%~12%HCl+0.5%~3%HF
JLLP1 井区	12.4	6.4	13.78~17.23	4.56~15.72	23.59~27.32	33.57~58.0
JLHP2 井区	4.0	29.8	10.9	0.63	6.43~8.63	26.82~70.69

表 6-2-4　CQSLG 气田基础酸液配方确定依据

井号	矿物组成，%		物性		不同酸液配方的溶失率，%	
	方解石	黏土	孔隙度，%	渗透率，mD	5%~20%HCl	4.5%~12%HCl+0.5%~3%HF
S7	2.3	32.8	3.39~12.36	0.049~1.67	6.60~8.39	17.70~30.48
S24—17	—	29.9	5.09~11.43	0.024~5.98	10.63~11.67	23.40~43.55
S25	3.3	48.1	2.0~12.66	0.015~2.06	17.27~18.30	21.21~37.53
S46—16	2.0	36.4	4.26~9.69	0.040~0.83	12.53~14.18	18.27~34.07

3. 高温油气田基础酸液配方

根据表 6-2-5 中 TLMHD，TLMLN，TLMTZ 和 TLMDHT 高温油气田的储层矿物组成和大量溶失率实验分析结果，优化确定适合这些高温油气田区块的基础酸液配方。

前置酸与后置酸：8% ~ 12%HCl。

主体酸：8%HCl+2%HAc+5%HBF$_4$；8%HCl+2%HAc+5%HBF$_4$+1%HF。

表 6-2-5　TLMHD，TLMLN，TLMTZ 和 TLMDHT 高温油气田基础酸液配方确定依据

区块	矿物组成，%			不同酸液配方的溶失率，%			
	方解石	白云石	黏土	8% ~ 20%HCl	10%HCl+1% ~ 3%HF	10%HAc+1% ~ 3%HF	10%HCl+5% ~ 10%HBF$_4$
TLMHD	0.5 ~ 19.5	5.1 ~ 6.3	12.6 ~ 48.2	11.8 ~ 19.4	37.4 ~ 54.3	10.65 ~ 29.7	32.0 ~ 42.8
TLMTZ	22.7	—	7.2 ~ 42.0	1.7 ~ 31.85	50.6 ~ 68.7	13.9 ~ 39.9	42.8 ~ 53.6
TLMLN	1.9 ~ 4.4	—	10.9 ~ 44.2	11.55 ~ 19.05	34.8 ~ 53.1	10.4 ~ 19.7	30.1 ~ 39.7
TLMDHT	25.8	—	3.8	17.4 ~ 21.5	—	16.3 ~ 18.5	—

二、主要添加剂

1. 高酸性环境增黏的清洁转向剂

1）转向剂类型

根据砂岩储层转向酸高酸性环境清洁增黏的要求，发展了具备在高酸性条件下增黏的新型黏弹性表面活性剂（VES-S，VES-H 和 DCA-150），用 RS-600 流变仪分别测定了 VES-S，VES-H 和 DCA-150 在相同浓度酸液中的增黏效果，实验结果见图 6-2-1 和图 6-2-2。

从图 6-2-1 可以看出，8%HCl 时，5%VES-H 酸液的黏度为 30mPa·s，5%VES-S 酸液的黏度为 100mPa·s；12%HCl 时，5%VES-H 酸液的黏度为 50mPa·s，5%VES-S 酸液的黏度为 120mPa·s。VES-S 在高酸性环境下的增黏作用明显好于 VES-H，所以选择 VES-S 为中低温砂岩储层清洁暂堵转向酸的转向剂。

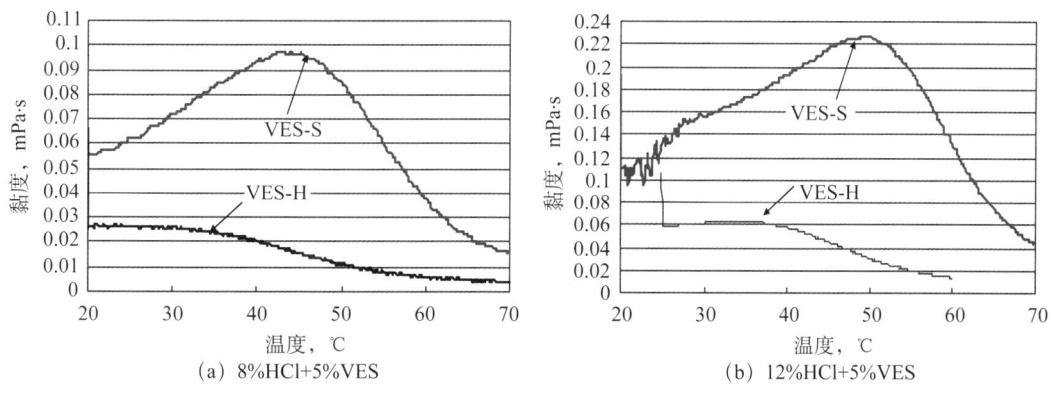

图 6-2-1　中低温转向剂（VES-S 和 VES-H）在不同盐酸浓度下的黏温曲线

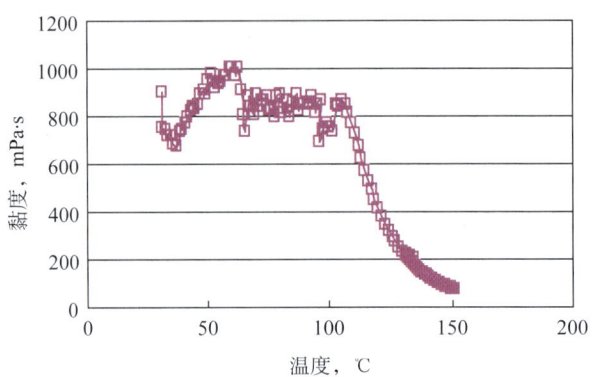

图 6-2-2　高温转向剂 DCA-150 在 10%HCl 酸液体系中的黏温曲线

由图 6-2-2 可以看出，120℃时高温转向剂 DCA-150 酸液体系的黏度可达到 400mPa·s 左右，150℃时的黏度约 81mPa·s。所以，选择 DCA-150 为高温砂岩储层清洁暂堵转向酸的转向剂。

2) 转向剂使用浓度确定

向 12% 的 HCl 中加入浓度分别为 2.0%，3.0%，4.0%，5.0%，6.0% 和 7.0% 的 VES-S，测定每个酸液体系的黏度，根据实验结果优选转向剂的使用浓度，实验结果见图 6-2-3。

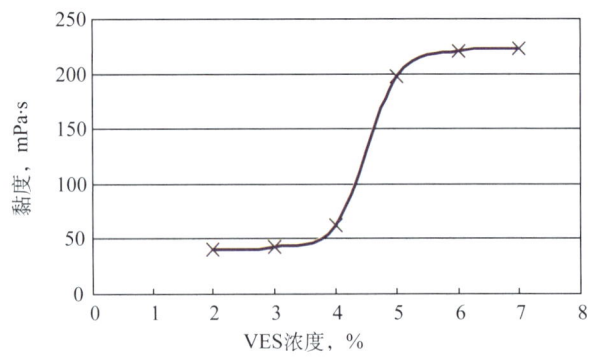

图 6-2-3　清洁转向剂浓度优选实验结果

由图 6-2-3 可以看出，随着转向剂 VES-S 的加量增大，酸液黏度逐渐增大。转向剂的浓度为 4%～5% 时体系黏度的变化非常迅速；而当转向剂浓度超过 6% 之后，体系黏度保持平稳，变化不大。当转向剂浓度为 6% 时，体系的黏度达到最高，所以 5%～6% 的转向剂使用浓度最为合适。

2. 转向增效剂

转向增效剂是一种溶解度对温度敏感的颗粒，不但具有普通油溶性树脂颗粒转向剂遇烃类物质溶解的特点，而且其溶解度对温度还具有很强的敏感性。根据不同储层条件，可以调节这种转向剂的临界温度，只要超过临界温度，该颗粒转向剂无须遇油也可立即溶解。对存在高渗透率带或微裂缝的严重非均质砂岩储层，使用转向增效剂可以提升转向酸的转向效果。

转向增效剂在常温下可以溶解在有机溶剂中,但遇水或水基溶液后会析出形成颗粒,颗粒的溶解度对温度敏感,只有达到溶解温度时才会再次溶解。将这种温度敏感性的颗粒溶解在有机溶剂中尾随前置转向酸液注入储层后,转向增效剂溶液与前置转向酸液混合会析出颗粒,可以增加对高渗透率带或微裂缝的暂堵效果,使酸液转向低渗透率带酸化。当酸液在地层中滞留的时间延长被地温加热升温后,达到其溶解温度时暂堵颗粒物质会在储层中迅速溶解,可以使酸液向储层深部推进实现深度酸化,或解除暂堵利于返排,如图6-1-3和图6-1-4所示。

3. 多效添加剂

由于黏弹性表面活性剂与普通的缓蚀剂不配伍,因此,需要开发新型添加剂与砂岩转向酸化液匹配使用。针对这个要求,开发了KMS-3和KMS-HT,分别适合中低温储层和高温储层酸化的多效添加剂。这种添加剂具有缓蚀、稳定铁离子、降低表面张力等功效,集中了单项添加剂的优良性能。

1) 缓蚀性能

KMS-3和KMS-HT酸化多效添加剂中缓蚀组分主要由新型醛酮胺缩合物等组成,与各种化学剂的配伍性好,很少在地层岩石上吸附,能耐高温。按石油天然气行业评价标准《酸化用缓蚀剂性能试验方法及评价指标》(SY/T 5405—1996)中的方法,评价的缓蚀性能分别见表6-2-6和表6-2-7。从表中结果可以看出,KMS-3和KMS-HT的缓蚀性能都能完全满足行业标准要求。

表6-2-6 不同条件下中低温多效添加剂KMS-3缓蚀性能评价结果

酸液配方	实验温度 ℃	腐蚀速率 g/(m²·h)
15%HCl+2%KMS-3	90	4.6
12%HCl+3%HF+3%KMS-3	130	19.8
10%HCl+5%HAc+1%HF+2%KMS-3	90	3.2
10%HCl+5%HAc+1%HF+3%KMS-3	130	18.5
10%HCl+5%HAc+2%KMS-3	90	3.0
10%HCl+5%HAc+3%KMS-3	130	17.5

表6-2-7 高温多效添加剂KMS-HT缓蚀性能评价结果

酸液配方	实验温度 ℃	腐蚀速率 g/(m²·h)
12%HCl+3%HF+3%KMS-HT	130	10.7
8%HCl+2%HAc+5%HBF$_4$+3%KMS-HT	130	12.2
8%HCl+2%HAc+1%HF+5%HBF$_4$+2.5%KMS-HT	130	12.5

2) 稳定铁离子性能

酸化作业过程中,随着酸与地层矿物的反应,酸液的pH值将逐渐升高,当pH值大于2.2时,酸液带入的和酸与地层反应产生的Fe^{3+}开始沉淀,并于pH值为4时沉淀完全,一且胶态的 Fe(OH)$_3$ 生成,将会对地层造成十分严重的伤害。室内对 KMS-3 和 KMS-HT 稳定铁离子的效果进行了评价,实验结果见表 6-2-8。

表 6-2-8 不同条件下多效添加剂稳定 Fe^{3+} 能力评价结果

实验浓度,%	不同多效添加剂、不同温度下稳定 Fe^{3+} 能力,g/L		
	KMS-3		KMS-HT
	60℃	90℃	130℃
2.0	204.2	187.9	154.8
2.5	298.5	267.5	216.7
3.0	376.4	331.9	268.6

注:稳定 Fe^{3+} 能力是指每升多效添加剂可以使酸液中存在的多少克 Fe^{3+} 不产生沉淀。

从表 6-2-8 可以看出,多效添加剂 KMS-3 和 KMS-HT 稳定铁离子的能力较强。

3)助排性能

为了评价多效添加剂的助排功能。将 3% 的多效添加剂加入不同酸液中,测量其表面张力,实验结果见表 6-2-9 和表 6-2-10。表中结果表明,多效添加剂可以明显地降低酸液的表面张力,对残酸的返排可起到有效的助排作用。

表 6-2-9 不同酸液配方时中低温多效添加剂 KMS-3 的助排性能

序号	酸 液 配 方	表面张力,mN/m
1	10%HCl+5%HAc	72.0
2	10%HCl+5%HAc+3%KMS-3	24.5
3	10%HCl+5%HAc+1%HF+3%KMS-3	24.7
4	8%HCl+8%H$_3$PO$_4$+3%KMS-3	23.7
5	8%HCl+8%H$_3$PO$_4$+1%HF+3%KMS-3	24.1

表 6-2-10 不同酸液配方时高温多效添加剂 KMS-HT 的助排性能

序号	酸 液 配 方	表面张力,mN/m
1	15%HCl	72.0
2	15%HCl+3%KMS-HT	24.3
3	8%HCl+2%HAc+5%HBF$_4$+3%KMS-HT	24.8
4	8%HCl+2%HAc+1%HF+5%HBF$_4$+3%KMS-HT	23.8

4)多效添加剂使用浓度确定

上述实验结果表明,2%~3% 的多效添加剂的腐蚀速率平均为 11.09g/(m^2·h),而且 3% 的 KMS-3 和 KMS-HT 可以将实验中所有酸液的表面张力降到 25mN/m 以下,可见,2%~3% 的多效添加剂足以起到缓蚀和助排的作用。因此,将酸液中的多效添加剂使用浓度范围定为 2%~3%。

4. 破胶剂

对于油藏,可以借助返排过程中残酸与原油接触来破坏残酸中的高黏胶束结构,基本可以实现彻底破胶。但对于气藏,为了破胶更彻底,需要注入适当的破胶剂进行辅助破胶,以使破胶更加彻底,为此需要使用醇醚破胶剂。向清洁转向酸液中加入一定量的醇醚破胶剂,使用流变仪在室温、$170s^{-1}$ 剪切速率下测定其黏度,评价了醇醚破胶剂的破胶效果,并由此确定合适的破胶剂使用浓度。实验结果见图 6-2-4。由图 6-2-4 可以看出,当残酸中醇醚破胶剂浓度大于 2.5% 以后,再继续增加其浓度,前置转向酸残酸的黏度降低率增加幅度不大,所以确定醇醚破胶剂的使用浓度为 2.5%~3.5%。

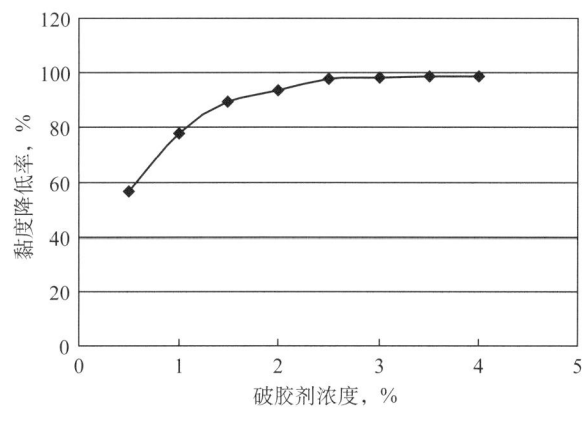

图 6-2-4 破胶剂加量优选

三、配方体系

根据不同的储层温度,形成了两个系列的砂岩储层水平井清洁暂堵转向酸化液配方体系。

1. 中低温(50~110℃)储层清洁暂堵转向酸化液系统配方

前置酸:6%~15%HCl(根据特定储层确定)+4%~6%VES-S(中低温转向剂)+2%~3%KMS-3(多效添加剂)。

转向增效液:有机溶剂 +2%~3% 转向增效剂。

主酸配方 1:6%~10%HCl(根据特定储层确定)+1%~3%HF(根据特定储层确定)+2%~3%KMS-3(多效添加剂)。

主酸配方 2:6%~8%HCl(根据特定储层确定)+1%~3%HAc(根据特定储层确定)+0.5%~1.0%HF(根据特定储层确定)+4%~6%HBF$_4$(根据特定储层确定)+2%~3%KMS-3(多效添加剂)。

后置酸:6%~15%HCl(根据特定储层确定)+2%~3%KMS-3(多效添加剂)+2%~3% 醇醚破胶剂。

对碳酸盐岩含量较高的砂岩储层,配方中 HCl 浓度一般需要较高;对渗透率较高储层,为了防止过度酸化,HF 浓度需适当降低,VES-S 浓度取上限和使用转向增效液;对特别松散和易出砂的储层,建议使用氟硼酸配方(配方 2)为主酸。

2. 高温（110～150℃）储层清洁暂堵转向酸化液系统配方

前置酸：8%～12%HCl（根据特定储层确定）+2%～3%KMS-HT（高温多效添加剂）。

转向酸：8%～12%HCl（根据特定储层确定）+4%～6%DCA-150（高温转向剂）+2%～3%KMS-HT（高温多效添加剂）。

转向增效液：有机溶剂+2%～3%KMS-HT（高温转向增效剂）。

主酸配方1：6%～10%HCl（根据特定储层确定）+2%～4%HAc（根据特定储层确定）+4%～6%HBF$_4$（根据特定储层确定）+2%～3%KMS-HT（高温多效添加剂）。

主酸配方2：6%～10%HCl（根据特定储层确定）+2%～4%HAc（根据特定储层确定）+4%～6%HBF$_4$（根据特定储层确定）+0.5%～1.5%HF（根据特定储层确定）+2%～3%KMS-HT（高温多效添加剂）。

后置酸：8%～12%HCl（根据特定储层确定）+2%KMS-HT（高温多效添加剂）+2%～3%醇醚破胶剂。

对碳酸盐含量较高的砂岩储层，HCl浓度取上限；对渗透率较高储层，DCA-150浓度取上限和使用转向增效液；对特别松散和易出砂的储层，建议使用主酸配方1。

四、综合性能

砂岩储层水平井清洁暂堵转向酸液的综合性能主要包括流变性能、配伍性能、缓蚀性能、助排性能、稳定铁离子性能、防膨性能、防乳化性能、破胶返排与保护储层性能、缓速性能和转向性能等。

1. 前置转向酸液的流变性能

前置暂堵转向酸是一种黏弹性流体，其流变性参数对于该酸液的泵注设计具有指导作用。用RS-600流变仪测定了VES-S酸液体系的剪切速率与剪切应力的关系，实验结果见图6-2-5。对剪切应力和剪切速率实验数据进行曲线回归，可得到在30℃时，VES-S前置转向酸的本构方程，即剪切应力和剪切速率的关系式为：

$$\sigma = 0.1278 \times v^{0.7715} \quad (R^2 = 0.9951) \tag{6-2-1}$$

式中　σ——剪切应力，Pa；

v——剪切速率，s^{-1}。

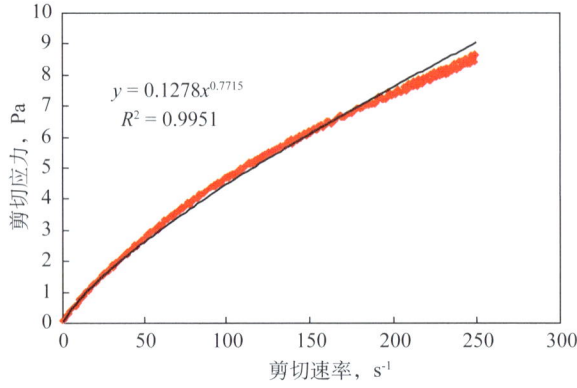

图6-2-5　剪切速率与剪切应力的关系（30℃）

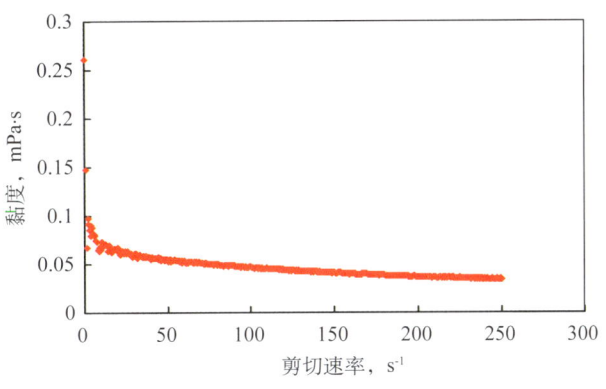

图 6-2-6 剪切速率与黏度的关系

由得到的流态指数 $n=0.775$，小于 1，说明转向酸体系具有剪切变稀的特性，符合假塑性流体的特性。转向酸体系属于非牛顿流体的"幂律"型本构方程，可以表示为 $\sigma=kv^n$（$n<1$）。

图 6-2-6 是前置暂堵转向酸液体系的黏度随剪切速率变化的曲线。从图 6-2-6 可以看出，前置转向酸的黏度随着剪切速率的增加总体呈下降趋势，但是剪切速率小于 $50s^{-1}$ 时，随着剪切速率的增加，酸液的黏度下降较快；剪切速率大于 $50s^{-1}$ 后，随着剪切速率的增加，酸液的黏度下降非常缓慢。

2. 保护储层性能

1）配伍性能

将酸液与常用添加剂、地层水和原油按照一定比例混匀后，放入烘箱中加热 24h 后，观察是否有沉淀生成，考察了配伍性。实验结果表明，都没有生成沉淀，说明酸液与常用添加剂、地层水和原油的配伍性良好，实物照片见图 6-2-7。

  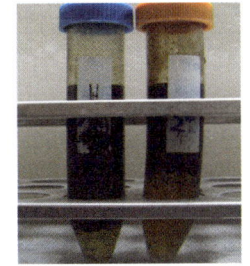

添加剂配伍实验　　　　地层水配伍实验　　　　地层原油配伍实验

图 6-2-7 酸液与常用添加剂、地层水和原油的配伍性实验结果

2）助排性能

表面张力测定结果表明，两种主体酸液配方的表面张力均小于 30mN/m，比普通蒸馏水的表面张力 72mN/m 小得多，这有利于残酸的返排，说明主酸的助排性能良好。实验结果见表 6-2-11。

3）稳定铁离子性能

从表 6-2-12 可以看出，两种中高温主体酸液的稳定铁离子能力均大于 200mg/mL，配方2的稳定铁离子能力更是高达422.47mg/mL，说明酸液稳定铁离子的性能良好。

表6-2-11 实际主酸配方与多效添加剂的助排性能评价实验结果

体系配方	不同温度体系的表面张力，mN/m					
	中低温体系			中高温体系		
	实验1	实验2	平均	实验1	实验2	平均
实际主体酸液	31.0	29.8	29.9	26.5	26.5	26.5
蒸馏水+多效添加剂	24.28	23.16	23.72	20.73	20.73	20.73

表6-2-12 中高温主体酸液稳定铁离子性能评价实验结果

酸液配方编号	酸液配方	Fe^{3+}浓度 mg/mL	稳铁剂溶液加量 mL	稳铁剂溶液浓度 %	稳定Fe^{3+}能力 mg/mL
配方1	8%HCl+2%HAc+5%HBF$_4$+2%~3%KMS-HT	5.09	5	1	239.23
配方2	%HCl+2%HAc+5%HBF$_4$+1%HF+2%~3%KMS-HT	5.09	5	1	422.47

4）防膨性能

将不同液体与黏土混合均匀后，在室温下放置24h，观察黏土的体积变化，衡量不同液体的防膨效果，实验结果见表6-2-13。该表表明，主体酸配方1的防膨率平均达到96%以上，酸化时可以不使用黏土稳定剂；而主体酸配方2的防膨率只有24%左右。因此，酸化施工时，需要另外加入适当的黏土稳定剂。

表6-2-13 中高温酸液体系防膨性能评价实验结果

实验序号	0.50g的黏土在10mL不同液体中体积，mL				不同酸液平均防膨率，%	
	水	煤油	配方1	配方2	配方1	配方2
1	5.5	0.6	0.78	4.3	96.46	23.88
2	5.7	0.6	0.73	4.5		
3	6.1	0.6	0.84	4.8		

图6-2-8 中高温酸液与地层原油乳化后的破乳实验照片

5）防乳化性能

两种中高温酸液体系与原油组成的乳状液在20min内的破乳率都达到96%以上，破乳效果很好，说明酸液体系的防乳化性能很好。实验结果见图6-2-8和图6-2-9。

6）改善岩心渗透率性能

采用注前置转向酸—主体酸—后置破胶酸的岩心流动实验流程，评价的砂岩储层转向酸酸化破胶返排后改善岩心渗透率的实验结果见表6-2-14。

由表6-2-14可以看出，所有酸液配方酸化岩心并破胶后，岩心的渗透率都有所提高，中低温转向酸液体系提高岩心渗透率为 33%～36%，两个中高温酸液配方酸化岩心并破胶后，岩心渗透率提高率分别为 43.8% 和 38.2%。这些结果说明，转向酸液酸化岩心后，破胶剂的破胶性能良好，使酸液容易返排，从而有效改善岩心的渗透率。

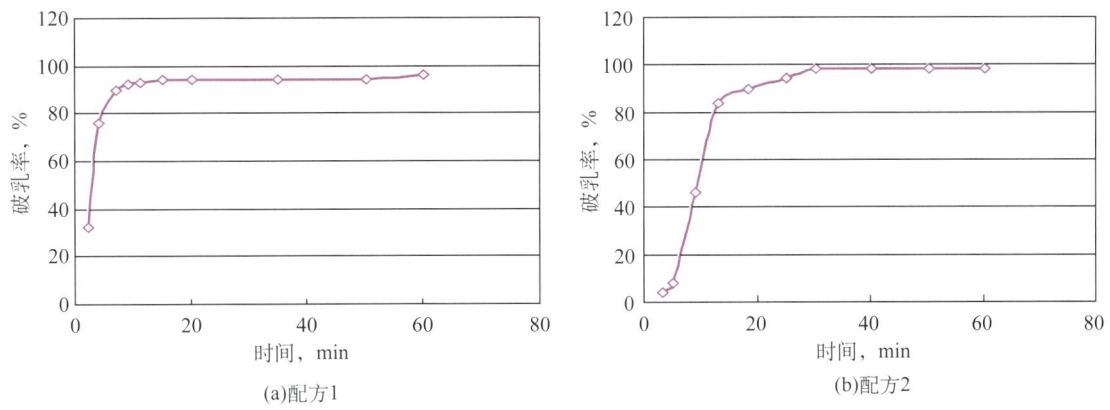

图 6-2-9　中高温酸液体系的破乳实验曲线

表 6-2-14　转向酸液体系改善岩心渗透率实验结果

酸液配方	岩心编号	长度 cm	直径 cm	原始渗透率 mD	改造后渗透率 mD	渗透率提高率 %
中低温配方	G114-6（4）	2.538	4.120	27.881	37.174	33.33
	G113-8（1）	2.541	5.310	53.894	73.295	36.00
中高温配方 1	LN2-2-J1（3）	5.87	2.54	1.21	1.74	43.80
中高温配方 2	DH1-6-6（3）	5.04	2.54	0.34	0.47	38.20

3. 缓蚀性能

在酸化作业中，酸液与施工设备、油气井的管柱均要接触，特别是在地层高温条件下，酸液对油气井的管柱腐蚀相当严重，如果酸液的缓蚀性能较差，酸液就会将井下管柱腐蚀坏，发生掉油管等严重复杂情况。因此，对于酸化改造的酸液必须具有良好的缓蚀性能，以确保施工的安全顺利。所以酸液入井前必须要评价酸液体系的缓蚀性能。通过前面对多效添加剂的评选可以知道，加入多效添加剂的 15% 盐酸在 90℃ 下腐蚀速率只有 4.6g/（$m^2 \cdot h$），而前置酸和后置酸中只有 8% 的盐酸，故它们的腐蚀速率还会更低。按照酸液缓蚀性评价标准 SY/T 5405—1996，使用 N80 油管加工成标准酸液腐蚀挂片，在 90℃、反应 4h 条件下，对转向酸主体酸的缓蚀性进行了评价，评价结果见表 6-2-15。

由表 6-2-15 可以看出，无缓蚀剂的主体酸的腐蚀速率达到 543.19g/（$m^2 \cdot h$），中低温主体酸、中高温主体酸配方 1 和配方 2 的平均腐蚀速率分别为 4.37g/（$m^2 \cdot h$），0.76g/（$m^2 \cdot h$）和 0.82g/（$m^2 \cdot h$），与无缓蚀剂的主体酸相比，缓蚀率分别为 99.20%，99.86% 和 99.85%，缓蚀效果均远好于一级缓蚀指标，完全可以满足现场施工的缓蚀要求。

表 6−2−15　转向酸主体酸的缓蚀性能评价实验结果

酸液配方	酸液类型	钢片编号	原质量 g	反应后质量 g	腐蚀速率 g/(m²·h)	平均腐蚀速率 g/(m²·h)	缓蚀率 %
6%HCl+2%HAc+ 0.5%HF+5%HBF$_4$	无缓蚀剂主体酸	827	10.7282	7.7297	551.195	543.192	—
		828	10.7618	7.957	515.588		
		833	10.8864	7.8248	562.794		
6%HCl+2%HAc+0.5%HF+ 5%HBF$_4$+2.5%KMS−3	中低温主体酸	161	10.9298	10.9038	4.779	4.371	99.20
		164	10.8995	10.8755	4.412		
		163	11.009	10.9866	4.118		
		181	11.1742	11.1515	4.173		
8%HCl+2%HAc+ 5%HBF$_4$+2%~3%KMS−HT	中高温主体酸	137	10.9275	10.9234	0.742	0.764	99.86
		165	10.9267	10.9224	0.785		
8%HCl+2%HAc+5%HBF$_4$ +1%HF+2%~3%KMS−HT		039	10.9325	10.9281	0.799	0.822	99.85
		081	11.1754	11.1707	0.846		

4. 缓速性能

1) 中低温体系的缓速性能

（1）与盐酸相比的缓速性能。

利用旋转岩盘测试仪（图 6−2−10）和电位滴定仪测试酸液与岩石的反应速率，确定前置转向酸与相同浓度的盐酸相比的缓速性能，实验结果见图 6−2−11。

由图 6−2−11 可以看出，酸浓度较低时，两种酸液体系的反应速率比较接近，因为氢离子浓度较低，普通酸的传质速率较慢，VES−S 的影响有限。酸浓度较高时，与普通盐酸相比，加有 VES−S 砂岩转向剂的盐酸反应速率有较明显的降低。这是因为 VES−S 转向剂形成的胶束可以将氢离子包裹住，抑制其传质过程，从而降低了盐酸与岩石的反应速率。因此，加有 VES−S 的转向酸液能够作用更深的地层。

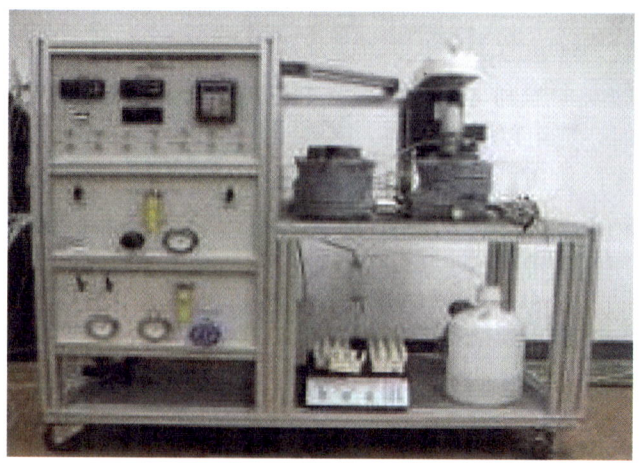

图 6−2−10　旋转岩盘测试仪

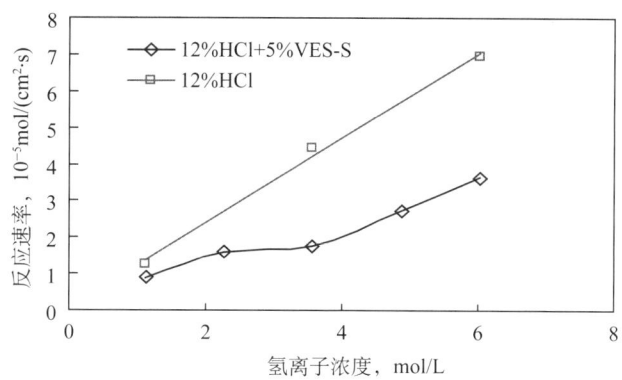

图6-2-11 不同酸液体系的反应速率（90℃）

（2）与土酸相比的缓速性能。

①通过溶失率实验确定酸液的缓速性能。

a. 溶失率与反应时间的关系。

分别配制10%HCl+3%HF+5%VES-S和10%HCl+3%HF两种酸液。取50mL酸液与3g岩心粉样品进行反应，实验温度150℃，反应时间分别为10min，30min和60min。实验参数及结果数据见表6-2-16。

表6-2-16 酸岩反应溶失率与反应时间关系的实验结果

岩心号	粒径 目	反应温度 ℃	反应时间 min	溶失率，%	
				转向酸	普通土酸
LN2-4-J2	20~40	150	10	33.85	49.02
			30	38.65	51.03
			60	42.21	51.71

由表6-2-16可知，普通土酸10min后的岩心粉溶失率变化很小，说明普通土酸与岩心粉的反应非常快，10min内已基本反应完毕，因此，10min后溶失率变化很小。而转向酸可以有效地延缓反应的进行，在10min时岩心粉溶失率只有33%，之后反应缓慢进行，60min后岩心粉溶失率达到42%左右，反应速率明显低于常规土酸。

b. 溶失率与HF浓度的关系。

分别配制HF浓度为1%，3%和5%的转向酸与常规土酸体系。分别取50mL酸液与3g岩心粉进行反应，实验温度150℃，反应时间固定为5min。实验结果见表6-2-17。由表6-2-17可知，在相同的反应时间和相同的HF浓度条件下，转向酸的溶失率明显低于普通土酸。HF浓度为1%时，转向酸液与岩心粉反应后的溶失率为36.52%，而普通土酸与岩心粉反应后的溶失率高达47.26%；HF浓度为3%时，转向酸液与岩心粉反应后的溶失率为51.89%，而普通土酸与岩心粉反应后的溶失率高达62.14%；HF浓度为5%时，转向酸液与岩心粉反应后的溶失率为76.20%，而普通土酸与岩心粉反应后的溶失率高达90.56%。在相同的反应时间和相同的HF浓度条件下，转向酸的溶失率低11%~16%，这说明转向酸的反应速率比常规土酸低，转向酸的缓速效果明显。

表 6-2-17 酸岩反应溶失率与 HF 浓度的关系实验结果

岩心号	粒径目	反应温度 ℃	反应时间 min	酸液配方	溶失率 %
LN2-4-J2	20~40	150	5	10%HCl+5%HF	90.56
				10%HCl+3%HF	62.14
				10%HCl+1%HF	47.26
				10%HCl+5%HF+5%VES	76.20
				10%HCl+3%HF+5%VES	51.89
				10%HCl+1%HF+5%VES	36.52

②用酸岩反应动力学方法确定酸液缓速性能。

a. 中低温转向酸液体系的缓速性能。

相同量的储层岩样与相同体积的转向酸液和普通土酸，在60℃水浴中反应不同时间后的表观反应速率计算结果见表6-2-18。为了更加直观地比较转向酸液和普通土酸的表观酸岩反应速率的差别，用表6-2-18中表观酸岩反应速率对反应时间作图得到图6-2-12。

表 6-2-18 转向酸液和普通土酸的酸岩表观反应速率实验结果比较

酸液配方	序号	反应时间 min	反应温度 ℃	固液比	样品数	平均表观反应速率, 10^{-5}g/s
转向酸	1	10	60	1/50	2	41.58
	2	20	60	1/50	2	7.25
	3	30	60	1/50	2	6.92
	4	40	60	1/50	2	4.17
	5	60	60	1/50	2	4.13
普通土酸	1	10	60	1/50	0.4885	81.42
	2	20	60	1/50	0.397	36.42
	3	30	60	1/50	0.592	2.33
	4	40	60	1/50	0.451	1.08
	5	60	60	1/50	0.5015	0.21

由表6-2-18和图6-2-12中数据可以看出，普通土酸初始反应速率很大，是转向酸液初始速率的两倍左右。当反应进行到30min后，普通土酸的反应速率基本不再变化，因为它的初始反应速率很快，已经把可溶矿物全都反应完全；而转向酸液的初始速率相对较低，而且20min后其速率稳定在5×10^{-5}g/s，相对普通土酸，同一时刻的反应速率都高。这一实验结果证明转向酸液较普通土酸具有较好的缓速性能。

b. 中高温转向酸液体系的缓速性能。

120℃下，中高温转向酸主体酸液配方1和普通土酸与储层岩石的酸岩反应速率实验结果见图6-2-13。由图6-2-13可知，转向酸比普通土酸的酸岩反应速率低得多，说明中高温转向酸主体酸液具有很好的缓速效果,酸化时可使酸液在地层中的作用距离更远,实现深度酸化。

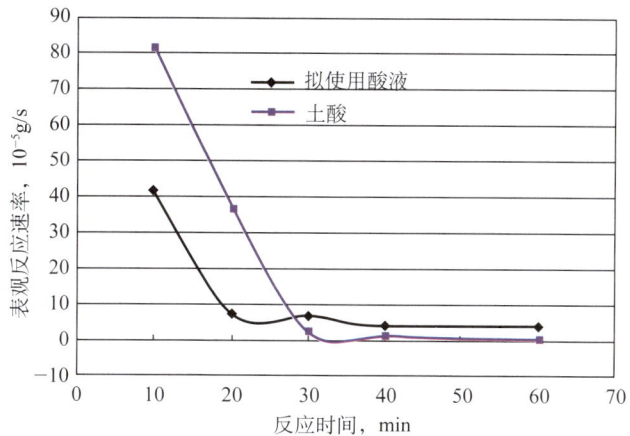

图 6-2-12　中低温转向酸与土酸表观反应速率对比

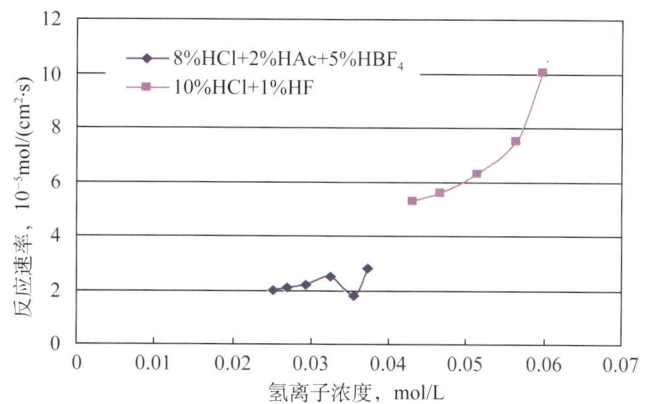

图 6-2-13　中高温转向酸与土酸反应速率对比

5. 转向性能

1)实验方法与原理

利用 AFS-870 转向酸化岩心流动系统(图 6-2-14)研究了砂岩储层转向酸的转向性能。方法为使用两块(组)渗透率不同的岩心,进行并联,在同一压力系统、恒定流量下,向两块岩心同时注入酸液,考察不同酸液体系的注入压力及酸化改造后岩心渗透率的变化,判断酸液体系的转向效果。

在同一注入压力系统下,由于转向酸黏度很大,酸液进入岩心后会立即封堵高渗透率岩心,后续注入酸液会被转向到低渗透率岩心,整个系统的注入压力会比较高。而对于没有黏度的普通酸液来说,系统的注入压力会很快平衡,不会太高。因此,通过比较不同酸液的注入压力来确定酸液的转向性能。同时,通过测定酸化前后岩心渗透率的变化情况,可以考察酸液对不同渗透率岩心的改造情况,从而判断改造不同渗透率岩心的均匀性。

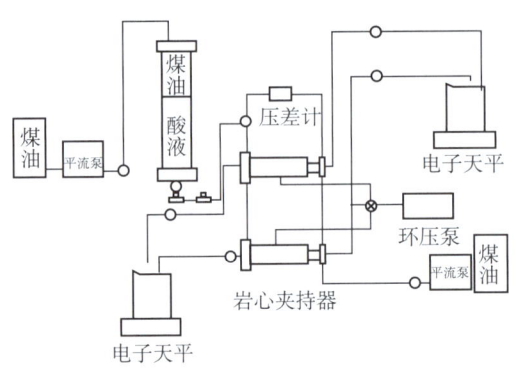 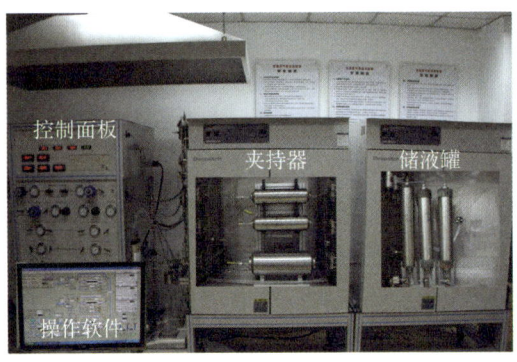

(a) 实验装置流程图　　　　　　　　　　(b) 实验装置实物照片

图 6-2-14　AFS-870 转向酸化岩心流动系统

2）短岩心实验结果

转向酸与土酸注入过程中的压力变化情况对比见图 6-2-15。不同酸液体系酸化前后岩心渗透率的变化情况见表 6-2-19。

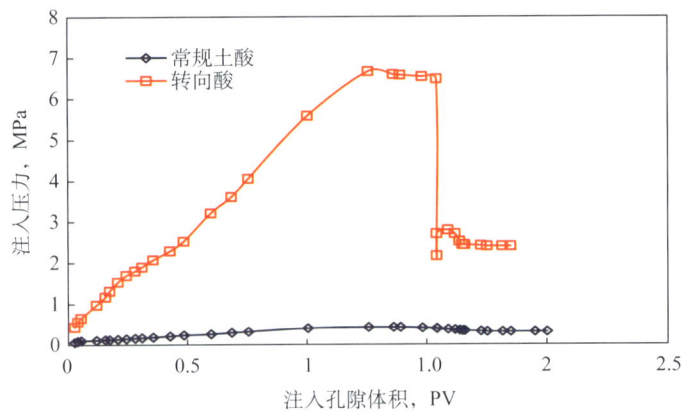

图 6-2-15　转向酸与常规土酸酸化岩心过程中注入压力对比

表 6-2-19　转向酸与常规土酸酸化改造岩心渗透率效果比较

岩心号	组别	岩心直径 cm	岩心长度 cm	初始渗透率 mD	改造后渗透率 mD	渗透率提高倍数
1#	常规土酸	2.54	6.01	26.4	31.1	1.18
2#	常规土酸	2.54	5.89	48.7	69.5	1.43
4#	转向酸	2.54	6.11	15.2	29.4	1.93
5#	转向酸	2.54	6.12	29.8	62.3	2.09

图 6-2-15 表明，注入转向酸时，注酸压力最高达到近 7MPa，而常规土酸的注酸压力最高只有 0.4MPa 左右，注转向酸的转向压力达到了注常规土酸的 17.5MPa，这说明前置转向酸 + 主体缓速酸的酸液体系具有明显的转向酸化效果。表 6-2-19 表明，转向酸对较高渗透率岩心的改造程度达到 2.09 倍，而常规土酸对较高渗透率岩心的改造程度只有 1.43

倍，两者相差 0.66 倍；转向酸对较低渗透率岩心的改造程度达到 1.93 倍，而常规土酸对较低渗透率岩心的改造程度只有 1.18 倍，两者相差 0.75 倍；常规土酸高、低渗透率岩心改造程度相差 0.26 倍，而转向酸高、低渗透率岩心间改造程度相差仅 0.16 倍，这说明转向酸不但改造岩心的渗透率效果比常规土酸好，而且转向酸对不同渗透率岩心的改造效果更加均匀。可见，清洁转向酸具有良好的转向性能，可以实现非均质储层的均匀布酸与酸化。

3）并联长岩心模拟实验结果

为了确定岩心长度对砂岩储层水平井转向酸化效果的影响，实验了两组并联长岩心注入转向酸液时的转向情况。选择两块渗透率较高的岩心和两块渗透率较低的岩心（表 6—2—20），分别将两块渗透率较高的岩心和两块渗透率较低的岩心串联组成长度为 15cm 左右的两组长岩心，然后再将两组长岩心并联进行转向酸化实验，如图 6—2—16 所示。注酸过程的压力变化见图 6—2—17，酸化改造前后，4 块渗透率不同的岩心经转向酸化后渗透率的变化情况见表 6—2—21。

表 6—2—20　并联长岩心实验的岩心参数

组别	岩心号	气测渗透率 mD	孔隙度 %	直径 cm	长度 cm
1	254—8—2	89.633	7.4	2.54	7.038
1	405—1—3	132.3559	6.8	2.54	6.81
2	254—42—2	6.135	7.94	2.54	7.654
2	405—4—1	9.9757	8.11	2.54	8.33

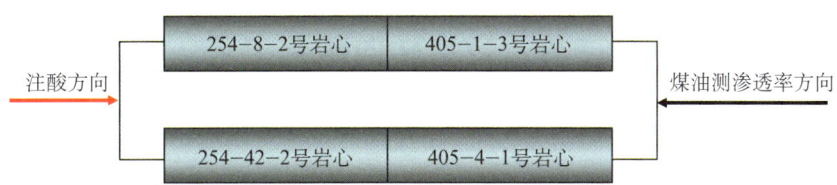

图 6—2—16　4 块岩心串联与并联装入岩心夹持器顺序示意图

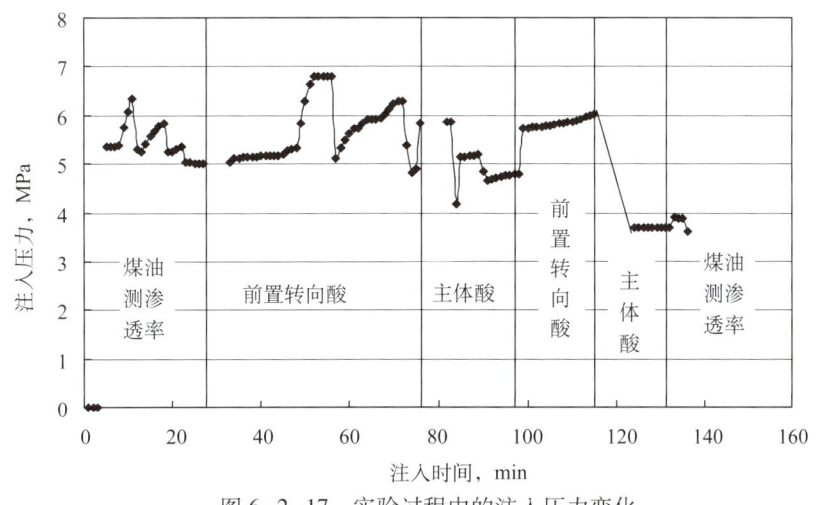

图 6—2—17　实验过程中的注入压力变化

表 6-2-21 4 块渗透率不同的岩心酸化后的渗透率变化情况

组别	岩心号	气测渗透率 mD	酸化前平均渗透率 mD	酸化后平均渗透率 mD	渗透率提高倍数
1	254-8-2	89.63	15.67	27.05	1.73
	405-1-3	132.36	47.22	54.69	1.16
2	254-42-2	6.13	2.17	3.55	1.64
	405-4-1	9.98	2.87	3.24	1.13

由图 6-2-17 可以看出，注入转向酸初期，转向酸先进入渗透率较高的岩心，对岩心中的盐酸可溶物进行溶解，使岩心的渗透率增加，注入压力下降，随着注入转向酸量增加，可溶解的矿物已经全部溶解，高黏前置暂堵转向酸对渗透率较高的岩心组进行暂堵，使注入压力增加；当注入压力增加到可以使转向酸进入渗透率较低的岩心时，酸液就进入渗透率较低的岩心进行酸化，由于酸液对岩心中盐酸可溶物的溶解作用，岩心的渗透率增加，注入压力下降，随着注入转向酸量增加，可溶解的矿物全部溶解，高黏前置暂堵转向酸又对渗透率较低的岩心组进行暂堵，使注入压力增加。转注主体酸后，由于主体酸对岩心中矿物的溶解作用，岩心的渗透率增加，注入压力下降。继续交替注入前置转向酸和主体酸，压力变化基本与前述过程一致。

从表 6-2-21 可以看出，转向酸化后，高、低渗透率岩心的改造程度基本相当，且两组岩心注酸入口端岩心的改造程度都较大，说明转向后改造比较均匀。

第三节 暂堵转向酸化工艺

一、工艺设计

1. 酸液用量

砂岩转向酸的用酸强度由酸化井段长度确定，一般为 0.5～1.5m³/m。当酸化井段较长（大于 300m）或者非均质性严重，渗透率级差大于 100 时，可适当加大酸液用量。最终的用酸量，可结合酸化施工目的及井层条件，使用相关设计软件进行优化。

2. 泵注排量

根据转向酸酸液体系的降阻率、井深及管柱条件、井口及套管限压情况，计算相应排量下的井底压力，在保证不压开地层的情况下，尽量采用大排量施工。相关设计可以使用酸化软件 StimPT 优化。

3. 转向酸与醇醚酸比例

在醇醚酸中醇醚破胶剂加量为 5% 时，醇醚酸：前置转向酸一般为 1：2～1：3；在醇醚酸中醇醚破胶剂加量为 8% 时，醇醚酸：前置转向酸一般为 1：4～1：5。

4. 泵注程序

(1) 注高黏前置转向酸先行封堵。

(2) 对于存在高渗透率带或微裂缝的强非均质储层，注转向增效液辅助封堵，增加转向效果。

(3) 注低黏度主体酸跟进酸化改造。

(4) 高黏前置酸 + 转向增效液 + 低黏主体酸液多级循环注入，实现转向均匀酸化。

(5) 注后置酸顶替破胶，以利返排和保护储层。

根据不同地层的特点及施工要求，可结合实际情况进行调整。

二、实施工艺

1. 酸液配制工艺

由于使用黏弹性表面活性剂作为砂岩储层长井段均匀酸化处理的主要转向剂，所以，前置转向酸的配制十分重要，其现场配制工艺为重点。

1) 现场用酸选择

在选择配制酸液的现场用酸时，除要考虑酸的浓度、成本等因素外，主要应考虑酸中所含的各种离子对酸液性能的影响。对于某个油田而言，首先根据就近原则，对施工井所在矿区附近的酸进行取样，分析其中的所有离子，确定各种离子对酸液的性能是否存在影响，初步选择对酸液性能没有影响的酸，再分析酸的纯度，确定酸的用量，最后从成本和运输等方面考虑，选择哪个厂家、哪个批次的酸作为酸液的基础酸。

2) 配制酸液的水选择

由于工业酸的浓度较高，现场使用的酸浓度较低，需要将工业酸使用水来稀释，就涉及配酸液用水的选择问题。在选择配制酸液的水时，主要考虑水源和水质情况。水中的离子不能影响酸的性能。水中也不能含有烃类物质，这些物质对残酸的胶束形态影响更大，要求配制前置转向酸的用水中烃类物质含量低于 10mg/L。

3) 现场配制质量控制

(1) 使用材料质量控制。配制酸液前，由技术人员，按有关化工产品取样通则对所有设计材料进行取样检测，确保所购材料合格，以避免不合格产品拉到配液站。样品标明名称、生产日期及取样时间后进行封存。

(2) 配制水的质量控制。主要要求在运送水前将液罐车的水罐清洗洁净，运送过原油和成品油的罐车应特别注意清洗干净，不能残留油类在罐中，否则，会影响前置转向酸的配制。

(3) 配液设备质量控制。要求配液设备工况良好，无残酸、残碱、残菌、铁锈、油污及其他机械杂质。确认所有阀门操作灵活并无渗漏，确认罐上搅拌器是否运转正常，检查合格后方可放水、加酸。

4) 配液程序与要求

(1) 前置转向酸配制。

①向洗净罐中加入少量清水，再加入多效添加剂和31%工业盐酸，补足淡水，用搅拌器搅拌均匀。

②打开搅拌器，循环加入转向剂，继续搅拌及循环至均匀，要求现场酸液的黏度不低于实验室配制酸液黏度的90%。

③循环加入转向剂时，液罐循环应形成大循环（上下循环或前后循环）以确保液体均

匀。应将排出管线出口插入液面以下，以减少泡沫产生。在配液过程中要打开搅拌器。

(2) 后置破胶酸配制。

①向洗净罐中加入少量清水，再加入多效添加剂和31%工业盐酸，补足淡水，用搅拌器搅拌均匀。

②循环加入醇醚破胶剂，继续搅拌及循环至均匀。

③醇醚酸配制过程中严禁烟火。

(3) 转向增效液配制。

①向洗净罐中加入有机溶剂。

②打开搅拌器，循环加入转向增效剂，继续搅拌及循环至均匀。

(4) 主体酸配制。

①向洗净罐中加入少量清水，再加入多效添加剂和31%工业盐酸，用搅拌器搅拌均匀。

②打开搅拌器，循环加入其他酸液和添加剂，继续搅拌及循环至均匀。

③循环加入各种添加剂时，液罐循环应形成大循环（上下循环或前后循环）以确保液体均匀。应将排出管线出口插入液面以下，以减少泡沫产生。在配液过程中要打开搅拌器。

2. 酸液泵注工艺

在非均质性严重的长井段砂岩储层酸化处理中，如果不使用转向酸，难以达到较好的酸化效果。因此，需要使用转向酸化，以改善酸化效果。对于高渗透率储层，为了改善转向酸化效果，需要将前置转向酸与转向增效剂两者结合使用。为了配合两种清洁转向技术，还需要设计合理的施工工艺，以最大限度发挥两种技术的转向功能。因此，设计了如下多级循环注入泵注工艺，将两种转向液合理地结合在一起使用，以增强均匀处理效果。

(1) 注入高黏前置转向酸先行封堵。使用能够在高酸性环境中变黏的黏弹性表面活性剂作为砂岩转向酸化的转向主剂，将其加入前置酸中形成高黏前置转向酸，先行注入地层对相对高渗透率层和低伤害带进行封堵。

(2) 对于存在高渗透率带或微裂缝的强非均质储层，再注入转向增效剂辅助封堵转向，增加转向效果。

(3) 泵注低黏度主体酸跟进酸化改造。转向酸和转向增效液对相对高渗透率和低伤害带进行封堵后，后续注入的低黏度主体酸液会被迫转向到相对低渗透率和较高伤害带进行酸化，克服了不转向时，酸液总是沿着相对高渗透率和低伤害带锥进，相对低渗透率和较高伤害带得不到有效改造的问题。

(4) 实施多级循环注入工艺，实现转向均匀酸化目的。为了使转向效果更好，能够有效作用于非均质性严重的长井段砂岩储层，还需要配合多级循环注入工艺：将高黏前置酸+转向增效剂（仅存在高渗透率或微裂缝的强非均质储层使用）+低黏主酸液作为一个泵注阶段，多次重复循环注入，以增强前置转向酸和增效剂的转向作用效果，达到长井段砂岩储层均匀酸化的目的。

(5) 后置酸顶替破胶，以利返排和保护储层。溶解度温度敏感的转向增效剂颗粒会在井底温度下自行溶解返排，而变黏酸中的转向剂胶束遇到地层原油也会破胶。但是，为了防止返排时无法与原油接触的转向剂胶束可以彻底破胶，解除转向剂对地层的堵塞，可以在后置酸中加入醇醚破胶剂辅助破胶。所以在多级循环注入结束后，注入后置酸顶替破胶，利用后置酸将主酸液推到地层深部进行改造，加强酸液的改造效果，同时解除转向剂胶束对地层的堵塞。

三、实施要求及注意事项

1. 实施要求

1）施工前要求

（1）井口采油树要用绷绳拉紧，地面高低压管线固定牢靠，避免高压大排量泵注时发生晃动，产生安全隐患。施工前井口必须接好地面的节流放喷管线，安全措施按试油操作规程。井控按《压裂酸化作业安全规定》SY 6443—2000 执行。

（2）所有配液、运输液体及施工所用的车辆、管线、储罐等设备都应该严格清洗。配酸时先在清水中加入缓蚀剂，然后加入工业盐酸、铁离子稳定剂等，循环均匀。严格按配液要求进行配液及准备，配液剩余药品应妥善处理。

（3）入井油管需用通径规通径，通径规通不过或管壁、螺纹有问题的不合格油管不得入井，下酸化管柱时应严格丈量，使用密封脂上扣，螺纹严重磨损的要调换，螺纹按规定扭矩上紧，保证密封强度在 70MPa 压差下不刺漏。

（4）所有酸化施工设备在上井前应认真进行检查，确保整个施工安全顺利地进行。施工前对所有人员进行措施交底，做到施工人员岗位明确，安全施工。

（5）认真清洗井筒，确保水平井段清洗干净，高挤前环空液面到井口。

（6）施工前高压管汇要进行试压，稳压 5min，不刺不漏为合格。

（7）施工前检查所有酸化施工设备超压保护，必须做到灵敏可靠，如有失灵待整改后才能参加施工。

（8）地面配套急救药品、医护人员、救护车、消防车，制定防治 H_2S 措施，首先保证人员安全。

2）施工中要求

（1）施工时由指挥人员统一指挥，各施工单位、施工人员分工明确。

（2）酸化施工原则上按设计参数执行，但现场指挥人员可以根据地层吸酸情况，在不压开储层的情况下，尽量加大注酸排量，准确记录施工过程的油压、套压、排量、累计用液量等，施工后由施工队提交全部原始记录图表及数据。

（3）施工作业进行中，除井口操作人员外，其他人员严禁进入高压区或穿越高压区，施工人员应按要求穿戴劳保用品，井场内严禁烟火。

（4）施工时若发生特殊情况，应由施工领导小组及时商议，果断处理。

（5）施工操作过程中，严格按 HSE 操作规程执行。

3）施工后要求

（1）施工结束后，尽快进行压力降落测试与排残酸，减少残酸在储层中的停留时间，确保施工效果。

（2）压力降落测试至少保持 15min。测压降后立即放喷排液。放喷选择合适油嘴，残液返排率要求达到 70% 以上。如果能够自喷生产且产量较高，则控制油嘴以保持井口压力较稳定，求得稳定产量。如果不能自喷，则进行抽汲排液或采用气举。

（3）返排残酸液用碱中和后集中处理，并及时清理井场。

（4）施工单位应尽快将施工数据及公报上交。

4）井控要求

严格执行《石油与天然气井下作业井控管理实施细则》和各油田公司制定的作业井控实施细则及有关条例。

（1）对最大施工压力与压力异常要进行提示。

（2）在起下作业过程中，井口必须加装封井器，井口、防喷器装置压力等级要达到施工要求。

（3）施工井场周围情况要进行提前描述，并提出防范要求。

（4）要对施工可能产生的有毒有害气体作出预警提示。

2. 注意事项

（1）酸液在装、卸或施工过程中，发生酸液渗漏或溅落到人身上，会造成人身伤害或环境污染。所以，施工前，提前检修酸罐车，认真检查配液池，提前保养好设备；配液池应摆放平稳，池内必须干净无油污、泥沙等杂物，且不渗漏。施工人员必须接受过酸化用剂危害性及预防措施等方面知识的培训；必须穿戴整齐劳保用品；由施工单位现场配备1%小苏打水或皂液，若不慎将酸液溅到皮肤上，要立即用清水冲淋，然后用1%小苏打水或皂液清洗，再用清水冲洗干净。对于泄漏的酸液中和后，深埋处理。

（2）管线试压过程中，管线泄漏会造成伤人或污染环境。所以，采用试验合格的管件，连接处上紧、砸紧，悬空管线要架实；管线试压必须达到设计要求，不渗不漏为合格。合格后，方能进行下步工序。管线试压过程中施工人员应远离试压管线和井口30m以上。

（3）挤注压力过高，造成井口、管线损害或泵车发生渗漏，会引起污染环境或伤人事故的发生。所以，在施工过程中，严禁进入高压施工区，任何人员不得跨越高压管线，施工人员应撤到安全区域。

第四节 现场应用

砂岩储层水平井清洁转向均匀酸化技术已经在冀东油田、吉林油田和塔里木油田等现场应用，取得了较好的增产效果。典型实例如下。

一、C××井中低温清洁暂堵转向酸酸化

1. 储层概况

该井是位于蚕2×1断块构造高部位的一口水平开发井。储层主要是明化镇组低弯度曲流河沉积砂体和馆陶组辫状河沉积砂体。该井目的层Ng_1^3为含砾不等粒砂岩储层。储层碎屑颗粒成分以长石为主，平均含量42.9%，石英40.9%，岩屑16.2%。以酸性喷出岩居多。碎屑颗粒磨圆度较差，多为次棱角状，少为次棱角—次圆状。颗粒胶结类型以孔隙式和接触—孔隙式为主，胶结物成分以泥质为主，含少量方解石。黏土矿物成分以蒙皂石为主，含量为 42.25%；其次为高岭石，含量为 40.35%。伊利石和绿泥石的含量分别为 8.45% 和 1.95%。

储层物性较好，胶结疏松。区块馆陶组孔隙度和渗透率按测井提供的数据统计：Ng_1^2 小层孔隙度为 26.9% ~ 33.0%，平均 29.9%；渗透率为 663 ~ 1042mD，平均 852mD。Ng_1^3 小层孔隙度为 19.8% ~ 31.8%，平均 25.9%；渗透率为 417.7 ~ 917mD，平均 667mD。

该区块原油密度高（0.9554 ~ 0.973g/cm³），试油黏度（50℃）836 ~ 1191mPa·s，胶质+沥青质含量为 30.4%；试采黏度化验结果 50℃ 黏度为 2613.95mPa·s，密度为 0.9637g/cm³，80℃ 黏度 282.98mPa·s。馆陶组地层水为 $NaHCO_3$ 型，总矿化度为 3747mg/L。

该井区地层压力 16.4 ~ 17.65MPa，压力系数 0.95 ~ 0.97，属正常压力系统。油藏温度 60℃，地温梯度 3.5℃/100m。

2. 钻完井情况

该井于 2007 年 7 月 30 日开钻，2007 年 8 月 23 日完钻，完钻井深 2020.00m（斜深）垂深 1715.96m，造斜井段全长 1763.32m，水平位移 484.68m。储层部位为筛管完井。使用聚氟硅钻井液钻至 Ng_1^3 含砾不等粒砂岩储层时，发现油气较发育的油组。2007 年 8 月 27 日—9 月 6 日，对生产井段，用酸液 15m³、优质压井液 100m³ 进行酸洗解堵等作业后，2007 年 9 月 7—14 日，对 1929.43 ~ 2001.19m 井段的 71.76m 储层用电潜螺杆泵（40m³，1415.86m，25Hz）进行试油及试采，折合日产油 0.3m³，日产水 3.6m³。

3. 改造方案

1）设计原则

（1）使用的酸液体系要具有保护储层性能。
（2）防止酸液对原油的乳化和形成酸渣。
（3）使用软纤维稳定储层中的细粉颗粒。
（4）酸液要能够对筛管和炮眼进行有效的清洗。
（5）使用转向技术，使全井段得到均匀酸化改造。

2）井口施工压力预测

采用 2⁷⁄₈in 油管进行酸化施工，井口压力预测结果见表 6-4-1。储层吸酸压力梯度为 0.012MPa/m、注酸排量为 1.5 ~ 2.0m³/min 时，预测井口压力为 10 ~ 17MPa。

表 6-4-1　C××井酸化施工井口压力预测

施工排量 m³/min	0.6	0.8	1	1.2	1.6	2	吸酸压力梯度 MPa/m
井口压力，MPa	3.258	4.2684	5.4924	6.9188	10.346	14.59	0.011
	4.968	5.9784	7.2024	8.6288	12.056	16.3	0.012
	6.678	7.6884	8.9124	10.3388	13.766	18.01	0.013
	8.388	9.3984	10.6224	12.0488	15.476	19.72	0.014
总摩阻，MPa	1.548	2.5584	3.7824	5.2088	8.636	12.88	—

3）酸液用量确定

该井油层平均厚度为7.0m，设计纵向处理半径上为0.8m、下为1.4m，横向处理半径1.2m。筛管厚度为117.6mm，孔隙度25.9%。所需酸量为136m³。其中，前置转向酸60m³，主体处理酸70m³，转向增效剂液1.5m³，后置破胶酸液20m³，洗井液/顶替液30m³。

4）施工泵注程序

设计的酸化施工泵注程序见表6-4-2。

表6-4-2　C××井酸化泵注程序

序号	施工步骤	用液量，m³	排量，m³/min	井口压力
1	高压管汇试压	—	—	35MPa
2	正循环洗井	15	≥1.0	—
3	高压挤前置酸	20.0	1.5～2.0	前5m³正替
4	高压挤转向增效液	0.5	—	
5	高压挤主体酸	25.0	1.5～2.0	
6	高压挤前置酸	20.0	1.5～2.0	
7	高压挤转向增效液	0.5	—	
8	高压挤主体酸	25.0	1.5～2.0	
9	高压挤前置酸	20.0	1.5～2.0	
10	高压挤转向增效液	0.5	—	
11	高压挤主体酸	20.0	1.5～2.0	
12	高压挤后置酸	20.0	1.5～2.0	
13	高压挤后顶替液	根据油管容积	1.0～1.5	
14	测压降曲线			
15	关井控制在1h之内，返排残酸			

4. 施工简况

根据多级循环注入工艺，以前置转向酸+转向增效液+主体缓速酸为一个泵注阶段，采取三级循环注入工艺，以增强转向效果，对长水平井段储层进行均匀酸化。施工曲线见图6-4-1。

由图6-4-1可以看出，排量基本稳定在0.5m³/min，破胶剂注入之前压力一直维持在17MPa左右，最高达到了19MPa左右。而每当转向增效剂注入后，高压挤注主体酸时的压力都有2MPa的提高，这说明前置转向酸和转向增效剂的注入带来了良好的转向效果。在整个多级循环注入过程中，压力一直保持在一个比较高的状态，而且当低黏度主体缓速酸注入时压力不但没有降落反而升高，转向效果明显，达到了对整个水平井段的均匀处理，也验证了转向技术和多级循环注入工艺的有效性。

5. 改造效果

该井暂堵转向均匀酸化改造后，产液量和产油量分别由施工前的4.3m³/d和0.4m³/d增加到施工后的12.5m³/d和10.3m³/d，分别增加2.9倍和25.75倍；产水量和含水率分别由施

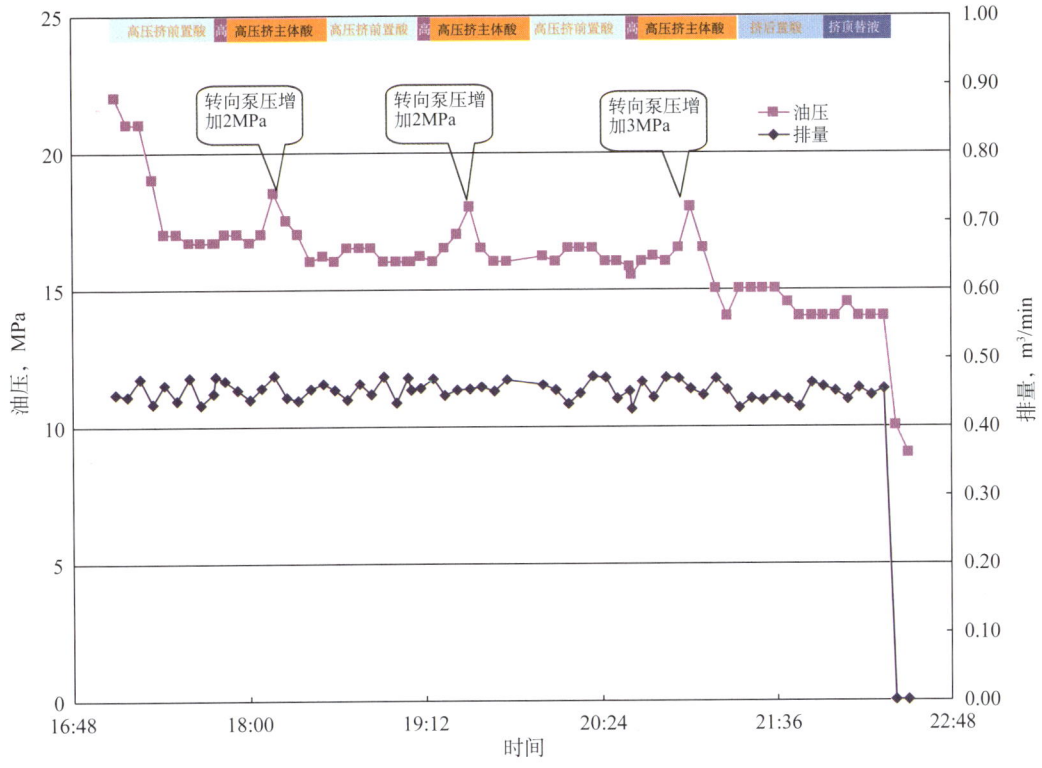

图 6-4-1　C××水平井转向酸化施工曲线图

工前的 3.9m³/d 和 89.6% 下降到施工后的 2.3m³/d 和 18%，分别下降 41.03% 和 79.91%。本次施工不仅使产油量增加，而且还降低了水的产量，在一定程度上起到了控水的作用。具体对比数据见表 6-4-3。

表 6-4-3　转向均匀酸化前后生产数据对比

日期	对比情况	产液 m³/d	产油 m³/d	产气 m³/d	产水 m³/d	含水 %
2007-9-15	转向酸化前	4.3	0.4	79	3.9	89.6
2007-10-22	转向酸化后	12.5	10.3	75	2.3	18

施工前后的生产曲线如图 6-4-2 所示。酸化前后的生产情况对比说明，本次长井段砂岩储层均匀酸化取得了成功，同时也验证了本次设计的清洁复合转向技术和多级循环注入工艺带来了良好的转向效果。

二、D××井高温清洁暂堵转向酸酸化

1. 储层概况

D××井是位于某区块背斜构造上的一口水平开发井。油藏为石炭系、厚度为 100m 左右的砂岩储层。根据测井解释资料，酸化层段有差油层 178.0m/7 层，油层 169.5m/8 层，含水油层 54.0m/2 层，干层 78.5m/6 层，总共 480m/23 层。孔隙度 8.6%～24.6%，加权平

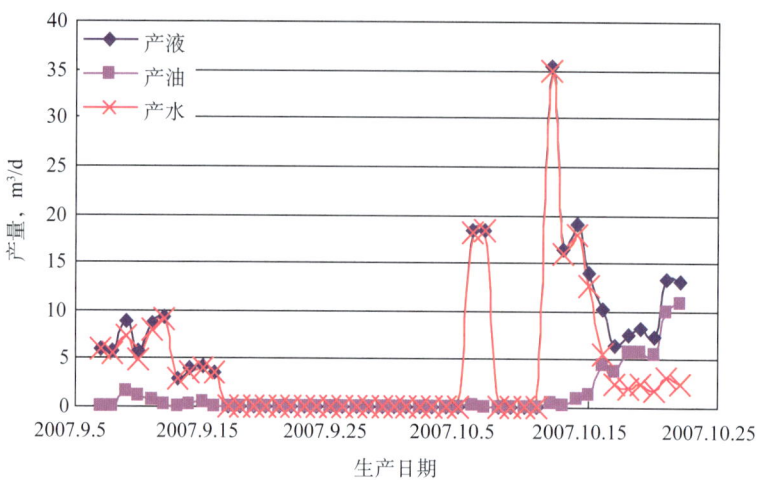

图 6-4-2　C××井转向均匀酸化前后生产数据曲线

均孔隙度 17.4%，含油饱和度 39%～73%。射孔层段共 7 段，367.5m。原油密度（20℃）0.8570g/cm³，动力黏度（50℃）5.561mPa·s，凝固点 −24℃；沥青质、胶质、含蜡量和含硫量分别为 2.8%，6.3%，6.8% 和 0.69%。天然气相对密度 1.023，甲烷和二氧化碳的含量分别为 36.7% 和 22.9%，硫化氢含量为 52mg/m³。地层水密度 1.1649g/cm³，氯离子 14.98×10⁴mg/L，总矿化度 24.39×10⁴mg/L，水型为氯化钙型。根据区块温度梯度，计算储层温度约为 140℃，压力系数预计低于 0.71。

2. 钻完井与作业生产情况

该井于 2002 年 6 月 25 日开钻，8 月 12 日使用直径 215mm 三牙轮钻头、聚合物体系钻井液（相对密度 1.17，黏度 42s）。第三次开钻。8 月 26 日自井深 5400.00m 开始定向钻进，至 11 月 7 日钻至井深 6167.84m 卡钻。12 月 7 日处理事故，由于 256.67m 落鱼无法打捞，决定填井侧钻。侧钻点：5347.00m。到 2003 年 2 月 8 日，钻至井深 6476.00m 完钻，钻井液相对密度 1.30～1.25。2 月 16 日下入复合套管：139.70mm 套管 +177.80mm 套管至深 6472.00m，采用二级固井完井。2003 年 3 月 12 日完井，完钻井深：垂深 5741.78m/斜深 6476.00m，水平段长度 400m。2003 年 3 月 5—13 日完井试油，对水平段射孔后，下电泵至 3000m，试抽，出油 42.6m³，累计出油 86.6m³；出液 61m³，累计出液 147.6m³，密度 0.89g/cm³。

该井 2003 年 3 月 19 日自然投产，下电泵至 3000m，初期日产油 45.16t，油压 0.7MPa。至 2004 年 3 月 3 日，折日产油 38.8t，2004 年 3—5 月先冲砂，补射 6307.0～6445.0m，然后酸化，下泵试抽，供液不足，后原井段补孔，下 50m³/d 电泵，折日产油 38t，恢复生产。2005 年 8 月 8—16 日检泵，下胜利油田生产的新电泵机组（排量 50m³/d，扬程 3000m，适用温度 120℃）。2006 年 3 月 27—4 月 4 日，检泵恢复生产。2006 年 9 月 10—17 日，下胜利油田生产的电泵完井（排量 100m³/d，扬程 3000m）。2008 年 2 月 9—18 日，换新泵提高泵效。2009 年 11 月 26—30 日，管柱漏失检泵。2010 年 2 月检泵，下胜利油田生产的电泵机组（排量 50m³/d，扬程 3000m，适用温度 120℃）及防砂管。试抽不出液，重检，发现砂卡，冲砂后探砂面 6450.5m（人工井底），下电泵机组（排量 50m³/d，扬程 3000m，适用温度 120℃）及防砂管。清洁暂堵转向酸酸化前的生产情况见表6-4-4。

表6-4-4　D××井清洁暂堵转向酸酸化前的生产情况

时间	层位	采油方式	油压 MPa	套压 MPa	日产量，t		含水 %
					液	油	
2010.5	C	电泵	0.71	0.58	29	27	6.05
2010.6	C	电泵	0.81	0.68	27	26	4.37
2010.7.29	C	电泵	0.8	0.9	18	17	4.95

3. 改造方案

1）酸化井段

5976～6445m，井段长469m。

2）设计原则

(1) 改造难点：控制酸量和酸化深度进行酸化施工，并确保酸液能够在长水平井段全面布酸，避免酸液作用在较短井段，导致某段过度酸化加剧出砂。

(2) 出发点：采用一定的酸量，控制酸化深度，实现长水平井段全面高效布酸，提高水平井的改造效率，解除近井地层伤害，改善渗流条件，提高油井产能。

(3) 结合本井情况，拟采用优化工艺实现全井段布酸+优化酸液体系实现均匀酸化的思路：

①注入具有转向功能的前置酸，确保前置酸全井筒布酸，消除近井碳酸盐的影响，减少二次伤害；前置酸采用清洁增黏型酸液，以提高驱替效果与布酸效率。

②主体酸阶段和部分后置酸酸液中持续加入颗粒转向剂，保证不同渗透率层段的均匀布酸。

③注入后置酸确保近井反应物被推到储层深部。

(4) 所有酸液体系及颗粒转向剂确保清洁：酸液增黏采用黏弹性表面活性剂，不加任何聚合物；颗粒转向剂可高温完全降解，不会造成永久性堵塞伤害。

(5) 储层能量有一定亏空，长水平井段吸液能力较强，为保证布酸效果，酸化施工要在确保不压开地层情况下尽量提高注酸排量。

3）酸化管柱结构

酸化管柱结构（从下至上）：死堵（约5600m）+$2\frac{7}{8}$in油管筛管+$2\frac{7}{8}$in油管+接球器+$5\frac{1}{2}$in MCHR封隔器+水力锚+$2\frac{7}{8}$in常闭阀+$2\frac{7}{8}$in油管+$3\frac{1}{2}$in油管+双公短节+管挂，封隔器位置约5300m，坐封位置注意避开套管接箍。

4）井口施工压力预测

采用$3\frac{1}{2}$in+$2\frac{7}{8}$in油管作为酸化管柱，预计储层吸酸压力梯度为0.013MPa/m，在施工排量为2.0m³/min时，摩阻为15～25MPa，井口泵压预计为50～60MPa。

5）酸液用量与配方

根据室内研究成果及注入工艺设计，确定使用前置转向酸+主体酸+后置酸的处理工艺，具体酸液配方与用量如表6-4-5所示。

表 6-4-5　酸化工作液配方与用量

序号	液体名称	液体配方	配制量,m³
1	预前置液	清水 +1%XH–F3+10% 甲醇	15
2	前置转向酸	8%HCl+8%DCA–150+3%DCA–6	80
3	主体酸	8%HCl+1.0%HF+3%HAc+3%KMS–6+1%KMS–7+1%XH–F3+1%FRZ–4+1%HSC–25+5% 甲醇 +3%SZH–1	100
4	后置酸	5%HCl+2%HAc+3%KMS–6+1%KMS–7+1%XH–F3+1%FRZ–4+1%HSC–25+5% 甲醇 +3%SZH–1	50
5	顶替液	清水 +1%XH–F3	40

6）泵注程序

以前置转向酸 + 主体缓速酸 + 高挤后置酸为一个泵注阶段，伴注 0.2%DCF–1 可降解纤维暂堵转向剂，以增强转向效果，对长水平井段储层进行均匀酸化。具体的泵注程序设计见表 6-4-6。

表 6-4-6　酸化泵注程序表

序号	施工步骤	注入液量 m³	排量 m³/min	泵压 MPa	备注
1	正替预前置液	15	0.8 ～ 1.0	30 ～ 40	
2	投球坐封封隔器	—	—	—	
3	高挤转向前置酸	80	1.0 ～ 1.5	50 ～ 65	
4	高挤主体酸	100	1.0 ～ 1.5	50 ～ 65	伴注 0.2%DCF–1
5	高挤后置酸	20	1.0 ～ 1.5	50 ～ 65	伴注 0.2%DCF–1
6	高挤后置酸	30	1.0 ～ 1.5	50 ～ 65	
7	高挤顶替液	27	1.0 ～ 1.5	20 ～ 40	
8	测压降 15min 后尽快返排				

4. 施工简况

2010 年 9 月 14 日，使用前置转向酸 + 主体酸 + 后置酸的处理工艺，以前置转向酸 + 主体缓速酸 + 高挤后置酸为一个泵注阶段，伴注 0.2%DCF–1 可降解纤维暂堵转向剂，以增强暂堵转向效果，对长水平井段储层进行均匀酸化施工，挤入井筒总液量 285.00m³，其中，预前置液 15m³，前置转向酸 80m³，主体酸 100m³，后置酸 50m³，顶替液 40m³。酸化施工曲线见图 6-4-3。

5. 改造效果

该井酸化前，油压 0.8MPa，套压 0.9MPa，日产液 18t，日产油 17t，日产气 16m³，含水 4.94%。清洁暂堵转向酸化后，日产液 54t，日产油 34.46t，日产气 40m³，含水 36.2%。产油量增加 102.71%，日产气增加 150%。酸化施工前后的生产曲线见图 6-4-4。

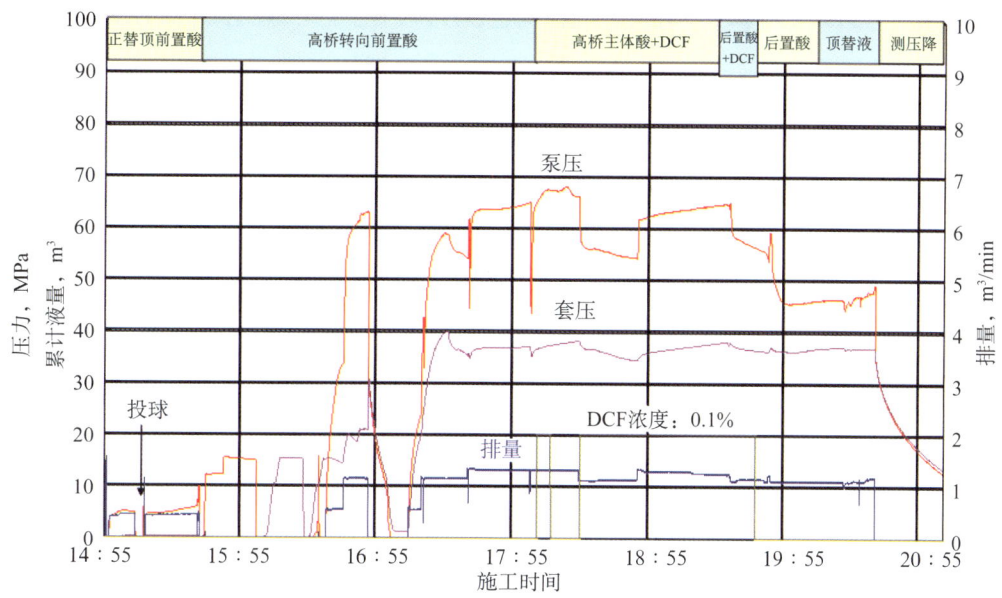

图 6-4-3 D×× 井酸化施工曲线

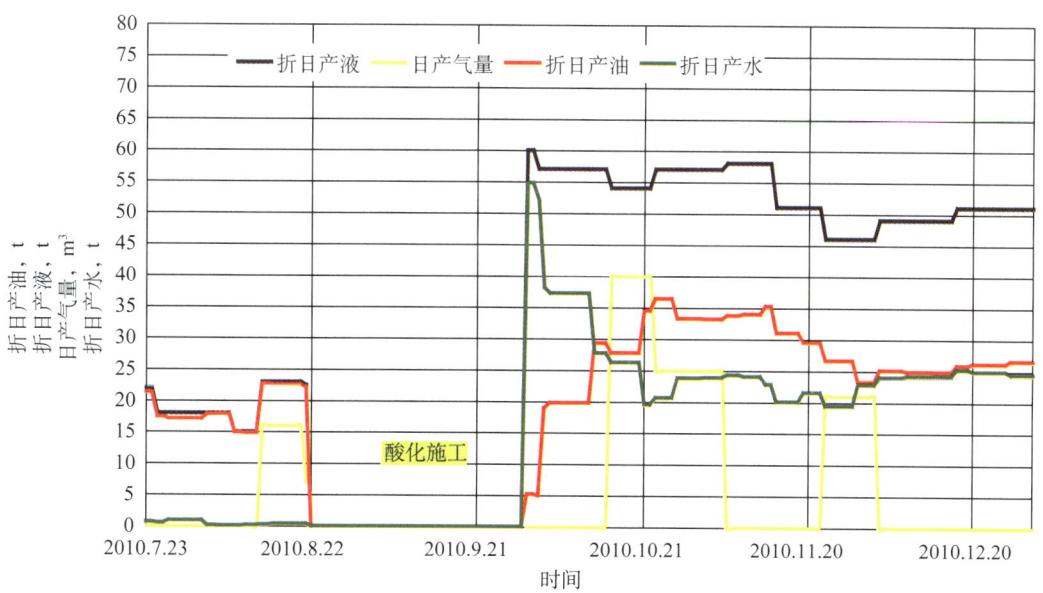

图 6-4-4 D×× 井酸化施工前后的生产曲线

第七章　水力裂缝测试与诊断技术

　　水平井压裂裂缝形态通常较为复杂，为判断分段压裂工艺有效性、评价压后效果、指导水力裂缝优化设计、确定水平井注采井网中注水井位置合理布局及分配注水井注水量等，需要应用水力裂缝测试与诊断技术，对水力裂缝进行测试以认识裂缝形态及几何尺寸。由于水平井压裂裂缝形态的复杂性和液体流动方式的改变，净压力拟合、压后压力恢复试井、产量拟合等在直井上常用的诊断评估手段，难以直接在水平井中应用。目前，国外对于水平井裂缝特性的认识主要采用微地震波测试、水力裂缝测斜仪测试以及示踪剂测井等远场测试方法。国内常用的水平井水力裂缝监测技术有：(1) 水力裂缝测斜仪测试技术；(2) 井下微地震波测试技术；(3) 零污染示踪剂测试技术；(4) 连续油管井温测井技术；(5) 大地电位法测试技术。

第一节　方法类型与适应性

一、方法类型

　　水力裂缝测试与诊断方法有间接计算法和直接测试法，间接计算法包括净压力分析、试井、产量拟合分析等方法，可以用来计算压裂裂缝的尺寸；直接测试法包括近井筒测试法和远场测试法，其中近井筒测试法主要有放射性示踪剂、温度测井、生产测井、井筒成像、井下电视、井径测井等方法，可以用来观察井筒附近压裂裂缝形态，远场测试法包括测斜仪测试、微地震波测试、大地电位等方法，远场测试可以用来测量压裂裂缝的方位、形态和尺寸。

　　对于水平井压裂而言，水力裂缝形态受水平井段方位与最小主地应力方位的夹角、完井方式、射孔井段长度、射孔相位及分段压裂工艺等多种因素的影响，可能出现横向、纵向、斜交、转向、T形等复杂裂缝形态，由于裂缝形态的复杂性以及液体流动方式的改变，在直井上常用的净压力拟合、压后压力恢复试井、产量拟合等诊断评估手段难以直接在水平井中应用，因此，水平井水力裂缝的测试与诊断主要通过直接裂缝监测来获得水力裂缝参数。根据近井筒和远场各种测试方法的特点与水平井水力裂缝监测在判断分段压裂工艺有效性、评价压后效果、指导水力裂缝优化设计、布控水平井井眼轨迹方位、确定水平井注采井网中注水井位置合理布局及分配注水井注水量等方面的测试需求，满足要求的常用水力裂缝测试与诊断方法主要包括水力裂缝测斜仪测试、井下微地震波测试、零污染示踪剂测试、连续油管井温测井和大地电位法测试。这5种方法各有其适应性，井下微地震波和裂缝测斜仪可以测试水力裂缝形态、方位和裂缝几何尺寸，井温测井可以判断裂缝形态，大地电位法可以判断裂缝方位，示踪剂测井可以识别启裂位置和缝内支撑剂分布，在实际应用时，应同时结合测试目的和测试条件来选择一种或多种方法，通过综合不同测试方法来进行相互验证,使获得的裂缝参数更加接近真实情况。另外,由于受测试条件及测量精度限制,裂缝监测的解释结果并不能完全反映真实的裂缝参数情况,因此,在进行裂缝测试解释时应结合油藏条件综合考虑,确保解释结果更加合理。综上所述,水平井水力裂缝形态与参数受多种因素影响,较为复杂,需要采用综合方法进行裂缝监测及解释。

此外,在实际的压裂施工中,正式压裂前还进行测试压裂来确定一些储层和裂缝参数。测试压裂又称小型压裂试验,是通过进行一次或两次以上的小型压裂试验,同时采取与之相配套的工艺技术措施,如阶梯升/降排量、携砂段塞、瞬时停泵、微脉冲试验等,并对压裂压力进行分析来获取储层、裂缝的有关参数与射孔孔眼摩阻、近井筒裂缝迂曲摩阻等,如储层流体渗透率、压裂裂缝延伸压力、闭合压力、缝长、缝宽、压裂液造壁系数、压裂液效率等,从而制定和修改主压裂设计、科学指导压裂施工及为压后评价提供可靠的依据。

二、不同方法适应性

1. 不同水力裂缝测试方法对比

通过比较分析各种水力裂缝测试方法的结果,得到如下认识。

1)微地震波测试与测斜仪测试

这两类方法可以较为准确地测试裂缝方位、长度和高度,但必须合理选择观测井位置。

由表7-1-1可以看到,微地震波与测斜仪的裂缝方位与缝高测试结果基本一致,但是,裂缝长度测试结果存在一定的差异。

表7-1-1 微地震波测试和测斜仪测试结果比较

压裂段	射孔深度 (斜深) m	裂缝方位		裂缝长度 m		裂缝高度 m	
		微地震波	测斜仪	微地震波	测斜仪	微地震波	测斜仪
1	1783~1793	N65°E	N66°E	200	261	55	48
2	1704~1709	N65°E	N65°E	西南翼:200 东北翼:95	236	40	23
3	1663~1668	N73°E	N76°E	西南翼:85 东北翼:100	242	45	42
4	1610~1623	N70°E	N85°E	西南翼:90 东北翼:95	226	40	57

2)井温测井方法

井温测井技术可大致判断裂缝的形态,但无法测试出裂缝方位和几何尺寸。依据井温测井温度负异常可以确定裂缝启裂位置和裂缝形态,但裂缝方位无法识别,其裂缝几何尺寸仅能根据温度场变化拟合获得。典型的井温测井结果见图7-1-1和图7-1-2。

3)零污染示踪剂方法

该方法受回流和洗井原因等影响,裂缝形态识别难度大,存在方法局限性,需要进行更多测试和分析验证此种方法的适应性。

LP1井井筒与主应力夹角为96°,零污染示踪剂解释3段裂缝分别在各自喷点独立启裂和延伸,与井下微地震监测结果相符,如图7-1-3所示。

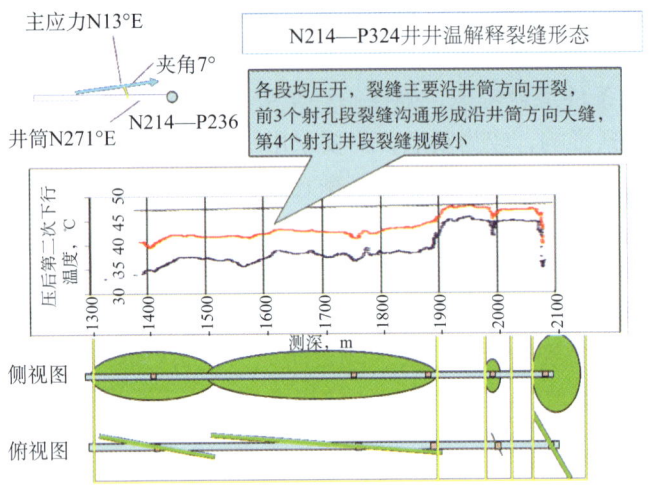

图 7-1-1 N214-P324 井井温测井结果

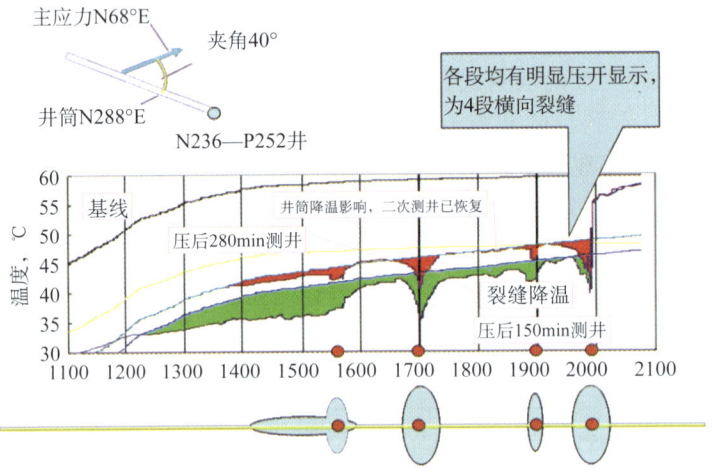

图 7-1-2 N236-P252 井井温测井结果

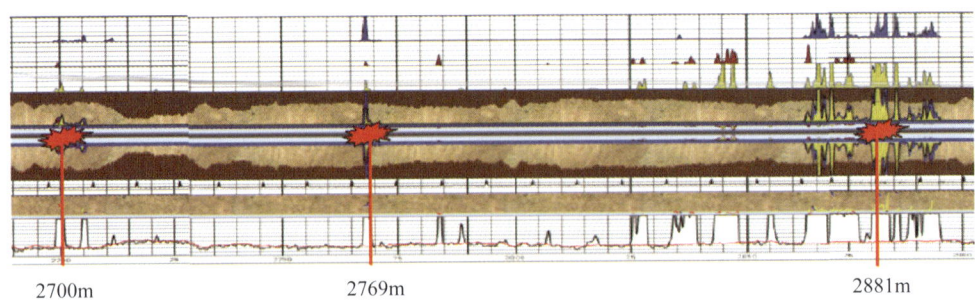

图 7-1-3 LP1 井示踪剂测试结果

因压后洗井和支撑剂回流等因素的影响，示踪剂可能在整个水平井段残留，从而影响测试结果，无法识别裂缝形态，WP7 井、WP8 井和 LP13 井示踪剂测试解释结果如图 7-1-4～图 7-1-6 所示。

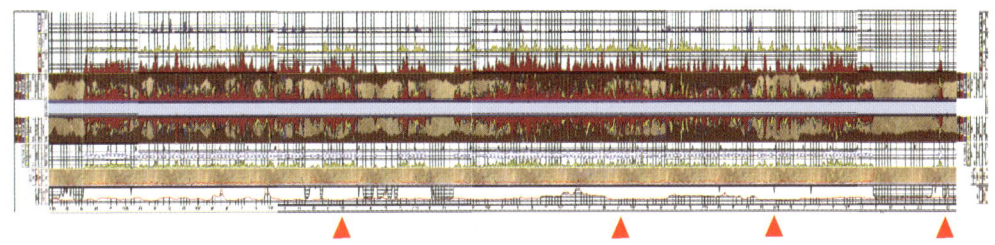

图 7-1-4　WP7 井示踪剂测试结果

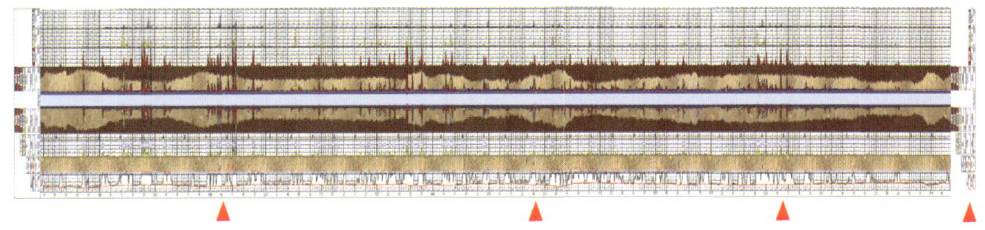

图 7-1-5　WP8 井示踪剂测试结果

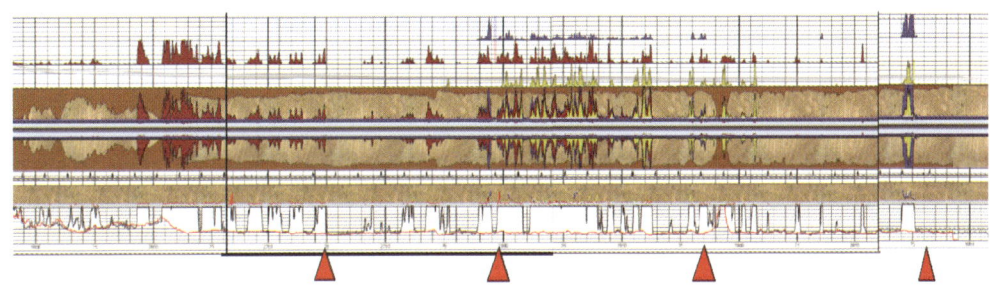

图 7-1-6　LP13 井示踪剂测试结果

4）大地电位法

大地电位法测试的裂缝方位、长度与其他测试方法比较表明，大地电位法可大致识别裂缝方位，但难以识别裂缝形态与测试裂缝几何尺寸。如 HP2 井，微地震波测试裂缝方位为 N97°E，大地电位法测试结果为 N99°E，如图 7-1-7 所示。Z6×-P3× 井第 2、第 3 段微地震波测试裂缝方位为 N65°E 和 N73°E，大地电位法测试结果皆为 N60°E。但是，裂缝长度测试结果差异较大，HP2 井微地震波测试裂缝长度 465.0m，大地电位法测试结果为 246.0m；Z6×-P3× 井第 2、第 3 段微地震波测试裂缝长度分别为 295.0m 和 185.0m，大地电位法测试结果分别为 137.0m 和 150.0m（表 7-1-2）。

2. 不同水力压裂测试方法的适应性

通过对不同水力裂缝测试方法与测试结果进行比较表明，各种方法均有其适应性，详见表 7-1-3。井下微地震波和裂缝测斜仪可以测试水力裂缝形态、方位和裂缝几何尺寸，井温测井可以判断裂缝形态，大地电位法可以判断裂缝方位，示踪剂测井可以识别裂缝启裂位置和缝内支撑剂分布。所以，在实际应用时，应同时结合不同测试目的和测试条件选择一种或多种监测方法进行测试，通过比较多种方法的结果，最终确定比较合适的结果。

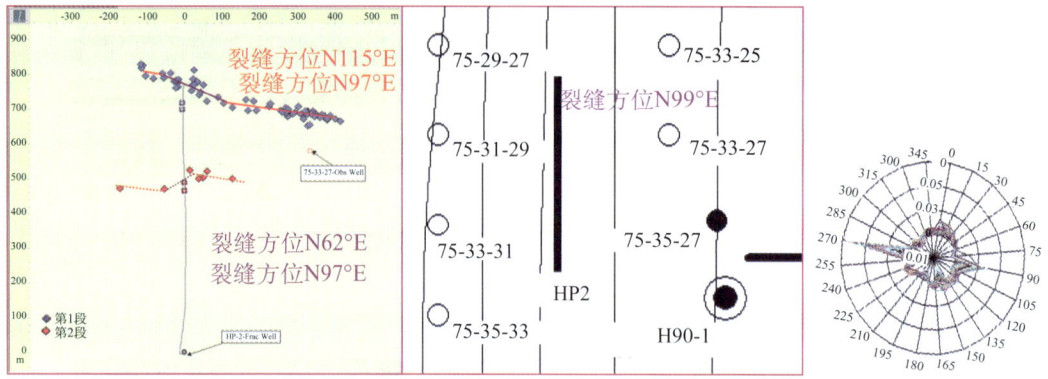

图 7-1-7　HP2 井微地震波测试结果和大地电位法测试结果比较

表 7-1-2　Z6×-P3× 井微地震波、测斜仪与大地电位法测试结果比较

压裂段	射孔深度（斜深）m	方位			长度，m		
		微地震波	测斜仪	大地电位	微地震波	测斜仪	大地电位
1	1783～1793	N65°E	N66°E	—	200	261	—
2	1704～1709	N65°E	N65°E	N60°E	西南翼：200 东北翼：95	236	137
3	1663～1668	N73°E	N76°E	N60°E	西南翼：85 东北翼：100	242	150
4	1610～1623	N70°E	N85°E	—	西南翼：90 东北翼：95	226	—

表 7-1-3　各种测试方法对裂缝参数的识别

测试方法	裂缝形态	裂缝方位	裂缝长度	裂缝高度	不对称性
微地震波测试	√	√	√	√	√
裂缝测斜仪测试	√	√	√	√	√
示踪剂测井	√	×	×	×	×
井温测井	√	×	×	×	×
大地电位法	×	√	○	×	×

注：√表示该测试方法可以识别某裂缝参数，且解释精度较高；○表示该测试方法可以识别某裂缝参数，且解释精度较低；×表示该测试方法不能识别某裂缝参数。

综上所述，水平井水力裂缝形态受多种因素影响，较为复杂，所以，针对一个具体的区块，必须要进行规模化的测试才可能找到规律性的认识，建议加强微地震波和水力裂缝测斜仪的测试。

第二节 水力裂缝测斜仪测试

压裂过程中岩石变形会导致地层发生倾斜，裂缝测斜仪（Tiltmeter）连续记录地层倾斜信号参数，测试数据经过地球物理反演可以求得水力裂缝方位及裂缝几何尺寸。测斜仪测试包括地面测斜仪测试和井下测斜仪测试两种方法，其中，地面测斜仪主要用来测试水力裂缝方位和形态，井下测斜仪主要用来测试分析水力裂缝几何尺寸和监测裂缝实际扩展情况，例如，裂缝的长度、高度随时间的变化，压裂作业规模的增加对裂缝的长度或高度的影响，裂缝的两翼长度对称情况，水力裂缝与天然裂缝交互情况等。但要得到水力裂缝的方位和几何尺寸，要同时用地面测斜仪和井下测斜仪两种方法进行测试，而且地面测斜仪需要在施工前静置一段时间，以消除背景影响。

一、水力裂缝测斜仪测试原理

压裂施工过程中地层形成裂缝时，会诱发裂缝周围地层岩石发生倾斜变形，这种地层岩石的倾斜变形可以通过类似于"木匠水平仪"一样的高灵敏度水平仪——水力裂缝测斜仪测出（图7-2-1），从而可以推算确定水力裂缝的几何尺寸形态和方位变化。该仪器的测试原理是将一组测斜仪布置在地面或通过电缆将一组测斜仪布置在邻井井下，测量水力压裂过程中在裂缝周围岩石变形场向各个方向的辐射情况，通过分析不同位置变形造成的倾角变化，得到水力裂缝的几何形态与方位，如图7-2-2和图7-2-3所示。由于该方法通过测量水力裂缝引起的地层形变来获得裂缝参数，因而不受声波等因素的影响。

测斜仪的主要影响因素是压裂层位的深度及造缝体积，造缝体积越大，仪器反应越灵敏，压裂层位越深，仪器反应越迟钝。由于测斜仪的灵敏度高，系统受环境影响较大，因此，在使用时要排除环境等各种因素的影响。

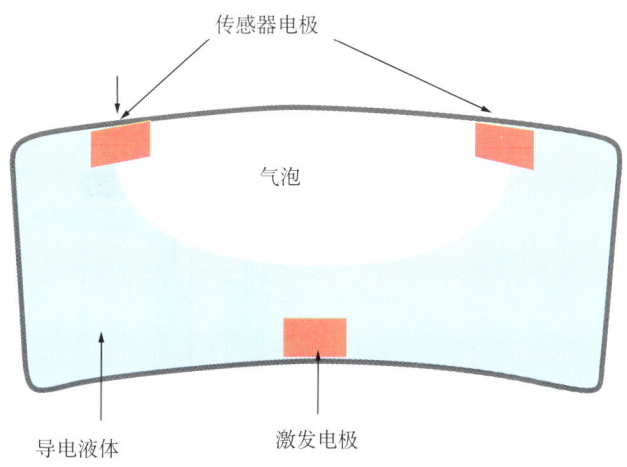

图7-2-1　水力测斜仪裂缝诊断原理

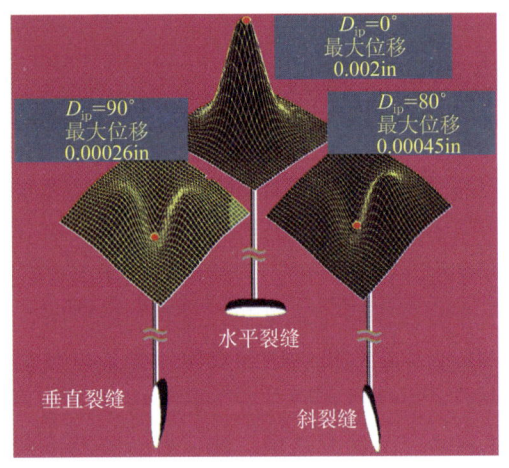

图 7-2-2 水力裂缝引起的地层倾斜变形

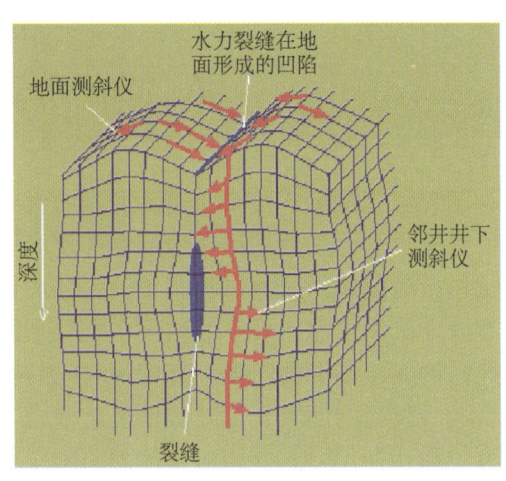

图 7-2-3 由变形分析得到的水力裂缝形态

二、地面测斜仪测试方法

1. 测量原理

地面测斜仪主要用来测试水力裂缝的方位和形态，其测量原理是将一组测斜仪布置在压裂层位，在地面垂直投影周围来测量在裂缝位置以上接近地面的多点处由于压裂引起岩石变形而导致的地层倾斜，经过地球物理反演来确定造成大地变形场的压裂参数。当仪器倾斜时，在充满可导电液体的玻璃腔室内的气泡产生移动，精确的仪器探测到安装在探测器上的两个电极之间的电阻变化，这种变化是由气泡的位置变化所导致的。地面测斜仪通过所观测到的信号参数与理论上的模型矢量进行比较，得到最佳拟合结果，并以此来确定裂缝参数。

2. 测试方法

将测斜仪传感器安装在压裂井周围井眼直径 4in、深度 10~12m 并用水泥固结好的 PVC 管中，如图 7-2-4 所示。布孔范围为水平井射孔位置深度的 25%~75% 的半径范围内，如图 7-2-5 所示。布孔数量依据水平井射孔深度和压裂施工排量确定，一般布置 30~40 孔，如图 7-2-6 所示。

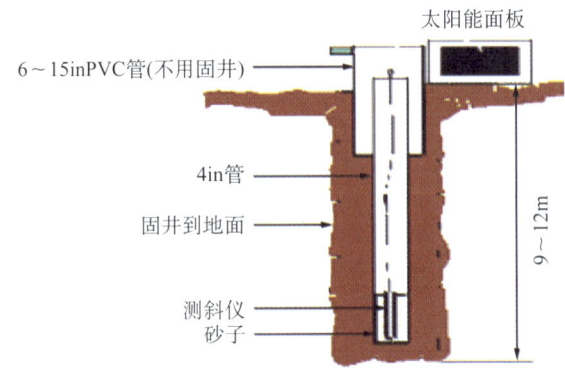

图 7-2-4 地面测斜仪安置图

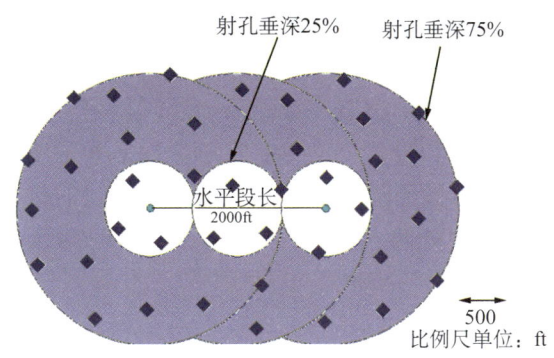

图 7-2-5 地面测斜仪位置布置图

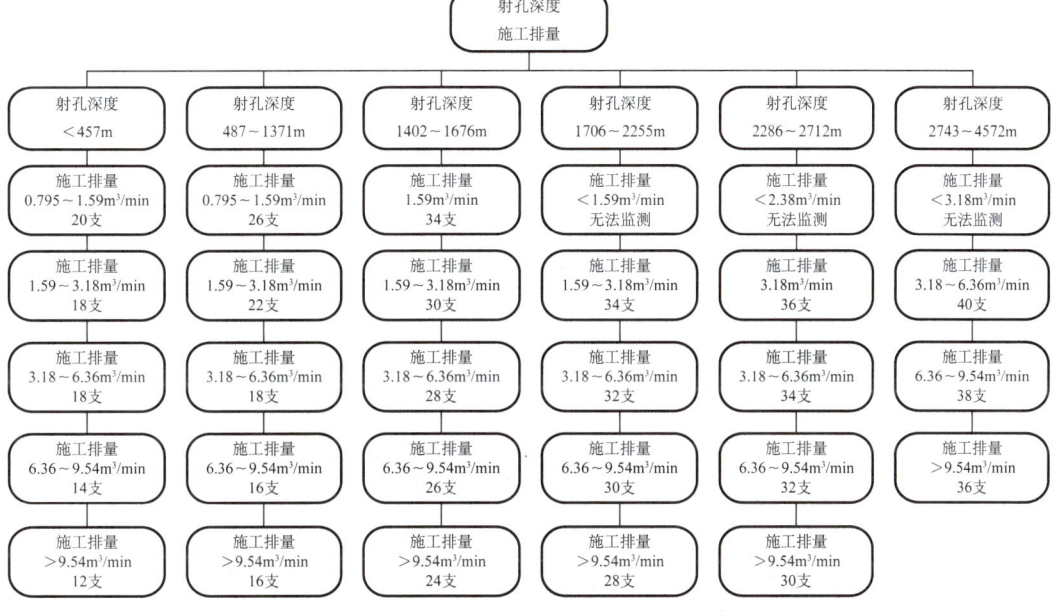

图 7-2-6 地面测斜仪的使用数量与压裂层的深度和施工排量的关系图

3. 测试要求

(1) 地面测斜仪最大测试地层深度为 5000m。

(2) 测斜仪电子仪器工作的温度范围是 $-40 \sim 85$℃。

4. 技术指标

地面测斜仪电子仪器工作的温度范围是 $-40 \sim 85$℃，传感器倾斜角分辨率为 10^{-9}rad，目前最大测试地层深度为 5000m。一般井越深，测量结果的精度相对越差，裂缝方位精度是每 300m 井深 0.5°～1.0°。泵注排量越高、施工规模越大，越能获得更好的测量结果。对于大约 3000m 的井深，则要求泵注排量不小于 3m³/min，而总液量不少于 400m³。

三、井下测斜仪测试方法

1. 测试原理

井下测斜仪主要用来测试分析水力裂缝的高度和长度，其测试原理为在一口井中使用多个测斜仪传感器（一般7～10个），使用常用的单芯电缆车下到井内，在某些情况下可在两个邻井中下入。井下测斜仪要下到水力压裂相对应的同一地层，用磁力器使其与井壁紧紧连接，压裂过程中这些测斜仪传感器连续记录地层倾斜信号参数。井下测斜仪测量裂缝所造成的倾斜可通过地球物理和岩石力学拟合求解，确定导致变形场的裂缝参数。虽然井下测斜仪的原理与地面测斜仪的原理很相似，但井下测斜仪的排列方式对测量裂缝尺寸非常敏感，而对裂缝方位灵敏度较低。反演测得的倾斜数据应进行迭代求出裂缝参数，以达到最大限度上符合测斜仪所测得的结果。井下测斜仪主要测试分析水力裂缝高度和长度，最好与地面测斜仪同时使用。

2. 测试方法

井下测斜仪是将测斜仪下入1～2口观测井中（图7-2-7），根据压裂井和观测井的数据，设计下井测斜仪的数量和仪器之间的连接长度，使仪器串的长度能包容压裂目的层的厚度，使最下部的仪器深于压裂目的层的底部，使最上部仪器的深度小于压裂目的层的上部深度，测斜仪底部距井底不能小于9m。下入仪器一般7～12个，使用常用的单芯电缆车下到井内，井下测斜仪要下到水力压裂相对应的同一地层，用磁力器使其与井壁紧紧连接，压裂过程中这些测斜仪连续记录地层倾斜信号参数，从而得到水力裂缝的连续扩展。通过拟合理论值和观测值得到裂缝高度参数，如图7-2-8所示。

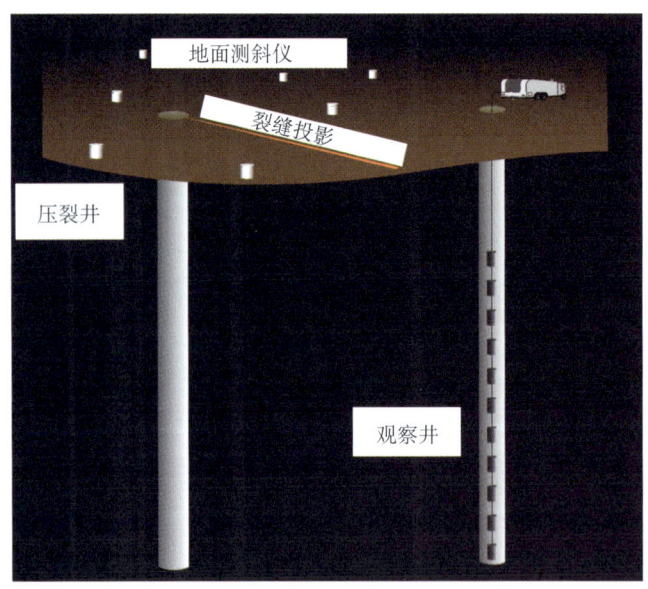

图7-2-7　井下测斜仪测试示意图

3. 测试要求

（1）井下测斜仪放置在套管完井的观测井中，套管的直径为4.5～9.0in。

（2）观测井全井段的井斜角小于等于15°，放置井下测斜仪井段井斜角应小于8°。

（3）仪器的额定最高工作温度为120℃，额定最高工作压力为100MPa。

4. 技术指标

井下测斜仪电子仪器工作的温度范围是-40～120℃，额定最高工作压力为100MPa，传感器倾斜角分辨率为10^{-9}rad。井下测斜仪用电缆车安装在有套管的观测井中，仪器的直

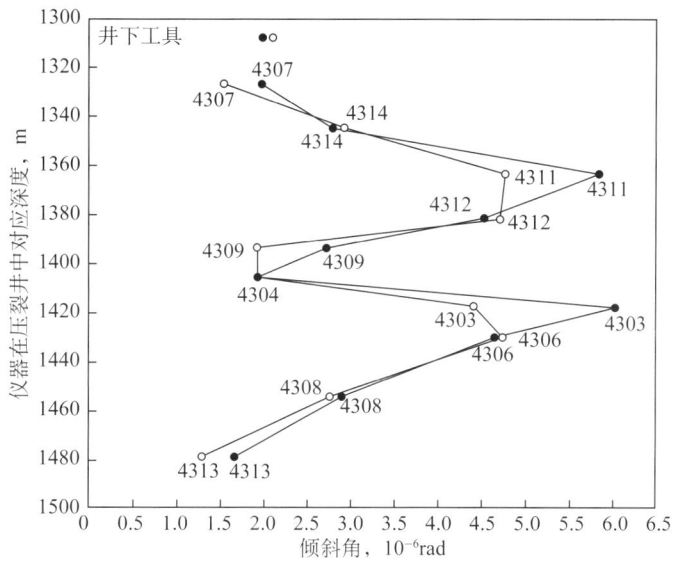

图 7-2-8 裂缝高度拟合曲线

径为 7.28cm。观测井全井段的井斜角小于等于 15°，但放置井下测斜仪井段的井斜角应小于 8°。观测井离压裂段的水平距离一般不大于 400m，裂缝引起的倾斜角变化特性随着距离的增加而扩散和减弱，因此测斜仪测量的准确程度随着观测井到压裂井的距离增加而减弱。

四、水力裂缝测斜仪测试数据分析解释

测斜仪测试数据的分析解释利用 TiLtPT 软件来进行，地面测斜仪分析模块的主要功能是通过建立井及泵注阶段的模型，通过对实际变形量与理论变形量之间的反演、拟合最终实现对水力裂缝特性的认识，地面测斜仪主要分析裂缝的方位、形态、裂缝倾角、裂缝中心等参数，井下测斜仪主要分析裂缝缝长（包括左右半缝长）、缝高（包括上缝高与下缝高）、裂缝倾角、裂缝中心等参数，并可通过蒙特卡罗方法分析结果的误差或可靠程度。需要说明的是目前还无法得到对裂缝宽度的较为客观的认识。

五、水力裂缝测斜仪应用实例

1. CP× 井地面测斜仪测试

1）储层及完井情况

CP× 井是部署在松辽盆地东南隆起地区扶余构造上的一口水平井，完钻井深 785m，垂深 260m，水平井段方位沿最小主地应力方向，方位角 345°。采用钢级 P110、壁厚 7.72mm 的 φ139.7mm 套管完井。各层段物性相对较好，测井孔隙度 27.8%～30.42%，渗透率 126.6～454.76mD，属中孔隙度、中渗透率储层，测井解释为油气水层。

2）压裂设计

该井采用水力喷砂分段压裂，水力喷砂射孔与加砂压裂联作。根据该井储层物性条件，确定 693.0～698.0m，580.0～585.0m，478.0～483.0m 3 个压裂段，对应喷点位置为695m，581m和479m。结合井网、储层物性等参数，根据软件模拟情况，支撑裂缝半长设计为100～110m，3段设计砂量分别为18.0m³，16.0m³和18.0m³。管柱结构采用ϕ73mm油管（N80外加厚）+喷砂工具的连接方式，设计油管排量2.4m³/min，环空排量1.0m³/min。

3）压裂施工情况

该井采用一趟管柱连续分压3段，3个层段射孔与加砂压裂施工基本按设计顺利进行，油管施工排量2.3～2.5m³/min，施工压力22.1～26.6MPa，环空排量1.0m³/min，套压3.3～5.4MPa，3段分别加砂12.1m³，13.4m³和15.2m³，共计加砂40.7m³，最高砂液比50.0%，3段油管砂液比分别29.2%，29.1%和29.8%，施工曲线见图7-2-9。

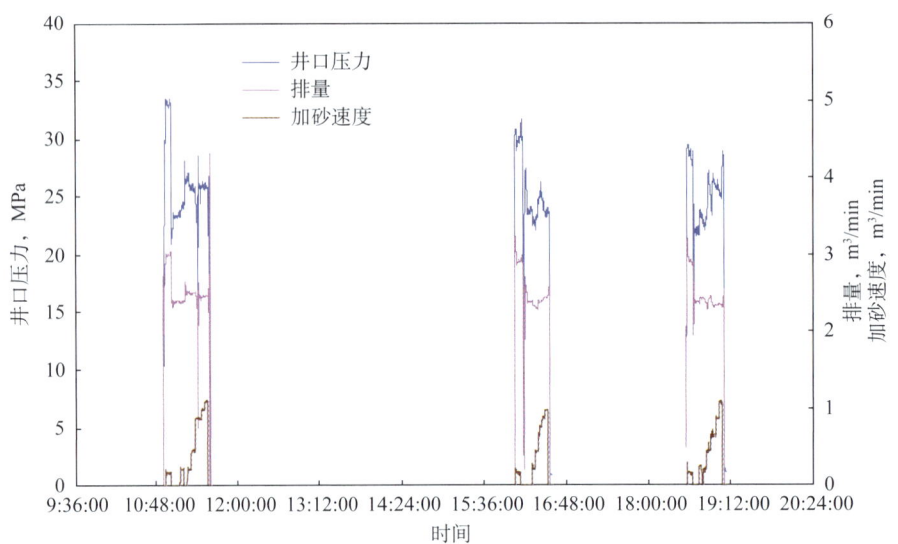

图7-2-9 CP×井水力喷砂压裂施工曲线

4）裂缝测试情况

利用引进的水力裂缝测斜仪在该井上进行地面测斜仪现场测试，地面布孔32个。全过程测试数据形式如图7-2-10所示。曲线上清楚地显示有3次地层变形。

三段压裂地层变形曲线见图7-2-11～图7-2-13，压裂开始时间和结束时间曲线上均有明显显示，说明压裂过程中仪器灵敏度高，信号记录清楚。

5）测试数据解释结果

利用TiLtPT分析解释软件分析了CP×井测试数据，得到该井3条裂缝形态为垂直裂缝，如图7-2-14所示。方位为N86°W—N81°W（表7-2-1）。

2. Z××-P××井地面和地下测斜仪测试

1）压裂井与观察井基本情况

Z××-P××井为松辽盆地北部中央坳陷区三肇凹陷的一口水平井，该井分为1783.0～1793.0m，1704.0～1709.0m，1663.0～1668.0m和1610.0～1623.0m 4段压裂，在压裂过程中进行了地面与地下测斜仪测试和井下微地震波测试，地下测斜仪测试观察井选Z××-45井，它与压裂井各射孔段的距离分别为265～303m（图7-2-15和表7-2-2），井下微地震波测试观察井为Z××-38井。

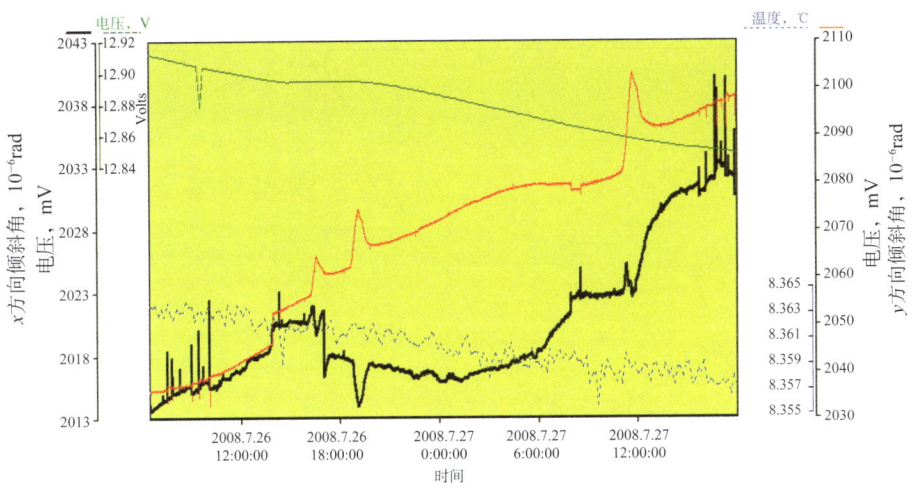

图 7-2-10 水力裂缝测斜仪测试数据曲线

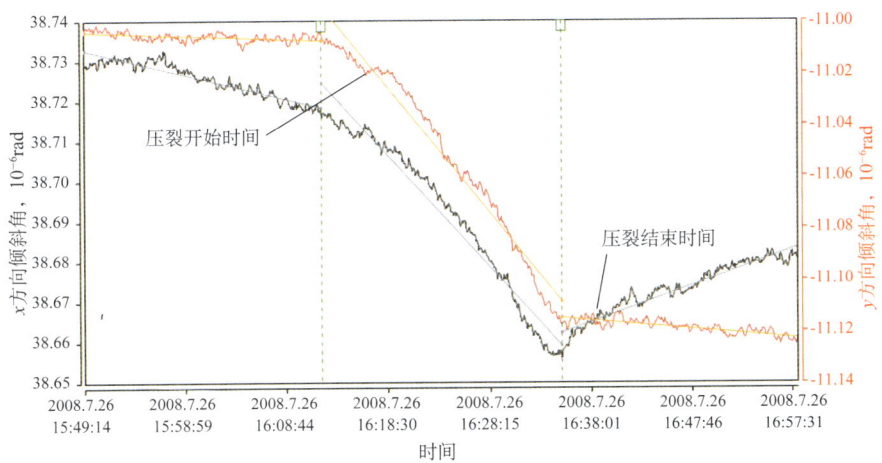

图 7-2-11 CP× 井第 1 段水力裂缝测试仪测试曲线

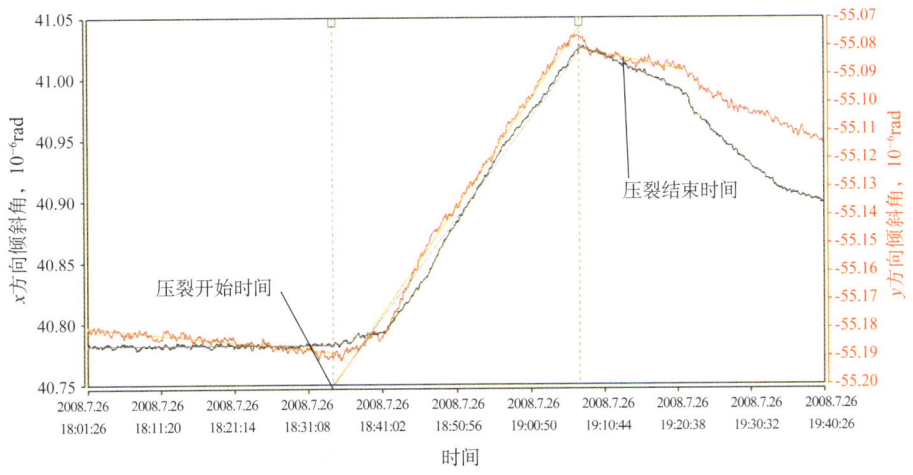

图 7-2-12 CP× 井第 2 段水力裂缝测试仪测试曲线

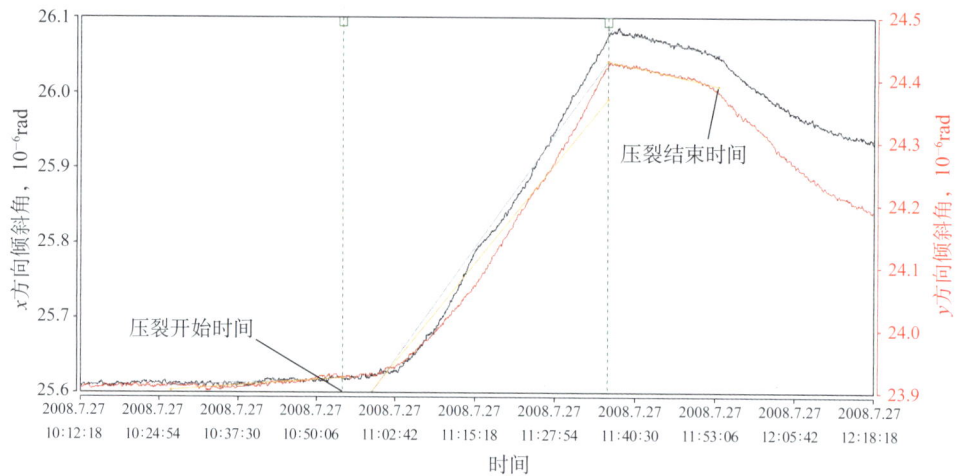

图 7-2-13 CP× 井第 3 段水力裂缝测试仪测试曲线

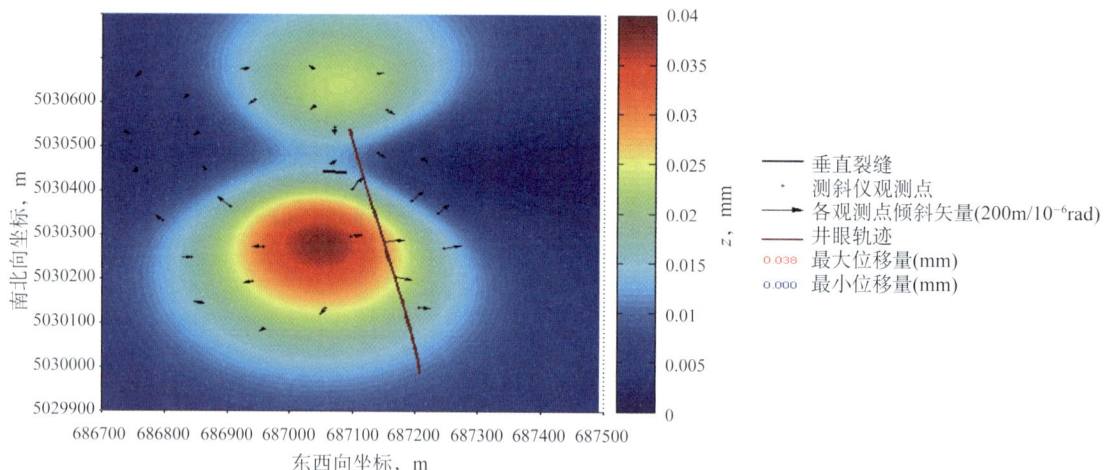

图 7-2-14 CP× 井水力裂缝形态图

表 7-2-1 CP× 井地面测斜仪解释结果

阶段	压裂时间	射孔垂深 m	射孔斜深 m	裂缝方位	裂缝倾角	垂直裂缝的体积分数，%	水平裂缝的体积分数，%
1	16:12—16:34:46	259	693～698	N86°W	89° N	81	19
2	18:34:26—19:07:26	261	580～585	N81°W	80° S	85	15
3	10:54:18—11:36:18	264	478～483	N81°W	80° S	81	19

2）裂缝测试情况

在压裂井 Z××-P×× 周围布孔 40 个，观测井 Z××-45 井筒下布设测斜仪 14 个（图 7-2-16 和图 7-2-17）。

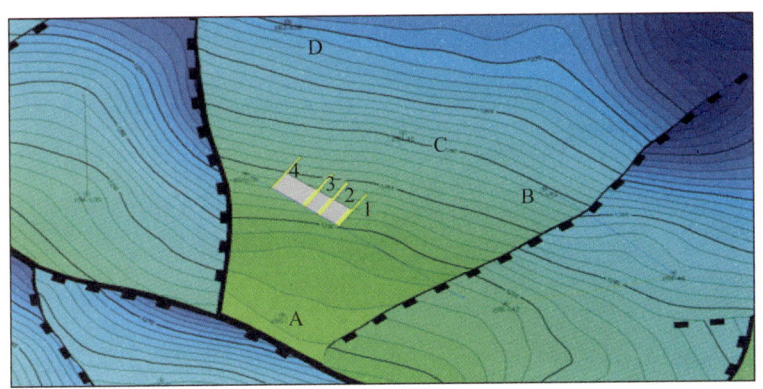

图 7-2-15 压裂井与测试井位置

表 7-2-2 压裂井与测试井的距离

压裂井射孔段编号	1	2	3	4
地下微地震波观察井（Z××-38 水井），m	256.7	268.5	280.3	324.5
地下测斜仪观察井（Z××-45 水井），m	265	269	278	303

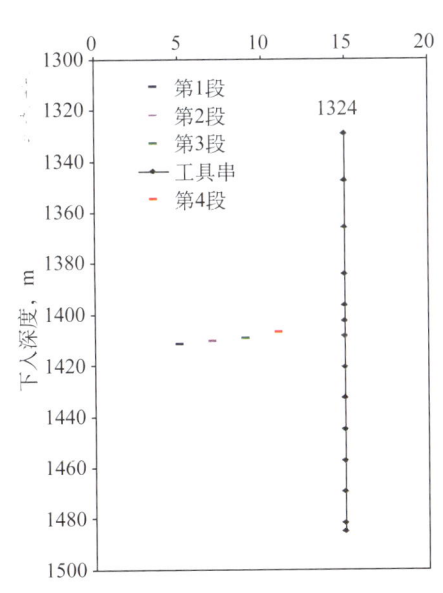

图 7-2-16 井下测斜仪布置图

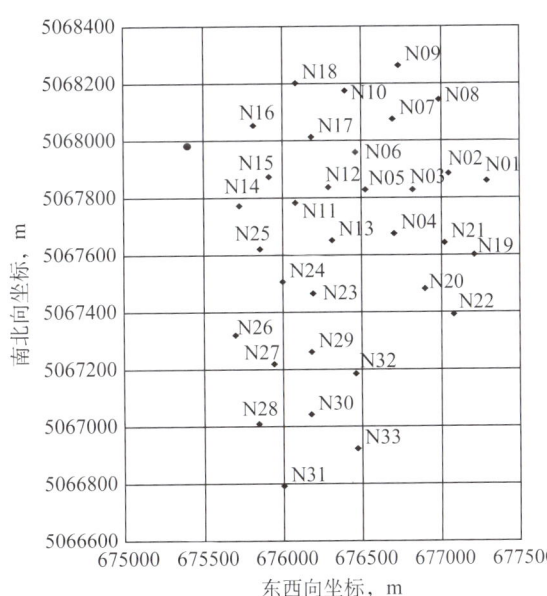

图 7-2-17 地面测斜仪布置图

测试变形时，除第 1 段信号稍弱外，其余 3 段均有明显的变形，如图 7-2-18～图 7-2-23 所示。

地面测斜仪测试数据分析解释结果见表 7-2-3，由表中结果可见，裂缝形态为垂直裂缝，水力裂缝方位 N65ºE—N85ºE。

井下测斜仪测试数据分析解释结果见表 7-2-4，由表中结果可见，水力裂缝高度为 23～57.0m，水力裂缝长度为 226～261.0m。

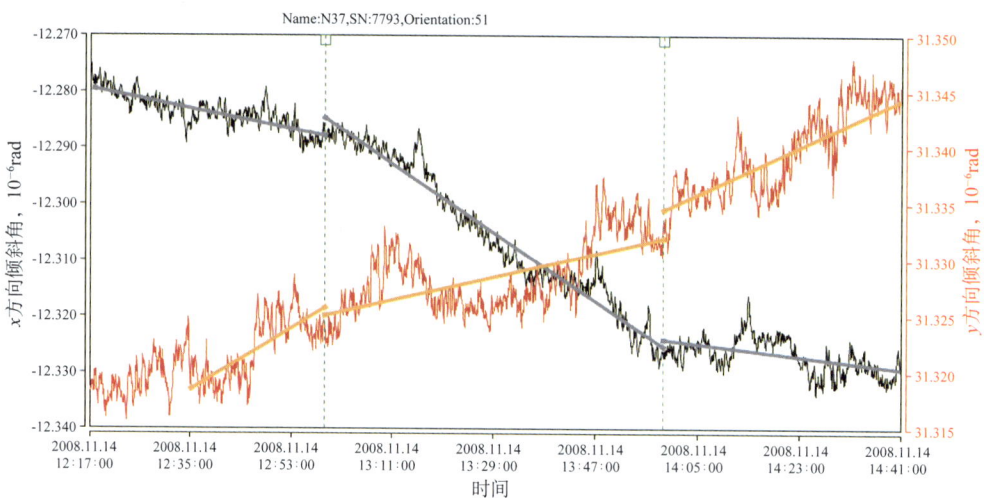

图 7-2-18　第 2 段地面测斜仪测试数据曲线

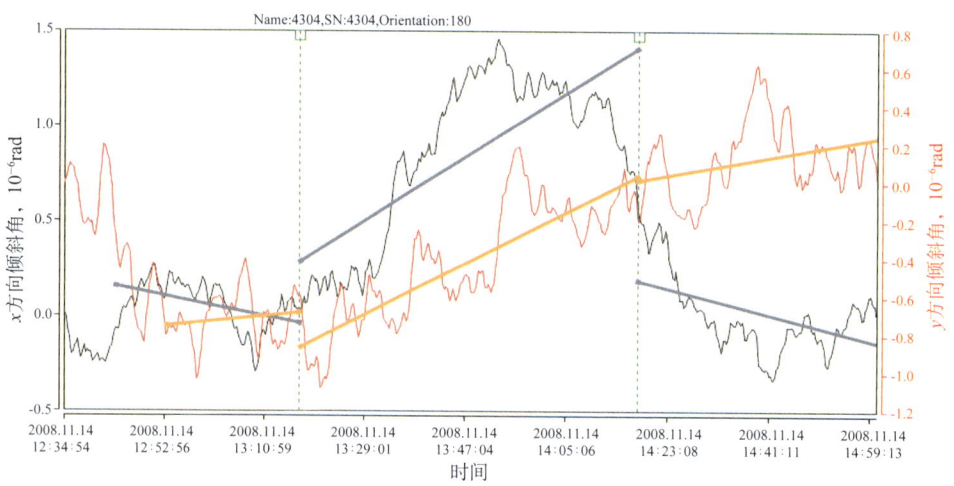

图 7-2-19　第 2 段井下测斜仪测试数据曲线

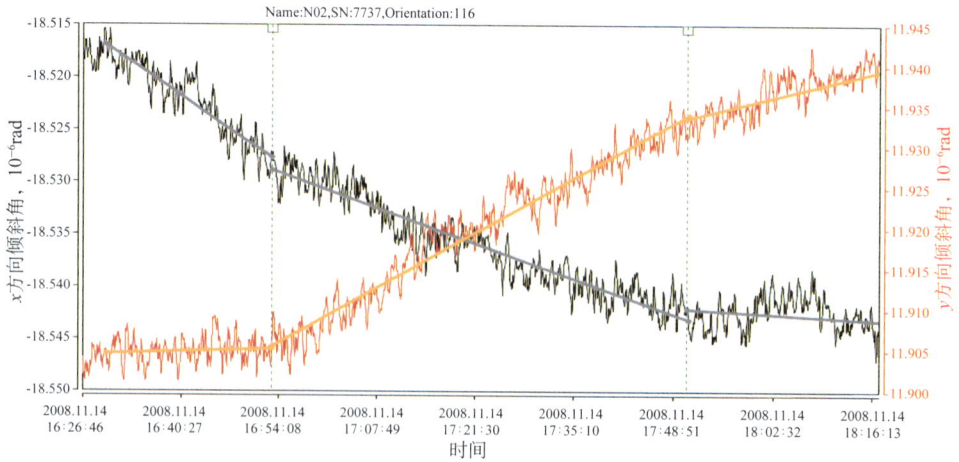

图 7-2-20　第 3 段地面测斜仪测试数据曲线

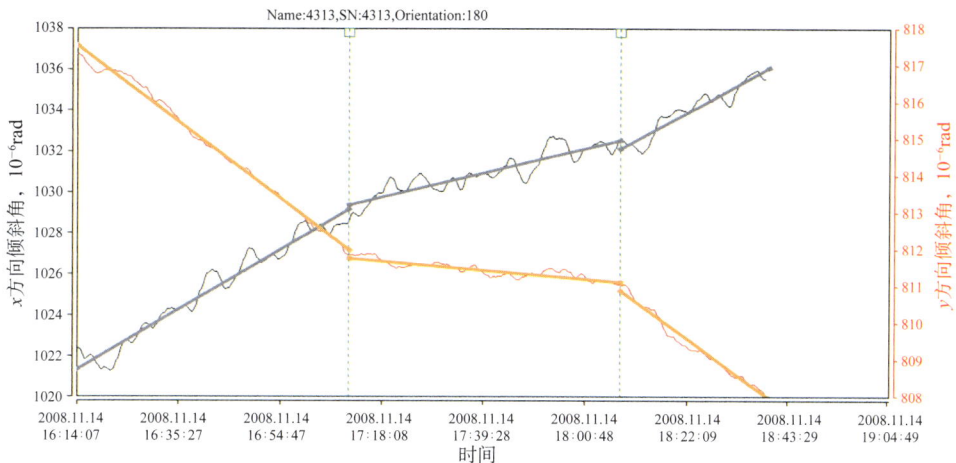

图 7-2-21　第 3 段井下测斜仪测试数据曲线

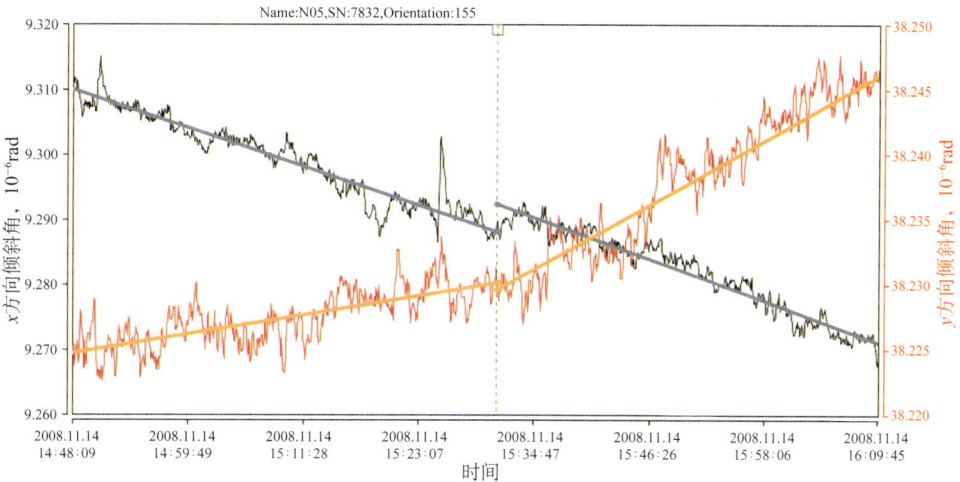

图 7-2-22　第 4 段地面测斜仪测试数据曲线

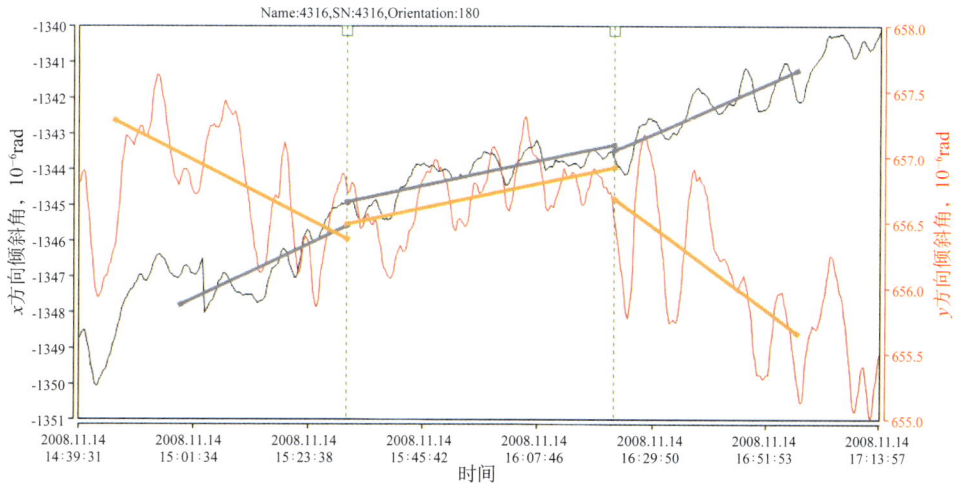

图 7-2-23　第 4 段井下测斜仪测试数据曲线

表 7-2-3 地面测斜仪分析解释结果

阶段	压裂时间	射孔垂深 m	射孔斜深 m	裂缝方位	裂缝倾角	垂直裂缝的体积分数,%	水平裂缝的体积分数,%
1	10:45—12:14	1411	1783～1793	N66°E	S80°E	82	18
2	13:17—14:17	1410	1704～1709	N65°E	S87°E	85	15
3	15:31—16:23	1409	1663～1668	N76°E	N88°W	80	20
4	17:11—18:06	1407	1610～1623	N85°E	N89°W	75	25

表 7-2-4 井下测斜仪测试数据分析解释结果

压裂段	压裂时间	射孔中部垂深 m	射孔井段斜深 m	裂缝高度 m	裂缝长度 m
1	10:45—12:14	1411	1783～1793	48	261
2	13:17—14:17	1410	1704～1709	23	236
3	15:31—16:23	1409	1663～1668	42	242
4	17:11—18:06	1407	1610～1623	57	226

从分析结果看，每一段裂缝方位相差近 10°，反映出裂缝方位的复杂性，此外，裂缝高度变化也较大，反映出裂缝在垂向延伸的复杂性。

第三节 水力裂缝微地震测试

20 世纪 90 年代，美国在得克萨斯州进行水力压裂井下微地震监测试验获得实质性突破，并将此技术快速推广到工业化应用。井下微地震测试可以用来确定水力裂缝的方位和几何尺寸，同时还可以进行实时裂缝监测解释。目前，进行此项技术服务的公司主要有 Pinnacle、Engineering Seismology Group、Microseismic、Schlumberger、Weatherford 和 OYO Geospace，Pinnacle 公司自 2001 年以来已经在北美地区实施了近 3000 口井的压裂监测服务。

一、微地震测试原理

微地震波测试技术是利用岩石破裂过程中产生的微地震波信号测量水力裂缝方位和几何尺寸的一种技术方法。其工作原理是：当压裂产生地层启裂时，由于地层岩石的破裂，产生不连续的微地震波信号，使用井下三分量地震仪连续记录这种随压裂进程产生的破裂岩石发出的微地震波，从而确定水力裂缝的延伸方位、裂缝长度和高度，如图 7-3-1 所示。

二、井下微地震测试方法及要求

1. 测试方法

现场常用的井下地震波监测试验如图 7-3-1 所示，3 个地震波检波器布置成互相垂直，并固定在压裂井邻井相应层位和层位上下井段的井壁上。首先将仪器下井并固定，同时确定下井的方向进行压裂。记录在压裂过程中形成大量的压缩波（纵波）和剪切波（横波）波对，确定压缩波的偏差角，以及压缩波和剪切波到达的时差。由于介质的压缩波和剪切波的速度是已知的，所以，可将时间的间距转化为信号源的距离，得出水力裂缝的几何尺寸，测出裂缝高度和长度，再根据记录的微地震波信号，绘制微地震波信号数目和水平方位角的极坐标图，以此确定水力裂缝方位。

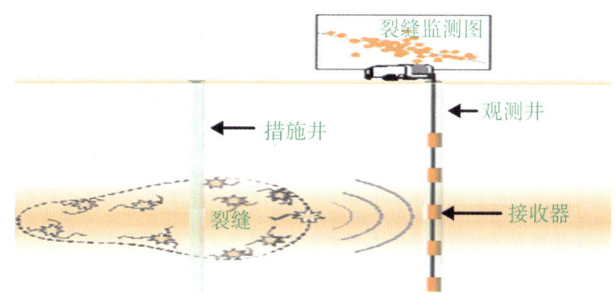

图 7-3-1　井下微地震波测试示意图

2. 测试要求

（1）与观测井的井距小于 500m。

（2）观测井最大井斜小于 30°，狗腿度小于 3°/30m，保证光缆带着仪器能顺利下到目的层。

（3）待观测井检波器下井后才开始射孔作业，以便对三分量检波器进行定位。

利用井下微地震波测试的水平井裂缝长度延伸图像和高度延伸图像见图 7-3-2 和图 7-3-3。

三、微地震水力裂缝监测解释软件

1. 微地震井中监测软件结构

1）软件系统功能模块结构

软件的系统功能模块主要包括：（1）工程管理模块；（2）微震监测数据管理模块（射

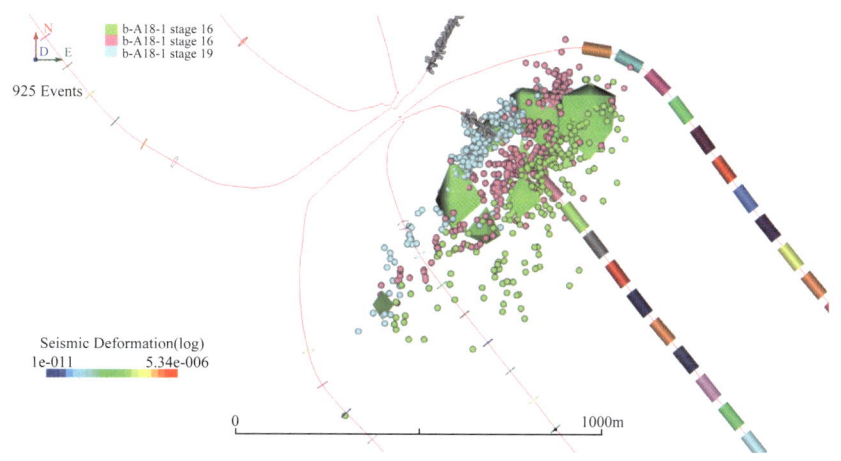

图 7-3-2　井下微地震测试的缝长延伸图像示意图

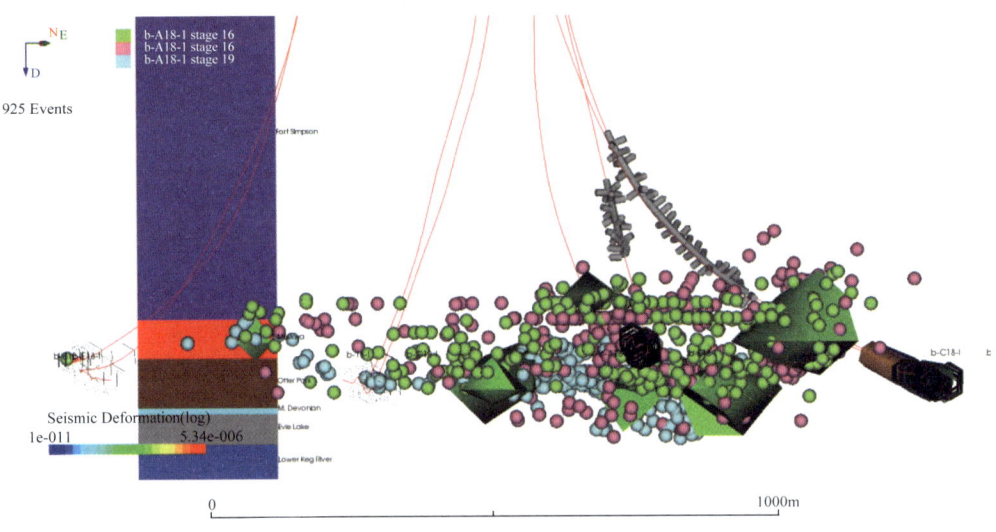

图 7-3-3 井下微地震测试的缝高延伸图像

孔监测数据和压裂监测数据);(3)井斜数据加载模块;(4)微震事件显示及初至拾取模块;(5)微震震源反演定位模块;(6)反演结果三维显示模块。软件系统结构示意图见图7-3-4。

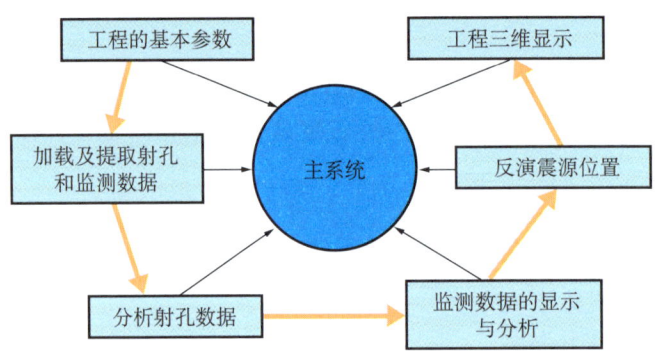

图 7-3-4 处理与解释软件系统结构图

2)软件数据文件结构

软件涉及的数据有射孔监测数据、压裂作业监测数据、井斜数据、井坐标、射孔井段深度、检波器安放深度、压裂作业区的速度模型等数据。所有的数据以工程文件的方式进行管理,数据分别存放到相应的文件或文件夹中(图7-3-5)。表7-3-1是对各个文件或文件夹功能的说明。

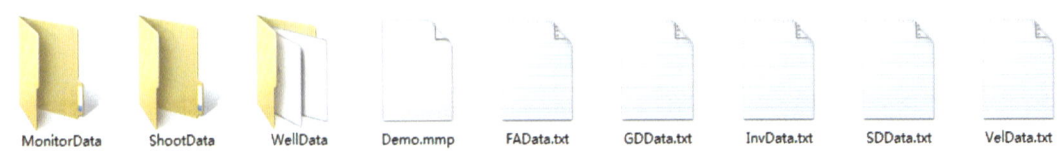

图 7-3-5 数据的存放方式

表 7-3-1 文件或文件夹的功能

文件或文件夹	功能
MonitorData	微震事件监测数据
ShootData	射孔监测数据
WellData	压裂井和监测井的井轨迹数据
FADData	微震事件的纵横波的初至时间
GDData	检波器井下位置和旋转角度
InvData	检波器井下位置和旋转角度
SDData	射孔位置和射孔点对应的压裂时间
VelData	速度模型

2. 软件主要功能模块

1）工程管理模块

工程管理模块的主要作用是指定工程名称，创建日期，压裂井、监测井的名称和其大地坐标，压裂作业的起始时间（图 7-3-6）。

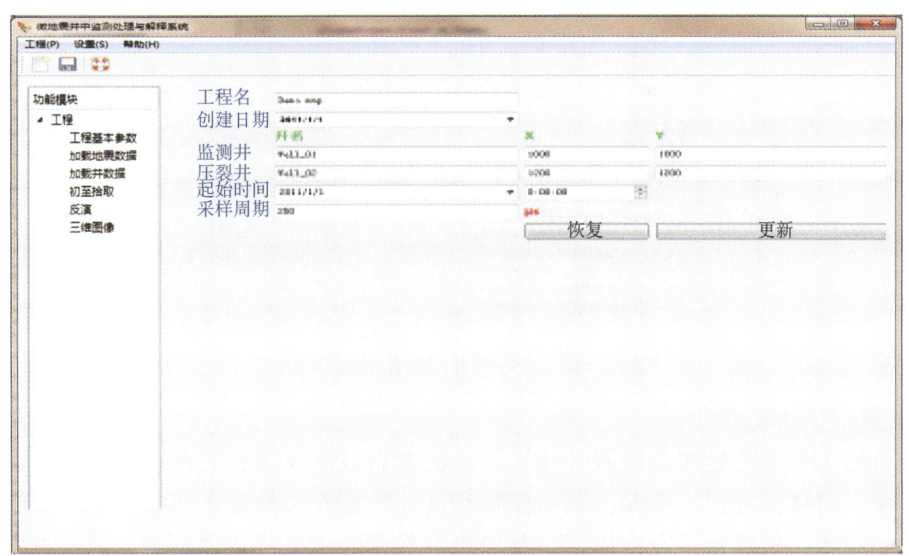

图 7-3-6 工程管理模块示意图

这个模块的功能是设定工程的基本参数，如工程名称、监测井名称、压裂井名称和两井坐标等。在这个模块中有几个关键参数：井坐标、（压裂作业）起始时间和采样间隔。井坐标将对反演计算，三维空间显示有影响。整个系统中的时间，是以起始时间为零点进行计算，即为相对时间。采样隔间需要人工给定，这个值将决定程序后期计算出的频率值和反演时间。

2）微震监测数据管理模块

这个模块的主要功能是加载射孔监测数据、压裂作业监测数据、射孔深度与时间、检波器深度与方位 4 个文件。根据射孔事件和压裂事件的特点，从监测数据中找到这些事件，并且这些数据分别存放到各自的文件夹中（ShootData 和 MonitorData）。射孔信息是指射孔井段和其对应的压裂时间。检波器信息是指检波器的安放深度。在指定微震数据位置时，程序会对微震数据进行扫描，获得微震数据的地震道数。若存在不需要的地震道，可以手动指定，进行剔除。实际的井下观测系统可能有差异，这时需要手动指定三分量间的排列顺序，在进行数据加载时，程序会根据手动指定的排列顺序将地震监测数据自动调整为 X—Y—Z 的顺序。若加载完成以后，发现数据存在问题，可以对数据进行重新加载。同时，用户必须保证剩余的地震道数必须是 3 的倍数，即对应检波器三分量地震道，否则，用户在按"开始加载"按钮时，程序会提示错误。井下检波器的三分量顺序可能不一定是按照 X—Y—Z 的顺序进行接收，考虑这一情况，用户可以按照实际顺序来选择三分量顺序关系。在加载监测数据时，程序会自动将三分量顺序调整为 X—Y—Z，以方便后期的处理。数据管理模块的界面见图 7-3-7。

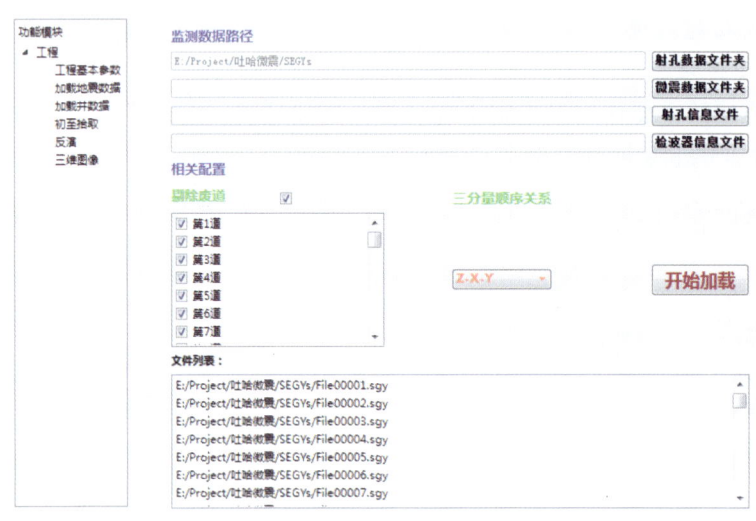

图 7-3-7　微震监测数据管理模块

3）井斜数据加载模块

此模块的主要功能是加载监测井和压裂井的井斜数据及需要的速度模型数据。井斜数据包括斜深、斜度、方位、垂深、东西位移和南北位移 6 个分量，其中程序可以自动换算斜度、方位和两个位移量。速度模型是基于测井数据的水平层状模型。井斜数据加载模块的界面见图 7-3-8。

井斜数据的格式见图 7-3-8，第一行是表头，它说明各列数据的类型，其余各行均为相应的井斜数据。程序可以自动换算斜度、方位与南北位移及东西位移。这样，当斜度和方位（或是南北位移和东西位移）缺失时，程序依然可以正常读取数据。

4）微震事件显示及初至拾取模块

此模块的功能是显示射孔事件和微震事件，一次显示一个检波器的三分量。程序可以利用数据类型（射孔和压裂），事件和检波器 3 个量来切换显示所有数据，并在切换区的下方显示事件所在的原始文件的文件名。此模块使用多种方法来拾取微震的初至时间。在初至拾取模块中，可以自动拾取射孔记录和压裂微震数据的纵横初至时间，在拾取初至的同

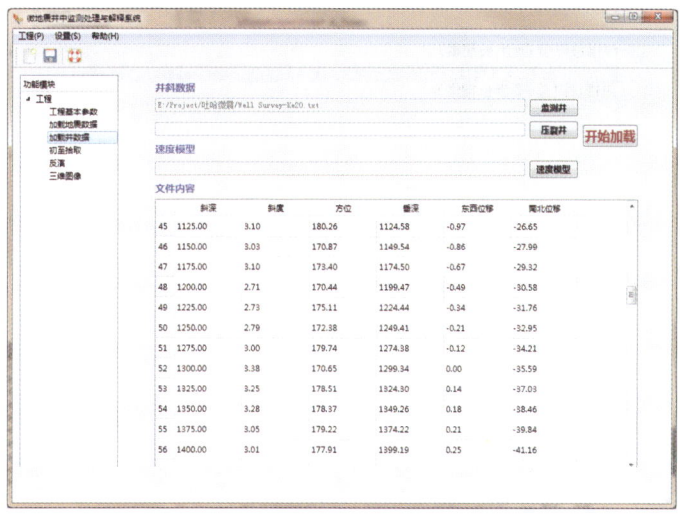

图 7-3-8 井斜数据加载模块

时,对微震事件进行极化分析,提取微震事件的传播方向。在图 7-3-9 中,红线指示的位置就为微震初至的位置。用户可在右侧的控制面板中选择相应的数据,可以选择是射孔数据或是压裂监测数据,可以在不同事件之间进行切换,还可以在不同检波器之间进行切换显示。

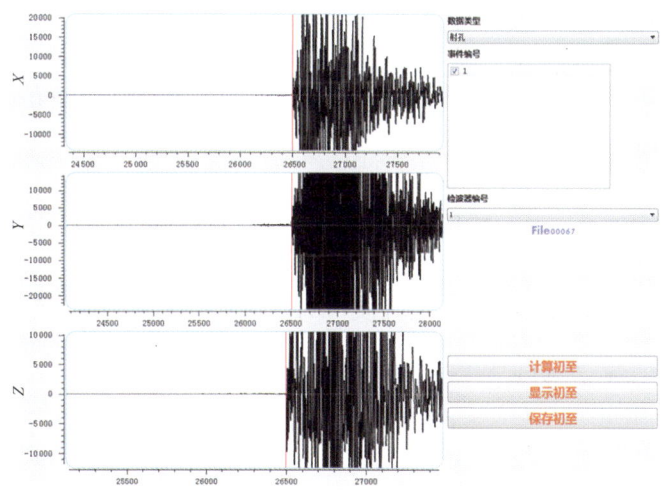

图 7-3-9 微震数据的显示

5) 微震震源反演定位模块

此模块的功能是选择相应的反演方法,并指定相应的参数来进行反演。模块界面见图 7-3-10。选择改进的纵横波时差法来进行震源定位。

(1) 反演使用的参数。

地质模型参数,包括界面的平面方程(本次只建立平面方程)

$$A_i x + B_i y + C_i z + D_i = 0 \quad (i=1, 2, 3, \cdots) \tag{7-3-1}$$

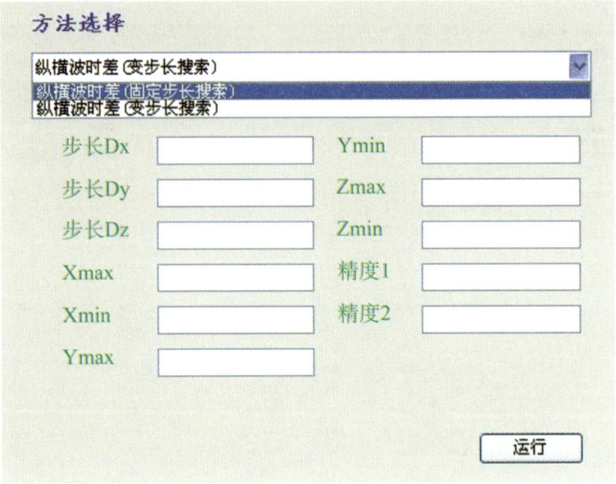

图 7-3-10 微震震源反演界面

纵横波层速度 v_{pi} 和 v_{si}，单位为 m/ms。

检波器位置坐标 (R_{xi}, R_{yi}, R_{zi})，$i=1, 2, 3, \cdots$

实际拾取的纵横波时差 Δt_{psi}，$i=1, 2, 3, \cdots, m$，m 为检波器的个数。

反演参数为震源点的位置坐标，用 S_x，S_y，S_z 表示。

(2) 反演方法

用梯度下降法进行反演，具体步骤和原理如下：

给定起始位置坐标 (S_{x0}, S_{y0}, S_{z0})。

用三维射线追踪求由震源点 $S(S_{x0}, S_{y0}, S_{z0})$ 到各个检波器的纵横波时差 Δt_i，$(i=1, 2, 3, \cdots, m)$，其中：

$$\Delta t_i = \sum_{j=1}^{ni}\left(\frac{d_j}{v_{sj}} - \frac{d_j}{v_{pj}}\right) = \sum_{j=1}^{ni}\left(\frac{v_{pj} - v_{sj}}{v_{sj} \cdot v_{pj}}\right)d_j \tag{7-3-2}$$

d_j 为到第 i 个检波器的射线在第 j 层介质中的射线长度。ni 是射线经过的层位数；

$$d_j^2 = (x_{j+1} - x_j)^2 + (y_{j+1} - y_j)^2 + (z_{j+1} - z_j)^2 \tag{7-3-3}$$

其中起始点为震源点，$x_1=S_{x0}$，$y_1=S_{y0}$，$z_1=S_{z0}$，终点为检波器点，显然 Δt_i 是 S_{x0}，S_{y0}，S_{z0} 的函数，即：

$$\Delta t_i = \Delta t_i(S_{x0}, S_{y0}, S_{z0})$$

构造总误差能量函数：

令

$$E = \sum_{i=1}^{m}(\Delta t_i - \Delta t_{psi})^2 \tag{7-3-4}$$

令

$$fi = fi(S_{x0}, S_{y0}, S_{z0}) = \Delta t_i - \Delta t_{psi}, \quad 则 \; E = \sum_{i=1}^{m} f_i^2 \tag{7-3-5}$$

下面根据梯度下降法求 (S_{x0}, S_{y0}, S_{z0}),使得总误差能量 E 在最小平方意义下最小。求震源点坐标 (S_{x0}, S_{y0}, S_{z0}) 的修正量,为使公式推导简洁,方程用矩阵(矢量)表示,记:$\boldsymbol{sr} = (S_x, S_y, S_z)$,则:

$$E = \sum_{i=1}^{m} f_i^2(\boldsymbol{sr}) \tag{7-3-6}$$

在 E 的极小值处有 E 的梯度为 0,即 $\nabla E = 0$。

由式(7-3-6)可得:

$$\nabla E = 2\sum_{i=1}^{m} f_i(\boldsymbol{sr}) \nabla f_i(\boldsymbol{sr}) = 2\nabla f^{\mathrm{T}}(\boldsymbol{sr}) f(\boldsymbol{sr}) \tag{7-3-7}$$

其中 $f(\boldsymbol{sr}) = (f_1(\boldsymbol{sr}), f_2(\boldsymbol{sr}), \cdots, f_m(\boldsymbol{sr}))^{\mathrm{T}}$ 为 $m \times 1$ 矩阵,而 $\nabla f^{\mathrm{T}}(\boldsymbol{sr}) = (\nabla f_1, \nabla f_2, \cdots, \nabla f_m)$ 为 $1 \times m$ 矩阵,又:$\Delta f_i(\boldsymbol{sr}) = \left(\dfrac{\partial f_i}{\partial sr_1}, \dfrac{\partial f_i}{\partial sr_2}, \dfrac{\partial f_i}{\partial sr_3}\right)^{\mathrm{T}}$ 为 3×1 矩阵。记 $\boldsymbol{A} = \nabla f_i(\boldsymbol{sr})$,则:

$$\boldsymbol{A}^{\mathrm{T}} = \begin{pmatrix} \dfrac{\partial f_1}{\partial sr_1} & \dfrac{\partial f_2}{\partial sr_1} & \cdots & \dfrac{\partial f_m}{\partial sr_1} \\ \dfrac{\partial f_1}{\partial sr_2} & \dfrac{\partial f_2}{\partial sr_2} & \cdots & \dfrac{\partial f_m}{\partial sr_2} \\ \dfrac{\partial f_1}{\partial sr_3} & \dfrac{\partial f_2}{\partial sr_3} & \cdots & \dfrac{\partial f_m}{\partial sr_3} \end{pmatrix} \tag{7-3-8}$$

是 $3 \times m$ 矩阵,则式(7-3-7)可以简化为:

$$\nabla E = 2\boldsymbol{A}^{\mathrm{T}} \cdot f(\boldsymbol{sr}) \tag{7-3-9}$$

把 $f(\boldsymbol{sr})$ 在 $f(\boldsymbol{sr}_0)$ 处展开,并略去二次项上的高次项,则:

$$f(\boldsymbol{sr}) \approx f(\boldsymbol{sr}_0) + \nabla f(\boldsymbol{sr}_0)\nabla \boldsymbol{sr} = f(\boldsymbol{sr}_0) + \boldsymbol{A}_0 \nabla \boldsymbol{sr} \tag{7-3-10}$$

其中 $\nabla \boldsymbol{sr} = \boldsymbol{sr} - \boldsymbol{sr}_0$。

另外,把矩阵 $\boldsymbol{A}$ 也在 $\boldsymbol{A}_0$ 展开,并略去一次以上项,即

$$\boldsymbol{A} \approx \boldsymbol{A}_0 \tag{7-3-11}$$

式(7-3-10)代入式(7-3-9)得:

$$\nabla E = 2\boldsymbol{A}_0^{\mathrm{T}}\left[f(\boldsymbol{sr}_0) + \boldsymbol{A}_0 \Delta \boldsymbol{sr}\right]$$

令 $\Delta E = 0$ 得:

$$\Delta \boldsymbol{sr} = -\left(\boldsymbol{A}_0^{\mathrm{T}} \boldsymbol{A}_0\right)^{-1} \boldsymbol{A}_0^{\mathrm{T}} f(\boldsymbol{sr}_0) \tag{7-3-12}$$

其中:

$$\boldsymbol{A}_0 = \begin{cases} \dfrac{\partial f_1}{\partial sr_1} & \dfrac{\partial f_1}{\partial sr_2} & \dfrac{\partial f_1}{\partial sr_3} \\ \vdots & \vdots & \vdots \\ \dfrac{\partial f_m}{\partial sr_1} & \dfrac{\partial f_m}{\partial sr_2} & \dfrac{\partial f_m}{\partial sr_3} \end{cases} \begin{cases} sr_1 = sr_{10} = s_{x0} \\ sr_2 = sr_{20} = s_{y0} \\ sr_3 = sr_{30} = s_{z0} \end{cases} \quad (7\text{-}3\text{-}13)$$

$$f(\boldsymbol{sr}_0) = \begin{cases} f_1(\boldsymbol{sr}_0) \\ f_2(\boldsymbol{sr}_0) \\ \vdots \\ f_m(\boldsymbol{sr}_0) \end{cases} = \begin{cases} \Delta t_1 - \Delta t_{\text{ps}1} \\ \Delta t_2 - \Delta t_{\text{ps}2} \\ \vdots \\ \Delta t_m - \Delta t_{\text{ps}m} \end{cases} \quad (7\text{-}3\text{-}14)$$

求出 $\Delta \boldsymbol{sr}$ 后，令 $\boldsymbol{sr}_1 = \boldsymbol{sr}_0 + \Delta \boldsymbol{sr}$，作为解的一级近似，如果不能满足要求，重复上述过程，反复迭代，直至精度达到要求为止。

总结以上过程，反演的具体步骤为：①输入实测纵横波时差 $\{t_{\text{ps}i}\}$ 和控制精度参数 e，起始点位置坐标 $\boldsymbol{sr}_0$；②三维射线追踪计算模型纵横波时差 $\{\Delta t_i\}$；③计算中能量误差 E，若 $E < e$，反演结束，否则进行下一步；④计算雅可比矩阵 $\boldsymbol{A}_0$，求坐标修正量 $\Delta \boldsymbol{sr}$，令 $\boldsymbol{sr}_1 = \boldsymbol{sr}_0 + \Delta \boldsymbol{sr}$；⑤重复步骤②至步骤④，直至达到精度要求为止。

6）三维显示模块

三维显示模块采用 OpenGL 加以实现（图 7-3-11）。这个模块可以控制显示深度，支持三维图像的选择与缩放。这个模块以压裂井井口坐标为水平面的中心点，以射孔井段的中点深度为纵向上的中心点。三维显示模块将数据分为井轨迹、检波器、射孔井段和反演的震源点 4 类数据。由不同的函数来进行读取和显示。这样，用户就可以在还没有反演震源时，就可以井轨迹等信息进行三维显示。

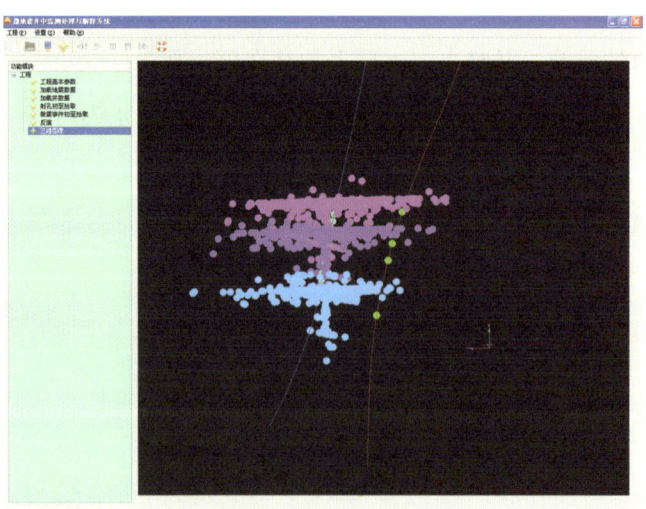

图 7-3-11 微地震事件三维显示

在最终时间定位的基础上，对数据进行拟合形成裂缝带的预测。预测结果包括水力裂缝长、宽、高以及走向等参数，这些预测参数不能显示在三维图像中，只以图表的形式提供参数(图 7-3-12)。

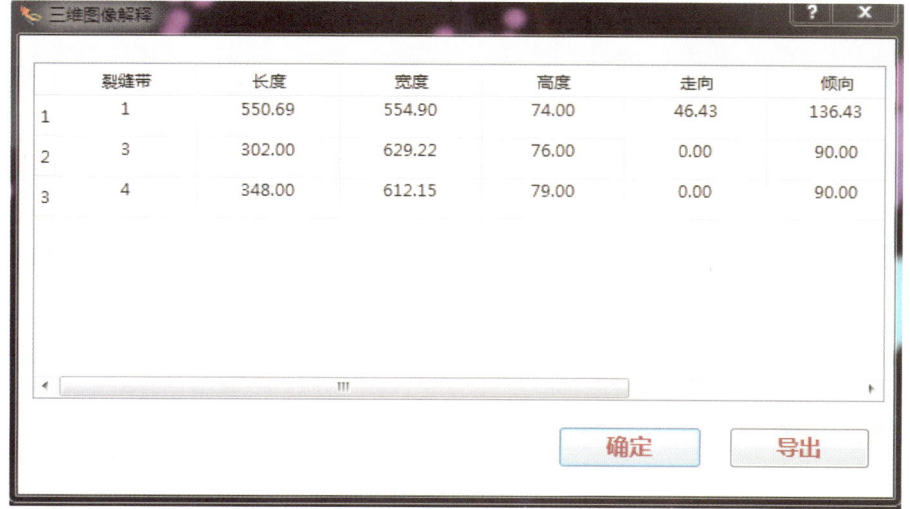

图 7-3-12 微地震事件几何属性

四、井下微地震测试实例——WP1× 井

1. 储层及完井情况

WP1× 井是部署在陕北斜坡中部的一口水平井,完钻井深 2509m,水平段长 325.9m,水平井段方位沿最小主地应力方向,方位角 335°。采用钢级 J55、壁厚 7.72mm 的 ϕ139.7mm 套管完井。储层物性较差,测井解释孔隙度 5.59%~16.64%,渗透率 0.38~5.77mD,属低孔隙度、低渗透率油层。

2. 压裂设计

该井采用水力喷砂分段压裂工艺,水力喷砂射孔与加砂压裂联作。根据该井储层物性条件,确定 4 个压裂段,对应喷点位置为 2459.86m,2323.76m,2226.15m 和 2095.03m。结合井网、储层物性等参数,根据软件模拟情况,支撑裂缝半长设计为 100~110m,3 段设计砂量分别为 35.0m³,30.0m³,30.0m³ 和 35.0m³。管柱结构采用 ϕ73mm 油管+喷砂工具的连接方式,设计油管排量 1.8~2.0m³/min,环空排量 0.6~0.9m³/min。

3. 压裂施工情况

该井按设计进行了施工,共分压 4 段,油管施工排量 1.8~2.4m³/min,施工压力 26.1~30.1MPa,环空排量 0.8m³/min,套压 5.6~7.5MPa,4 段分别加砂为 35.0m³,30.0m³,30.0m³ 和 35.0m³,共计加砂 130.0m³,4 段油管砂液比分别为 37.0%,36.1%,36.9% 和 35.2%,施工曲线如图 7-3-13 所示。

4. 裂缝测试情况

压裂过程中对 WP1× 井进行了井下微地震裂缝监测,该井压裂监测的目标为在 QQ02-32 井下仪器监测 WP1× 井的第 1、第 2 段压裂;在 Q2-32 井井下仪器监测 WP1× 井的第 3、第 4 段压裂,如图 7-3-14 所示。

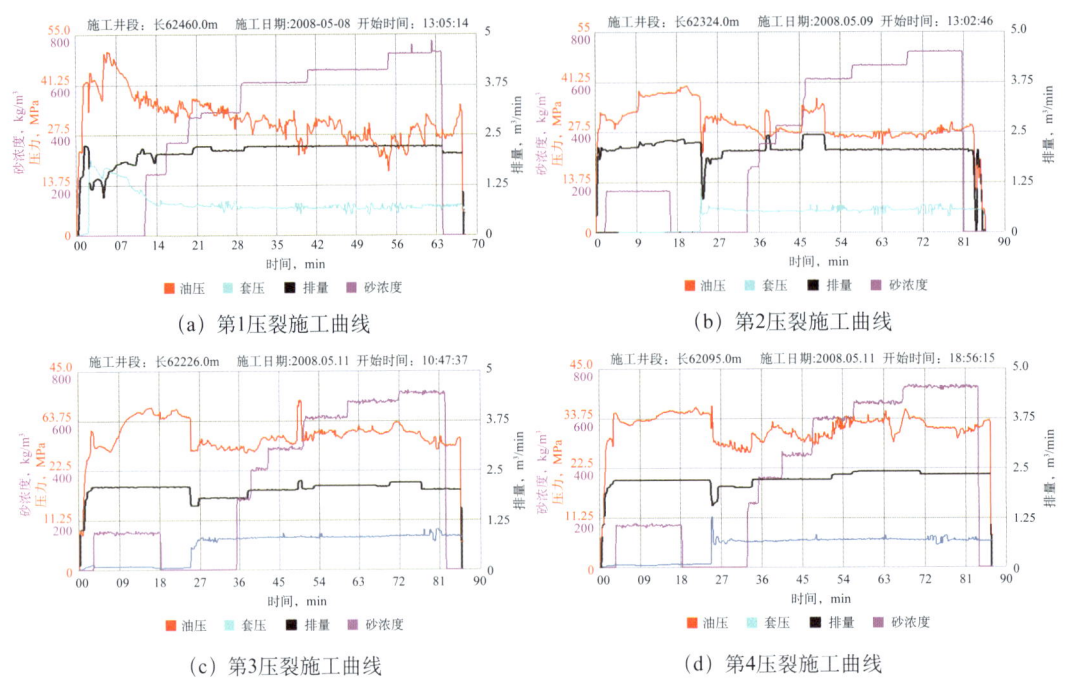

图 7-3-13　WP1×井水力喷砂压裂施工曲线

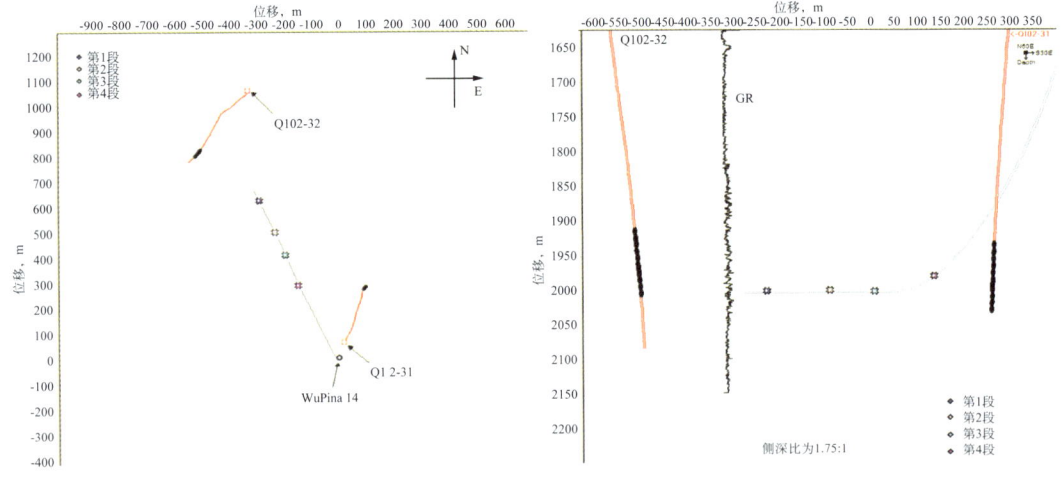

图 7-3-14　WP1×井井下微地震监测实际位置图

声波速度由 Q02-32 井及 Q2-31 井的声波测井数据计算获得。速度剖面模型建立后，通过在 Q03-33 井和 Q02-32 井爆燃压裂进行校合。通过在 Q03-33 井和 Q02-32 井爆燃压裂对井下仪器进行定位。

5. 测试结果

井下微地震监测解释结果如图 7-3-15 所示，该井裂缝的扩展沿井筒基本对称，微地震监测获得的裂缝长度 115～170m。裂缝方位为近东西向（N50°E）。其中第1、第2、第3 压裂段裂缝扩展方向几乎一致，第4段裂缝西翼的裂缝扩展方向和前3段一致，东翼的扩展方位为近东西向（N80°E）。

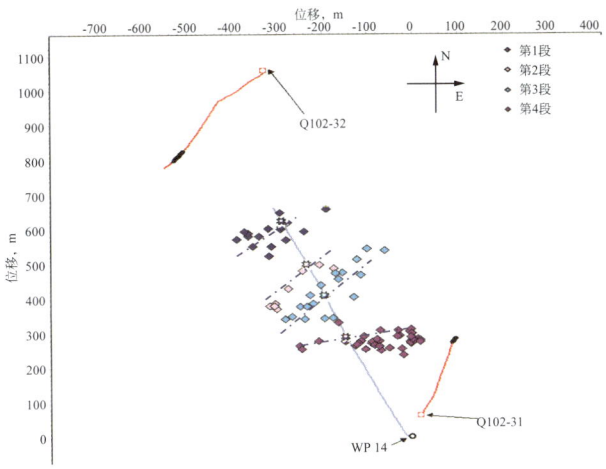

图 7-3-15　WP1×井井下微地震监测实际位置图

第四节　水力裂缝其他测试技术

一、零污染示踪剂测试技术

1. 方法原理

在油（气）、水井实施水力压裂施工时，将不同种类的零污染放射性示踪剂随同压裂液（前置液、携砂液）一起注入地层，压裂结束30d后，利用高精度高分辨率伽马扫描测试工具获得示踪剂在裂缝内的分布情况，评价裂缝启裂位置和形态。

零污染示踪剂测试法经常使用的放射性同位素有4种。（1）^{124}SB（锑）：活度 5.92×10^9Bq，伽马数 45～54。（2）^{46}SC（钪）：活度 7.41×10^9Bq，伽马数 53～63。（3）^{192}IR（铱）：活度 1.481×10^{10}Bq，伽马数 34～45。（4）^{241}Am（镅）：活度 7.4×10^6Bq。

之所以称为零污染，主要是示踪剂具有如下特性：

（1）低辐射，比日常用烟感器辐射还要低。

（2）低能量，比地层自然放射性材料低至少一个数量级。

（3）零冲洗，零污染，基质烧结，非外附着方式（图7-4-1）。

（4）半衰期短，半衰期 60～80d。

（5）用量少，一茶杯大小的量可满足至少一个作业。

（6）安全包装和运输，多层铅罐铅箱，专用车辆（国家监管）运输。

2. 测试方法

（1）压前测伽马射线基线。

（2）压裂过程中将不同种类的零污染放射性示踪剂注入地层（图7-4-2）。

（3）压后彻底洗井后，再进行井的放射性测井。

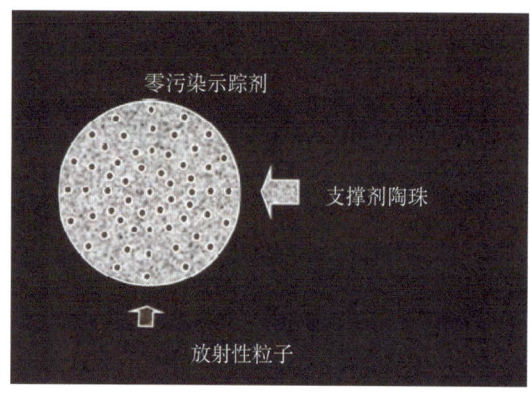

图 7-4-1　零污染示踪剂

图 7-4-2　示踪剂现场注入

3. 测试要求

（1）示踪剂用专用设备装盛和专用车辆运输。

（2）压后测试之前彻底清洗水平井筒。

4. 测试结果

零污染示踪剂测试的水力裂缝形态结果见图 7-4-3 和图 7-4-4。

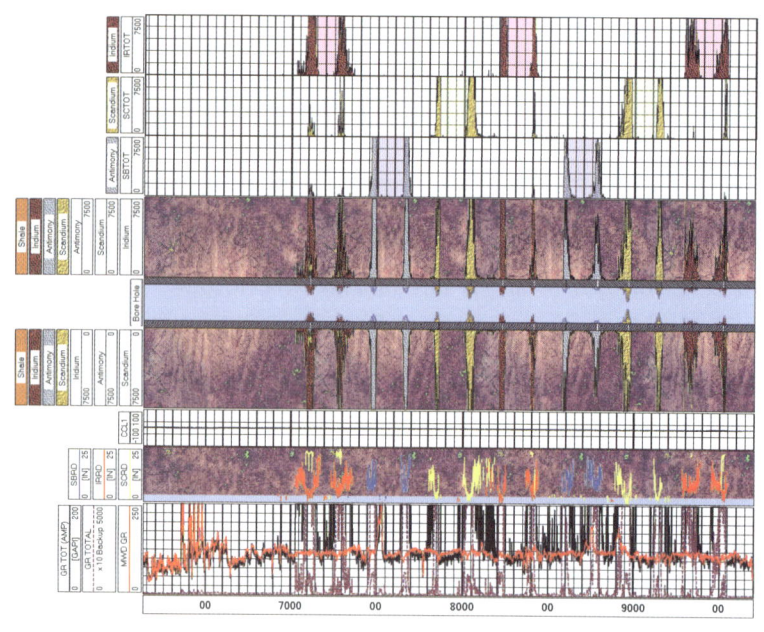

图 7-4-3　垂直于水平井筒的横向裂缝

二、连续油管井温测井技术

1. 方法原理

压裂过程中被挤入地层的压裂液温度与地层温度不同，处于地面温度的压裂液进入裂缝，与地层发生热交换，致使近井筒地层温度发生变化，通过水平井压裂前后井温测井，对比分析压裂前后微差井温测试数据，分析认识水力裂缝启裂位置与形态。

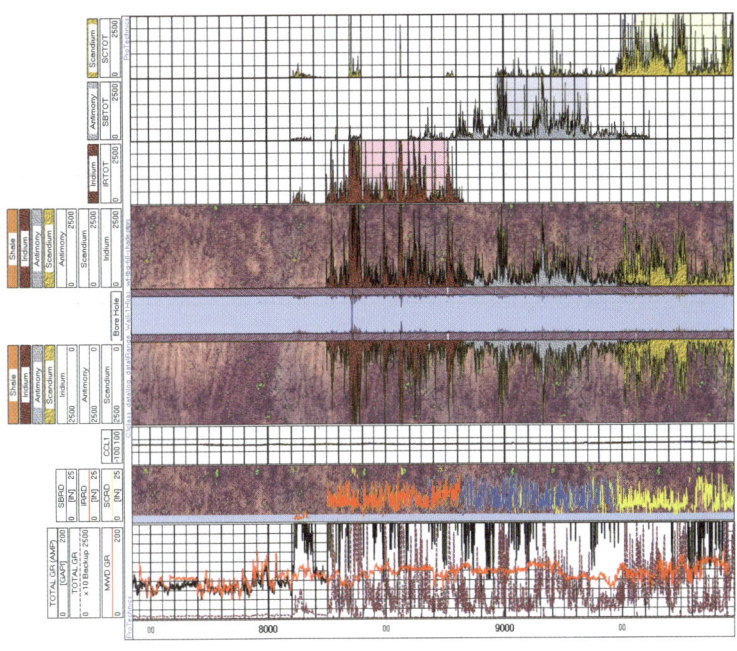

图 7-4-4　沿水平井筒方向的纵向裂缝

2. 测试方法

水平井压裂之前，利用连续油管携带存储式温度仪进行一次压前温度场的测定，测出井温基线。压裂施工结束后，再进行井温测井，测出压后井温曲线，比较压前测的井温基线，根据前后曲线局部的异常部分，判断出裂缝开启的位置和大致形态。连续油管测试地面现场情况见图 7-4-5，连续油管测试井下管柱情况见图 7-4-6。

图 7-4-5　连续油管测试地面现场情况

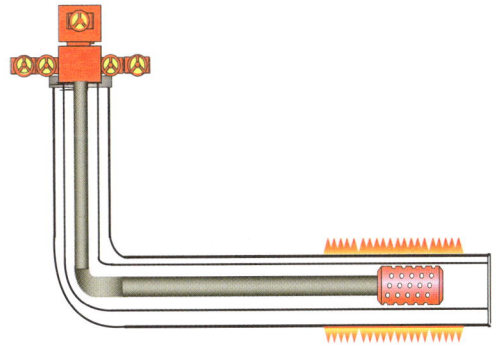

图 7-4-6　连续油管测试井下管柱情况

3. 测试要求

（1）压前测出一条井温剖面的基线。

（2）压后应尽早并做多次井温剖面测试。压裂结束后尽早开始测试，并进行 2～4 次测量。

（3）测点范围应包括裂缝延伸的可能范围。

（4）测井仪运移速度应控制在 6m/min 之内，不可过快。

(5)入井压裂液温度应与地层温度有一个可区分的温差,以保证在井下出现温度异常。

4. 测试结果

井温测井的典型温度曲线和温差曲线测试结果见图 7-4-7。

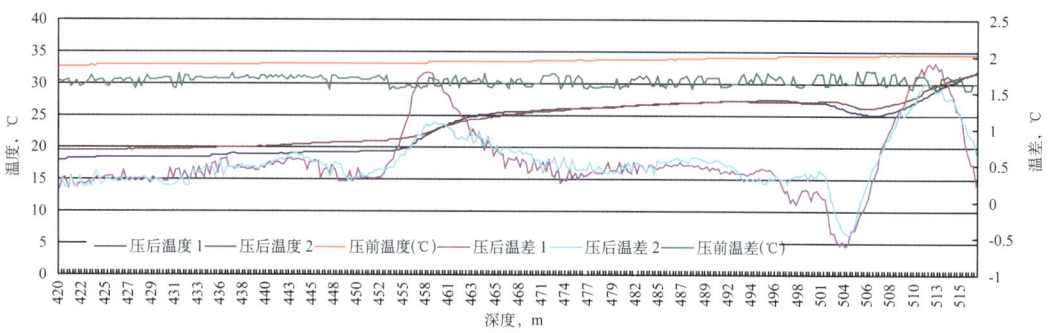

图 7-4-7 连续油管井温测井曲线

三、大地电位法监测技术

1. 方法原理

通过测量注入目的层的高电离能量的工作液所引起的地面电场形态的变化,来认识压裂目的层水力裂缝方位的一种测试方法。压裂井与邻井充电形成大地电场,并以压裂井为圆心,圆形布置监测点。当压裂施工时,具有导电能力的高含盐量水基压裂液在裂缝中流动,将引起水力裂缝附近的地面电位变化,通过监测压裂前后地面电位的变化情况,即可判断裂缝方位。如图 7-4-8 所示。

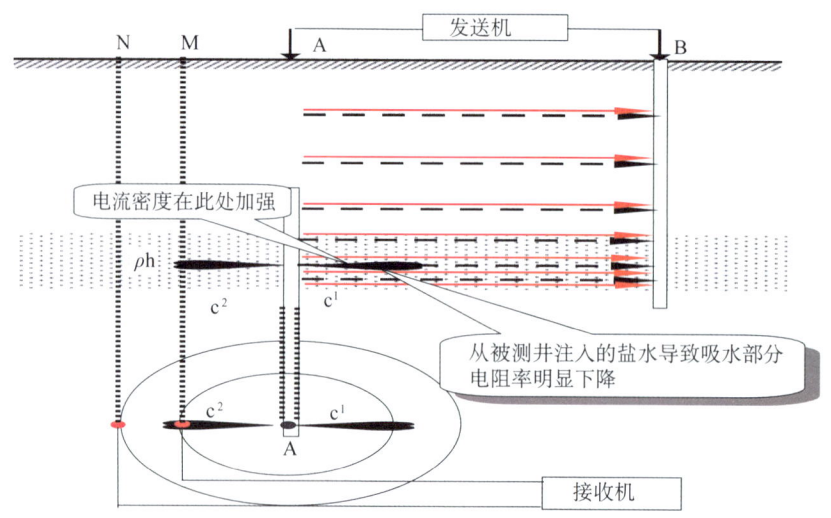

图 7-4-8 大地电位法监测裂缝方位原理图

2. 测试方法与结果分析

1) 压前基准电位场(正常场)测试

通过 A 井和 B 井向地层供入特定频率的信号后,应用 IPRF-2 型接收机分别测试内环相对于中环和外环对应测点之间的电位，如图 7-4-9 和图 7-4-10 所示。

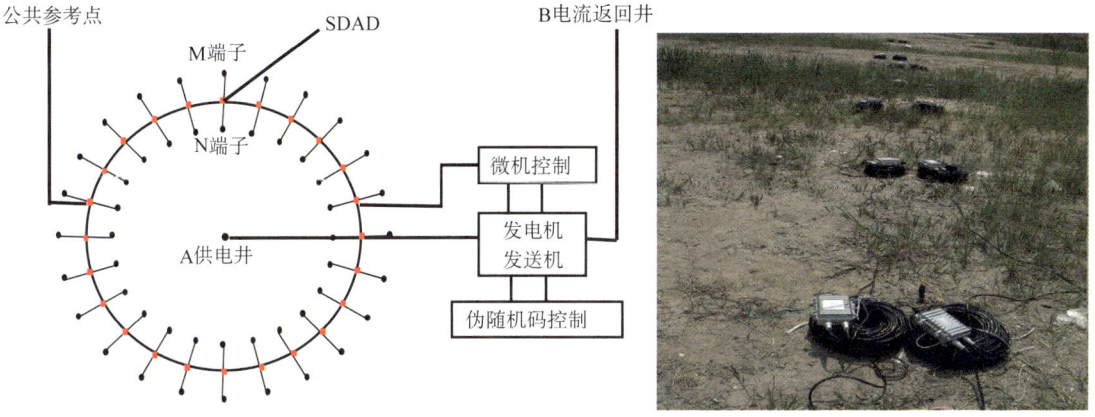

图 7-4-9　大地电位法监测示意图　　　　图 7-4-10　大地电位法测试地面仪器

2）压后电位场（异常场）测试

压裂施工结束后保持压前基准电位场测试装置不变，再次分别测试内外环对应测点和内中环对应测点的地面电位差，取得与压前测试相对应的压后电位场（异常场）测试数据。

3）测试结果分析

分析内、中圈电位异常曲线（图 7-4-11）和内、中圈电位异常环形图（图 7-4-12），以及中、外圈电位异常曲线和中、外圈电位异常环形图，可得到水力裂缝方位。

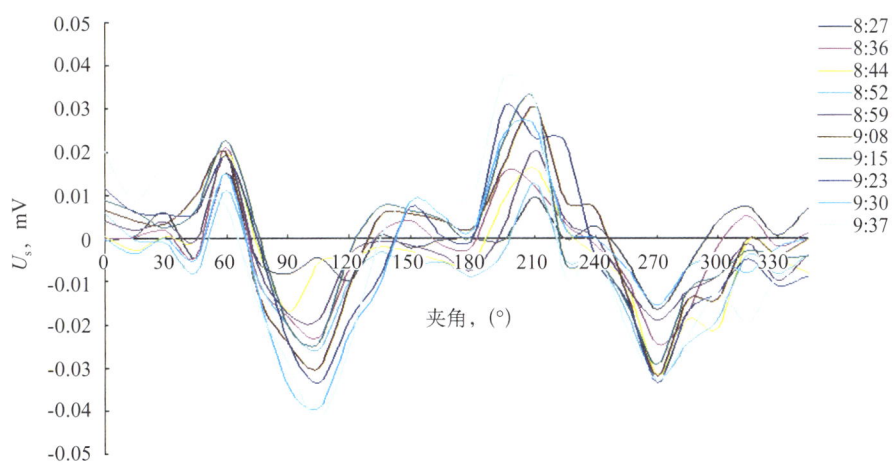

图 7-4-11　内中圈电位异常曲线

3. 测试要求

（1）要求压裂水平井水平段垂直上方的地面一定面积上无障碍物，以满足布设监测电极的要求。

（2）压裂液与地层水矿化度差异在 10000mg/L 以上。

（3）要求进入地层的压裂液在 50m^3 以上，便于电极信号的监测要求，保证测试结果的准确性。

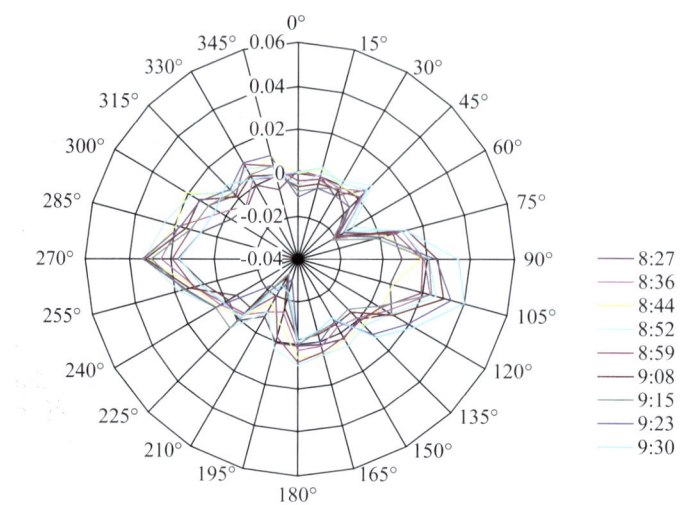

图 7-4-12 内中圈电位异常环形图

第五节 综合应用

近几年,随着水平井压裂改造井数的增加,水平井水力裂缝测试技术也得到了很好的应用,长庆油田、大庆油田和吉林油田等进行了多井次的井下微地震波测试、水力裂缝测斜仪测试、零污染示踪剂测井、连续油管井温测井和大地电位法测井等裂缝形态监测,测试结果为认识水平井水力裂缝的复杂性和评价压后效果提供了基础。表 7-5-1 为长庆油田、大庆油田和吉林油田等近年水平井水力裂缝形态测试结果统计表。统计分析 15 口井裂缝监测资料,得到如下认识。

表 7-5-1 水平井水力裂缝形态统计表

井号	井段 m	水平井段方位	最大主地应力方位	夹角 (°)	水力裂缝形态
N21×-P32×	1890.0~1889.6	N91.00°E	N83.00°E	8.00	纵向裂缝
N24×-P30×	1456.0~2083.0	N89.80°E	N87.00°E	2.80	纵向裂缝
MP×	1919.0~1955.0	N88.00°E	N68.00°E	20.00	纵向裂缝
N23×-P25×	1564.0~1987.5	N108.00°E	N68.00°E	40.00	斜交裂缝
Z6×-P3×	1783.0~1793.0	N126.00°E	N65.00°E	61.00	横向裂缝
Z6×-P3×	1704.0~1709.0	N125.10°E	N65.00°E	60.10	横向裂缝
Z6×-P3×	1663.0~1668.0	N124.80°E	N73.00°E	51.80	横向裂缝
Z6×-P3×	1610.0~1623.0	N125.90°E	N70.00°E	55.90	横向裂缝
WP1××	2459.86	N156.04°E	N50.00°E	73.96	横向裂缝
WP1××	2323.76	N156.04°E	N36.00°E	59.96	横向裂缝

续表

井号	井段 m	水平井段方位	最大主地应力方位	夹角 (°)	水力裂缝形态
WP1××	2226.15	N156.04°E	N45.00°E	68.96	横向裂缝
	2095.03	N156.04°E	N50.00°E	73.96	横向裂缝
WP1×	2526.26	N104.50°E	N70.00°E	34.50	斜交裂缝
	2295.70	N104.50°E	N70.00°E	34.50	斜交裂缝
	2210.42	N104.50°E	N60.00°E	44.50	斜交裂缝
	2108.00	N104.50°E	N70.00°E	34.50	斜交裂缝
LP×	2880.0	N109.30°E	N65.00°E	44.30	横向裂缝
CP×	690.0~700.0	N3.00°E	N100.00°E	97.00	横向裂缝
HP×	2820.0~2838.0	N179.89°E	N97.00°E	82.89	横向裂缝
	2586.0~2610.0	N179.89°E	N97.00°E	82.89	横向裂缝

（1）水平井压裂分段有效。

分析解释15口水平井分段压裂监测数据，共设计59段，监测到55段，符合率93.2%，说明水平井分段压裂基本达到有效分段的目的，如图7-5-1和图7-5-2所示。

（2）水平井压裂裂缝形态复杂。

长庆油田、大庆油田和吉林油田等水平井水力裂缝形态统计结果表明，水平井水力裂缝形态较为复杂，出现了横向裂缝、纵向裂缝、斜交与转向等裂缝形态。水平井压裂裂缝形态主要取决于水平井筒方位与地应力方位的关系，当最大地应力方位与水平井筒方位的夹角小于35°时，形成纵向裂缝（图7-5-3）；夹角为35°~60°时，形成斜交裂缝（图7-5-4）；夹角为60°~90°时，形成横向裂缝（图7-5-5）。此外，水力裂缝还出现了两翼不对称扩展和转向等现象，井下微地震波测试结果显示，水力裂缝在水平井段的两端长度差异明显，这可能是地层不均质或观测井离压裂段距离远，获得的微地震波事件测试数据少造成的。

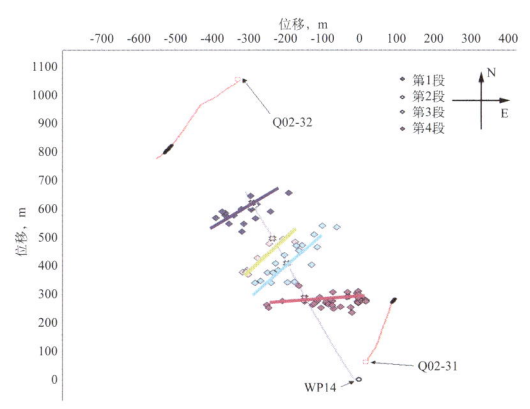

图7-5-1 WP1×井水力喷砂分段压裂微地震裂缝监测结果

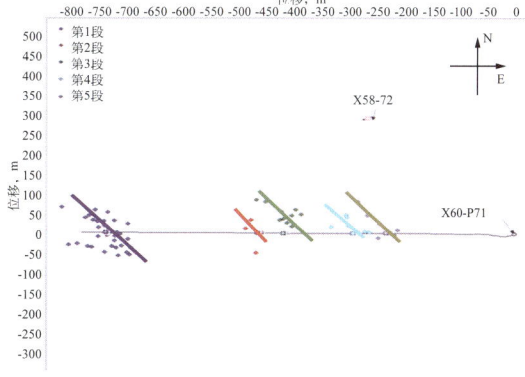

图7-5-2 X6×-P7×井封隔器双卡分段压裂微地震裂缝监测结果

归纳其他油田水平井裂缝形态测试结果,发现水平井水力裂缝形态非常复杂,有如下几种情况值得深入研究:①裂缝启裂位置偏离射孔位置;②裂缝近井筒转向;③裂缝不对称性扩展(横向和垂向上);④同一区块或同一水平段多种裂缝形态并存。例如,如图7-1-7所示,水力裂缝在人工井底启裂,并出现裂缝近井筒转向和裂缝不对称性扩展等现象;图7-1-1和图7-1-2中表明,同一口水平井,水力裂缝同时出现横向裂缝与纵向裂缝;长庆吴420区块水平段方位与最小主地应力方位存在10°~20°的夹角,理论上裂缝应该为转向的横向裂缝,示踪剂测试显示同时存在横向裂缝与纵向裂缝。

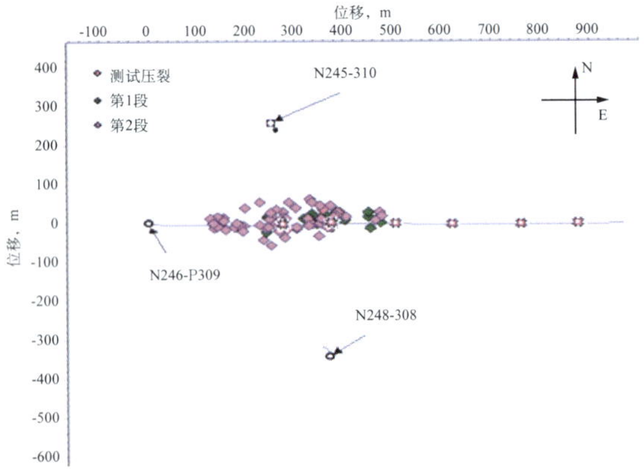

图7-5-3 N24×-P30x 井微地震监测结果
(纵向裂缝)

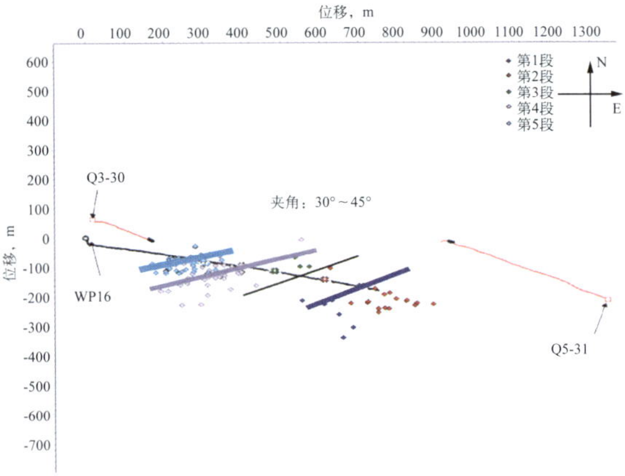

图7-5-4 WP1× 井微地震监测结果
(斜交裂缝)

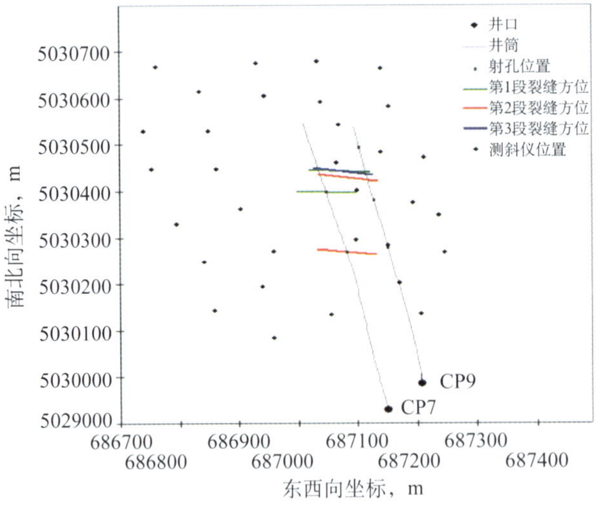

图7-5-5 CP× 井测斜仪监测结果
(横向裂缝)

第八章 水平井修井工艺技术

针对水平井分段压裂施工过程中出现的落物掉入水平段后被砂埋、鱼顶破碎与形状复杂、落物卡死,固相沉积物在水平井中形成沉砂床、堵塞井眼,水平井中弯曲段和水平段中落物卡阻等复杂问题,影响压裂施工的正常进行,常规的检测工具、解卡打捞工具、磨套铣工具和扶正工具等无法满足水平修井作业的需要,从2006年开始,开发了水平井修井专用配套工具,形成了水平井解卡打捞、钻磨铣和连续冲砂修复作业等水平井修井工艺技术。在大庆等油田20多口各种类型的水平井上应用,成功修复了问题井,保障了水平井分段压裂施工的实施。

第一节 水平井修井井下管柱力学分析计算

由于水平井井斜角大、水平位移长,造成井内施工管柱与套管壁之间的摩阻力较大,管柱与套管壁接触,呈多重弯曲状态,受力情况复杂。一方面,通过对管柱强度校核,确定出在不同井眼曲率和工况下管柱所能承受的额定载荷及极限载荷,保证下井管柱的安全可靠;另一方面,通过管柱受力规律研究,建立管柱力学模型,编制应用软件,通过井眼数据和管柱类型的输入能够确定管柱的强度极限、工具通过弯曲井段的条件、井底的受力情况和施工参数等,从而指导下井工具设计和施工,预防和减少事故。

一、水平井修井管柱力学模型

1. 水平井管柱三维刚杆模型

对水平井井眼曲率较大的井段,一般采用三维刚杆模型进行计算。在井眼轴线坐标系上任取一弧长为 ds 的微元体 AB,对其进行受力分析,如图 8-1-1 所示。

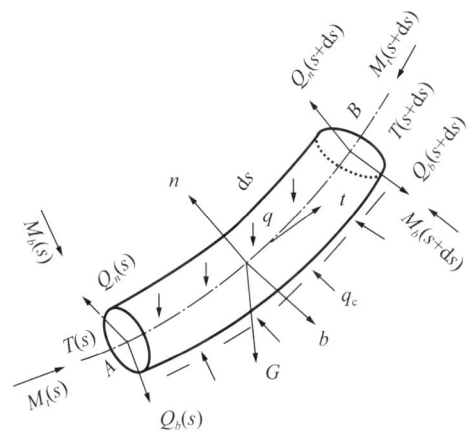

图 8-1-1 微元段管柱受力分析

根据受力情况分析，可建立水平井管柱受力三维刚杆模型 [(式 8-1-1)]，用于不同工况下摩阻、扭矩的预测分析和计算：

$$\begin{cases} \dfrac{\mathrm{d}T}{\mathrm{d}s} = q_{\mathrm{m}} K_{\mathrm{f}} \left(\sin^2\alpha \dfrac{K_\phi}{K} \right) + \cos\alpha \pm \mu_{\mathrm{a}} N - N_{\mathrm{b}} \\ \dfrac{\mathrm{d}M_{\mathrm{t}}}{\mathrm{d}s} = \mu_{\mathrm{t}} R N \\ \dfrac{\mathrm{d}^2 M_{\mathrm{b}}}{\mathrm{d}s^2} = KT + N_{\mathrm{n}} - q_{\mathrm{m}} K_{\mathrm{f}} \cos\alpha \dfrac{K_\alpha}{K} \\ K \dfrac{\mathrm{d}M_{\mathrm{b}}}{\mathrm{d}s} = N_{\mathrm{b}} - q_{\mathrm{m}} K_{\mathrm{f}} \sin^2\alpha \dfrac{K_\phi}{K} \\ N^2 = N_{\mathrm{n}}^2 + N_{\mathrm{b}}^2 \end{cases} \quad (8-1-1)$$

式中 K_α——井斜变化率，rad/m；

K_ϕ——方位变化率，rad/m；

q_{m}——管柱单位长度重量，N/m；

M_{b}——管柱微段上的内弯矩，N·m；

M_{t}——管柱所受扭矩，N·m；

$\mathrm{d}T$——管柱轴向力增量，N；

T——微元段上的轴向力，N；

α——井斜角，rad；

μ——摩阻系数；

N_{n}、N_{b}——主法线和副法线方向的均布接触力，N；

μ_a——轴向摩阻系数，提管柱时取"+"，下管柱时取"-"号；

μ_{t}——周向摩阻系数。

2. 水平井管柱三维软杆模型

在大位移水平井中，井眼曲率变化平缓，在起下管柱和钻磨施工中，管柱的横截面上不会产生太大的剪切力，从而剪切力可以忽略；同时，对于小曲率井眼，忽略刚度的影响，可按三维软杆处理，建立摩阻/扭矩计算模型 [(式 8-1-2)]：

$$F_i \cos\dfrac{\Delta\phi}{2} \cos\dfrac{\Delta\alpha}{2} = w_{\mathrm{e}} \Delta L \sin\bar{\alpha} + F_\phi + F_{\mathrm{G}} + F_{i-1} \cos\dfrac{\Delta\phi}{2} \cos\dfrac{\Delta\alpha}{2} \quad (8-1-2)$$

$$T_{\mathrm{n}i} = r\mu |N_i| + T_{i-1}$$

式中 F_i——第 i 单元管柱上端面的轴向载荷，N；

$T_{\mathrm{n}i}$——第 i 单元管柱上端面的扭矩，N·m；

w_{e}——管柱单位长度浮重，N；

ΔL——计算单元管柱长度，m；

μ——摩阻系数；

α——第 i 单元段的平均井斜角，rad；

$\Delta \alpha$——第 i 单元段井斜角变化，rad；

$\Delta \phi$——第 i 单元段方位变化，rad；

N_i——第 i 单元管柱上的正压力，N。

3. 水平井刚性工具通过性模型

为避免管柱下井遇卡风险，建立了工具串在套管内直线通过的临界模型〔(式 8-1-3 和式 8-1-4)〕。工具串在套管内直线通过临界条件时的几何关系如图 8-1-2 所示。

由图 8-1-2 中几何关系可得式（8-1-3）和式（8-1-4）：

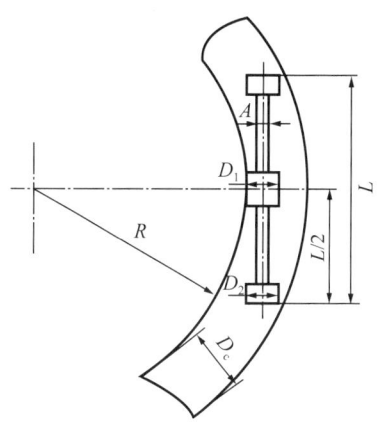

图 8-1-2 工具串在套管内直线通过临界条件时的几何关系示意图

$$L \leqslant L_{\max} = 2\sqrt{(R+D_c)^2 - \left(R + \frac{D_1}{2} + \frac{D_2}{2}\right)^2} \quad (8-1-3)$$

当仅有两个工具时，$D_1 = d$，则：

$$L \leqslant L_{\max} = 2\sqrt{(R+D_c)^2 - \left(R + \frac{d}{2} + \frac{D_2}{2}\right)^2} \quad (8-1-4)$$

式中 $L_{\max}$——允许的工具串最大长度，m；

D_c——套管内径，m；

D_2——两端工具串的最大外径，m；

D_1——中间工具的最大外径，m；

d——钻杆或油管直径，m。

4. 水平井管柱等效应力模型

水平井井下管柱受液体内压、外压、轴向载荷、弯曲载荷和剪切的共同作用，应用第四强度理论，计算管柱任意点的等效应力模型为式（8-1-5）：

$$\sigma_e = \sqrt{\frac{1}{2}\left[(\sigma_\theta - \sigma_r)^2 + (\sigma_r - \sigma_z)^2 + (\sigma_z - \sigma_\theta)^2\right]} \quad (8-1-5)$$

式中 σ_e——计算点等效应力，MPa；

σ_r——径向应力，MPa；

σ_θ——周向应力，MPa；

σ_z——轴向应力，MPa。

等效应力沿管柱横截面半径方向是变化的，等效应力沿半径方向的最大值 $\sigma_{e\max}$ 小于许用应力 $[\sigma]$ 为管柱安全，即满足：$\sigma_{e\max} \leqslant [\sigma]$。

在施工设计和现场施工前，应用上述模型对下井管柱进行强度校核，以保证现场施工安全。

二、水平井修井管柱力学分析计算软件

为了方便快速分析计算，开发了水平井作业管柱力学分析计算软件。该软件由基本数据、数据编辑、轨迹数据、管串结构、力学分析、结果输出和帮助等模块构成。软件结构功能框图见图 8-1-3。

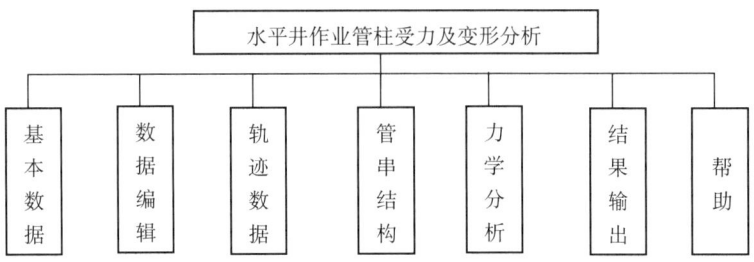

图 8-1-3 软件结构功能框图

1. 软件主模块

主模块为作业管柱力学分析计算模块，其结构框图见图 8-1-4。

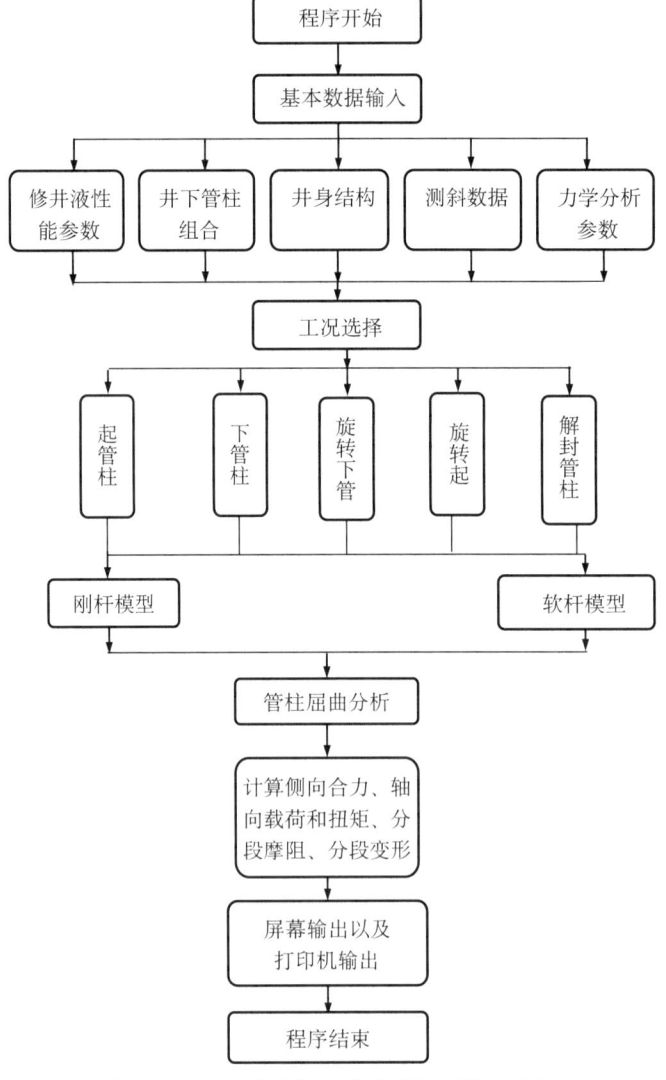

图 8-1-4 作业管柱力学分析计算模块框图

2. 软件界面

该软件具有人性化操作界面，便于一般工程技术人员快速地掌握，是水平井修井设计和施工监测的有效工具。具体界面如图 8-1-5 和图 8-1-6 所示。

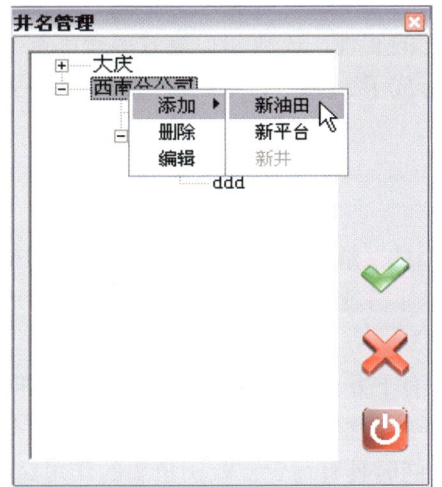
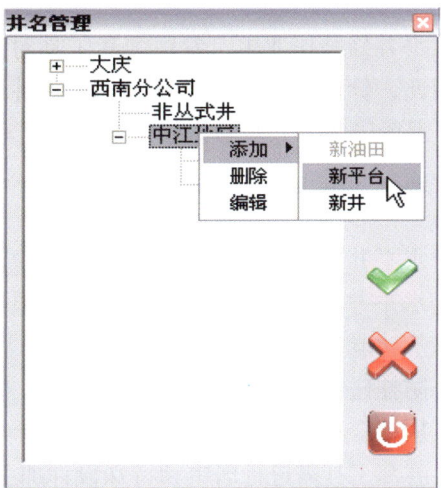

图 8-1-5　井名管理界面

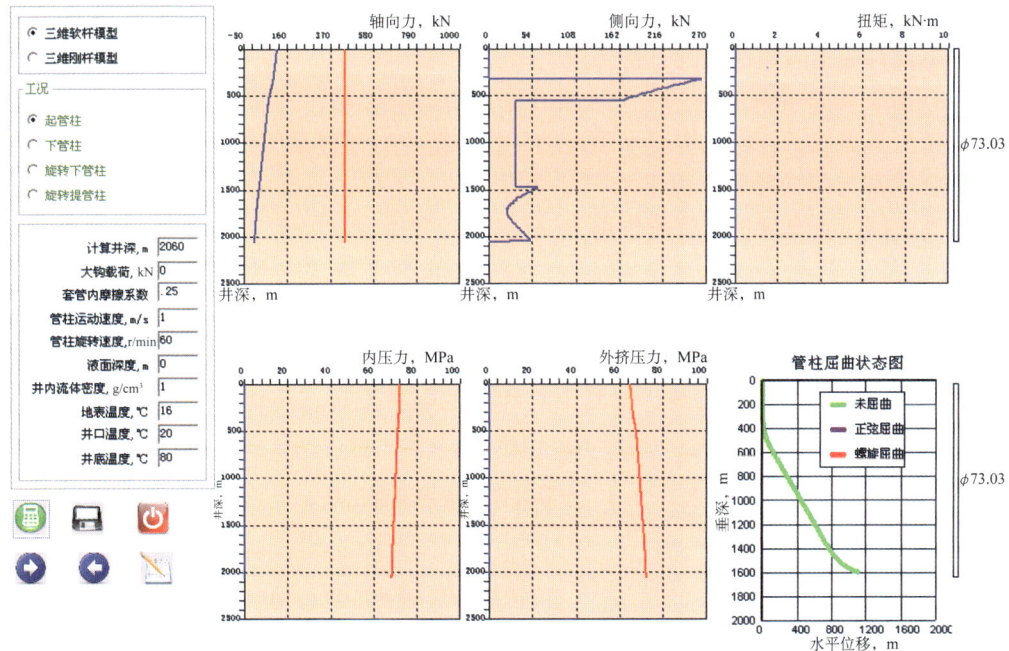

图 8-1-6　管柱力学分析计算输出结果界面

第二节 水平井修井专用配套工具

在水平井修井作业中,专用配套工具对工艺的实现、成败和提高效率等都起到关键性作用。因此,针对常规修井工具的不适应性,形成了11类17种系列化水平井修井专用配套工具,保障了水平井修井作业技术的顺利实施。

一、水平井修井专用配套工具要求

由于水平井井身结构的特殊性,常规检测工具、解卡打捞工具、磨套工具和扶正工具无法满足水平井修井作业的需要,因此,根据水平井施工的特殊性,要求水平井专用工具应具有以下功能。

(1)防挂碰性。由于弯曲段挂碰严重,对所有下井工具都要进行防挂碰设计加工。

(2)居中、稳定和收引鱼头作用。由于水平井在整形、磨套过程中易磨出管外,因此对整形、磨套工具需进行居中和特殊设计加工,同时具有稳定、收引鱼头的作用。

(3)容易导入和收引。由于管柱在下入时紧贴套管壁下侧,且鱼头在水平井中不居中,因此,工具的设计加工需要考虑导入和收引问题。

(4)水平井特殊针对性。由于工具在水平井的受力状态发生变化,常规滑块式打捞工具失效,需设计加工其他形式的打捞工具。

(5)打捞工具的可识别性。由于水平井摩擦阻力的影响,打捞少量落物时无法从悬重判断,打捞工具需加工打捞机构与水眼连动,打捞落物后通过泵压判断是否真正捞获。

(6)强度高与保护套管。由于水平井受力复杂,不但工具需特殊设计加工,而且工具强度要求高,同时具有保护套管的作用。

二、水平井修井专用配套工具类型

根据水平井井身结构的特殊性和解卡打捞等施工的具体要求,已开发出水平井解卡打捞工具、磨套工具、扶正工具、检测工具和其他配套工具,共计11类17种,具体见表8-2-1。

表 8-2-1 水平井修井专用配套工具

序号	名　　称	与常规工具的区别(特殊性能)
1	打压滑块可倒捞矛	打压推动滑块捞获落物,适用于水平段的打捞
2	液压可退可倒捞矛	靠内部液压连动机构实现打捞和退出
3	可退可识别捞矛	捞后改变水眼大小,通过泵压判断是否捞获
4	液压可退可倒捞筒	靠内部液压连动机构实现打捞和退出
5	可退式铣磨捞筒	内外倒角,防挂碰,保护套管;内部修鱼打捞
6	倒扣捞筒	内外倒角,防挂碰,保护套管

续表

序号	名 称	与常规工具的区别（特殊性能）
7	测试仪器专用捞筒	打捞测井仪器，收引内外倒角，防挂碰，保护套管
8	凹底磨鞋	滚珠扶正，外倒角
9	定位套铣筒	滚珠扶正，外倒角，自带引鞋，内定位
10	鱼顶修整器	引入磨铣修整，滚珠扶正，外倒角
11	扶正器	点接触扶正，螺旋水槽，栽钨钢柱防磨
12	管柱减阻接头	将管柱滑动摩擦变为滚动摩擦，有效减少管柱阻力
13	整形工具	转动碾压整形，受力均匀，防偏磨
14	铅模	带护罩，短头，防刮碰
15	安全接头	抗扭矩大，上下外倒角
16	压裂胶塞打捞工具	打捞准确，抗拉力大，打捞成功率高
17	压裂封隔器打捞工具	打捞准确，抗拉力大，打捞成功率高

以上工具根据打捞落物尺寸不同，具有不同尺寸系列，以适应打捞不同尺寸落物的需要。而每类工具可根据井下的不同落物和位置选用不同的打捞工具组合。

1. 打捞类工具

打捞类工具根据落物不同主要包括功能类似的内捞工具和外捞工具。水平井打捞类专用配套工具中比较典型的工具为打压滑块可倒捞矛和可退可倒扣捞矛。

打压滑块可倒捞矛主要用于水平段的落物打捞。其结构示意图和实物分别见图 8-2-1 和图 8-2-2。打捞时开泵打压，滑块捞矛上的 3 个滑块在液压动力作用下将同时向下运动，此时上提打捞管柱，滑块就牢牢抓住落鱼内壁，从而实现对落物的打捞。该滑块捞矛的特点是液压驱动滑块向下运动，避免了普通滑块捞矛滑块在水平段依靠自身重力无法沿滑道向下运动的不适应性。

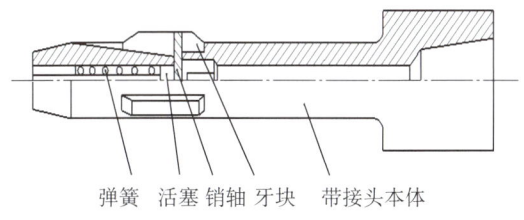

图 8-2-1 打压滑块可倒捞矛结构示意图

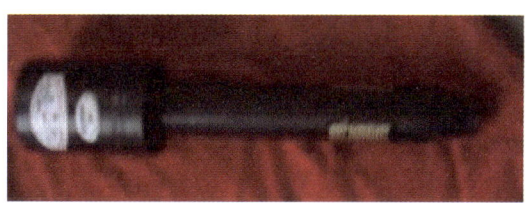

图 8-2-2 打压滑块可倒捞矛实物图

可退可倒扣捞矛主要适合于打捞少量落物。其结构示意图和实物分别见图 8-2-3 和图 8-2-4。它的特点是：打捞落物后可以改变工具水眼数量，通过地面泵压判断是否捞获落物。该工具克服了常规工具在打捞少量落物时，由于受水平井中摩阻的影响，在地面无法通过指重表的悬重判断是否捞获落物的缺陷；该工具捞获落物后将工具部分水眼堵死，可通过地面打压的方式进行判断。

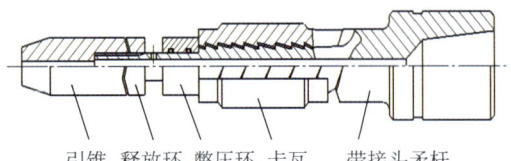

图 8-2-3 可退可倒扣捞矛结构示意图
引锥 释放环 憋压环 卡瓦 带接头矛杆

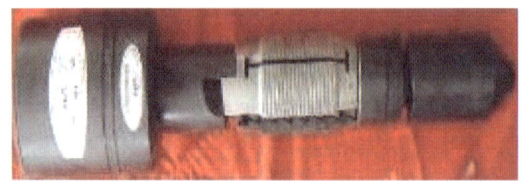

图 8-2-4 可退可倒扣捞矛实物图

2. 钻磨类工具

水平井钻磨类工具以多功能滚珠扶正高效磨鞋为代表,其他工具都是在此基础上根据不同需求而改进的。多功能滚珠扶正高效磨鞋适合于水平井弯曲段和水平段的钻磨施工,由磨铣刃齿、扶正滚珠、水眼和内螺纹组成。其结构示意图和实物分别见图 8-2-5 和图 8-2-6。该磨鞋设计为凹底结构,在本体上应用了滚珠扶正,工具磨铣刃齿部分采用新型磨铣材料,磨铣刃齿周边为 45°倒角。

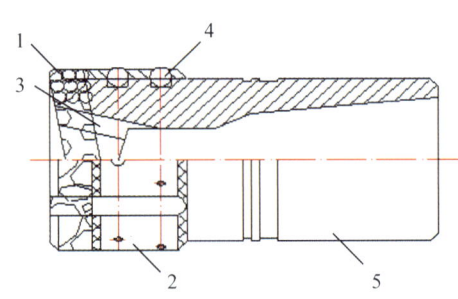

图 8-2-5 多功能滚珠扶正高效磨鞋结构示意图
1—磨铣刃齿;2,4—扶正滚珠;3—水眼;5—内螺纹

图 8-2-6 多功能滚珠扶正高效磨鞋实物图

该工具的特点是:磨铣刃齿周边为 45°倒角,避免下入时刮碰套管;在本体上应用了滚珠扶正,工具与套管之间为点接触,减少工具下入和旋转的摩擦力,避免摩擦损坏套管;工具设计为凹底结构,具有稳定鱼头作用;磨铣刃齿由新型高强度耐磨材料制成,低钻压下即可高效磨铣。

使用时,将多功能滚珠扶正高效磨鞋接在施工管柱上,在磨鞋上部连接滚珠式扶正器,下入井内先低钻压磨铣,根据平稳情况再逐渐增大钻压。该工具具有正、反两种扣型,形成了 $\phi 100 \sim 120mm$ 尺寸系列,根据原井套管尺寸不同选用不同的规格尺寸。

3. 冲砂类工具

水平井冲砂类工具以高压旋流冲砂器为代表,主要适合于水平井弯曲段和水平段的旋转冲砂。其结构示意图和实物分别见图 8-2-7 和图 8-2-8。该工具的特点是在冲砂过程中的液压作用下可实现旋转体的高速旋转,同时,旋转体上的高压喷嘴产生的高压射流随旋转体一起旋转,达到高压旋转冲砂的目的,保证冲砂效果。

三、水平井修井专用工具应用效果

每种水平井修井专用配套工具都形成了不同规格系列,可根据现场需要进行合理选择。

第八章 水平井修井工艺技术

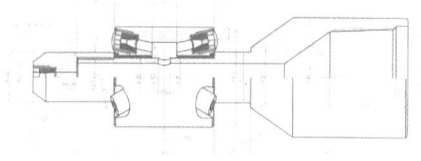

图 8-2-7 高压旋流冲砂器结构示意图

图 8-2-8 高压旋流冲砂器实物图

每种工具都经过了现场应用检验，如钻磨铣套工具，应用证实工具钻磨铣套进尺快、效率高、寿命长，保护套管，并集钻磨铣套各种落物及水泥塞功能于一体；解卡打捞工具，除具有常规解卡打捞工具的基本功能外，还具有针对水平井的多种特殊功能，应用证实工具设计精巧，施工易于实现，且性能可靠。使用这些水平井修井专用配套工具，不但可实现常规工具无法达到的特殊功能，而且，效率高（最高钻磨铣速度达 15m/h）、工艺成功率高（解卡打捞工艺成功率达 100%），保证了水平井修井作业的顺利实施。

第三节 水平井连续冲砂工艺技术

在水平井改造作业施工中，经常会遇到落物掉入水平段后被砂埋的情况，或因地层砂、暂堵剂及其他固相沉积物等在水平井中形成沉砂床，堵塞井眼，深埋落物。要继续进行水平井改造作业施工，需要进行冲砂作业，解除砂堵、砂卡问题。但水平井冲砂易形成二次沉积，特别是停泵后大量沉砂更易阻卡管柱，因此，一般需要进行连续冲砂作业。

一、水平井沉砂、冲砂的特点

由于水平井井身结构的特殊性，其相应的沉砂和冲砂方式也与直井差别很大，其特点主要表现为下列几个方面

（1）在已完成试产的水平井中，沉积物是钻屑、油砂、钻井液和完井液中的固相，以及其他措施后的固相沉积。

（2）地层砂随原油运动到井筒内并重新沉降形成新的沉砂床，同时在压差作用下，沉砂床发生"固化"。

（3）对已下打孔管完井的井，沉积物主要是地层砂及完井液的单封、暂堵剂等残留物，由于固相颗粒很细且有部分高分子物质，因此沉积物很"牢固"。

（4）沉积时间较长，必须要有大于钻井过程中的液体能量冲起沉砂。

（5）同一口井中，不同井段的作业参数不同。

（6）冲起的砂粒在造斜段和水平井段容易再次沉积。

（7）修井的水平井冲砂作业往往与解卡打捞工作同时进行，作业难度增加。

二、连续冲砂装置及工作原理

连续冲砂装置主要由井口部分和井下部分组成。井下部分由安全阀、旋流冲砂器和油套转换器组成；井口部分由自封封井器、工作筒和反冲洗阀组成。

工艺原理（图8-3-1）：在管柱下放过程中，工作筒内的反冲洗阀随管柱下行，当其移出工作筒时，上部反冲洗阀同时进入工作筒，为冲洗液提供从油管到工作筒的通道，实现不停泵加长冲洗管柱冲砂，达到水平井连续冲砂的目的。施工过程中如果遇到冲洗阻力较大情况，安全阀自动泄流，保证施工安全。

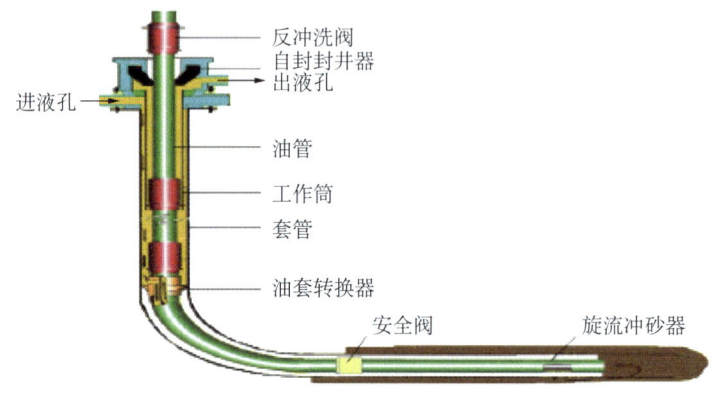

图8-3-1　水平井连续冲砂管柱结构示意图

三、水平井连续冲砂方法

在水平井中，各井段受井径、井斜及井内结构的影响，在同一口井中，一个井段的最佳施工参数不一定适合另一井段，一口井的工作方法和施工参数同样也不完全适应另一口井。根据井况，应把握0~10°，10°~30°，30°~60°和60°~90°4个井斜段，选择最关键的井段作为施工方法和冲砂液性能选择的依据。重点是30°~60°井段和水平井段的冲砂。其他井段的施工方法和冲砂液性能要做进一步调整，以适应全井冲砂的要求。

(1) 0~10°井段，其作业方法及施工参数与直井相同。

(2) 10°~30°井段，此井段一般形不成沉砂床，但存在沉降作用，要保持冲砂液的悬浮性，防止砂粒沉降。环空流态以层流时的排量为宜。

(3) 30°~60°井段，以破坏沉砂床、防止砂粒再次沉降为主。在冲砂过程中管柱运动方式以往复运动为主，结合旋流冲砂。上提管柱时，速度控制在5m/min左右，以充分利用上提管柱时产生的偏流对砂床的冲蚀作用。以达到紊流的大排量为主，必要时可用双泵或水泥车组提高排量。在完全破坏沉砂床后，结合层流，利用洗井液的低剪切速率黏度和静切力彻底清除井筒内的沉砂。

(4) 60°~90°井段，以减少钻具摩阻、破坏沉砂床为主，结合旋流冲砂。冲砂时，遇阻后要反复活动钻具，根据理论计算摩擦阻力大小，适当加压冲砂。钻压以计算能克服摩擦阻力为宜，一般不超过15kN，不能加压强下。冲砂液中要加入适量的防卡润滑剂。实践证明此段紊流比层流的冲砂效果好。

四、配套的水平井冲砂液

水平井冲砂液的功能与常规井冲砂液相比有所不同，应以安全快速、不伤害油气层、有利于钻屑运移及低成本为目标，必须具有高携砂、抗剪切、低摩阻和低伤害的特性。冲砂液的选择是冲砂作业的关键环节。

1. 冲砂液体系配方

基液为1%PDA+0.5%交联剂。KCl作为加重剂和黏土稳定剂,改变KCl的加量,测定冲砂液的基本性能,结果见表8-3-1。

表8-3-1 KCl加量对冲砂液性能的影响

KCl %	密度 g/cm³	黏度 s	表观黏度 mPa·s	塑性黏度 mPa·s	动切力 Pa	失水量 mL	pH值	1min时的黏度 θ_1 Pa	10min时的黏度 θ_{10} Pa
0	1.00	29	6.5	4.0	2.5	37	8	0	0
6	1.03	34	8.5	5.0	3.5	38	8	3.0	3.5
10	1.08	35	13.0	9.0	4.0	40	9	5.5	7.0
12	1.10	46	17.5	10.0	7.5	42	9	3.5	4.8
14	1.13	46	17.5	11.0	6.5	45	9	3.4	3.6
17	1.15	46	18.5	13.0	5.5	48	9	3.8	4.2

由表8-3-1中数据可见,随KCl加量的增加,基液的漏斗黏度、表观黏度、塑性黏度和密度增加,动切力和失水量增加较快,因此,对于聚合物冲砂液体系,必须加入降黏剂和降失水剂来调整冲砂液体系的性能。

2. 冲砂液的悬砂性能

将500mL冲砂液装入量筒中,加入一定量的压裂砂到量筒,观察压裂砂的沉降情况。实验结果见图8-3-2。

(a)携砂情况　　　　(b)冲砂液

图8-3-2 冲砂液、携砂情况照片

由图8-3-2可见,左边的量筒中装有压裂砂,放置24h,压裂砂仍然均匀悬浮在冲砂液中,基本没有下沉,这说明冲砂液的悬砂性能很好。

3. 水平井冲砂效率模拟

采用钻井液携屑模拟实验装置(图8-3-3)模拟水平井冲砂液携砂效率。环空返速是影响砂粒运移的主要可控性因素之一。返速的大小直接影响环空砂粒的运移方式、状态和环空砂粒浓度。对于特定的井斜角、冲砂液流变参数等存在一个形成砂粒床的临界环空返速，环空返速高于此值时，环空中砂粒不成床。大量的实验结果表明，30°～90°井斜角范围内，环空砂粒成床的临界环空返速为0.85～1.2m/s。详细的实验结果见表8-3-2和表8-3-3及图8-3-4和图8-3-5。

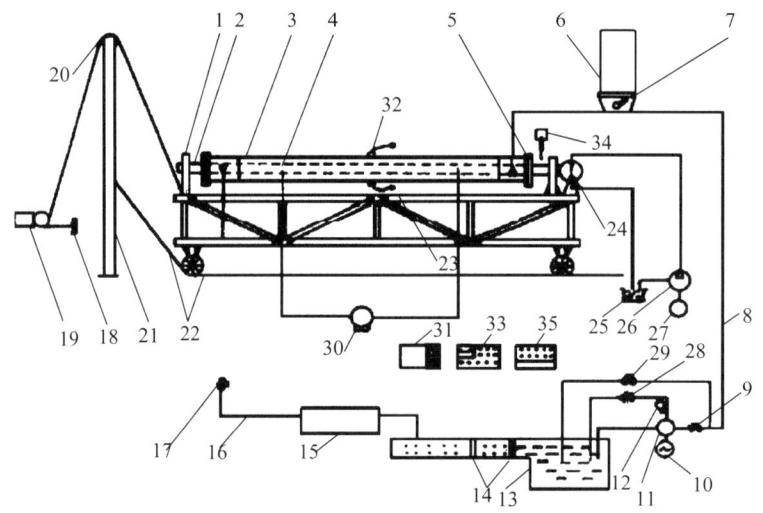

图8-3-3 钻井液携屑模拟实验装置

1—轴承支座；2—钻杆；3—外管；4—内管；5—偏心法兰；6—砂箱；7—砂量阀；
8～17，28，29—管线部分；18～20—卷扬机；21～23—导轨及支架；
24～27—液压马达系统；30～35—计量仪表

表8-3-2 冲砂液环空返速与砂粒浓度实验结果

井斜角 (°)	不同环空返速下的砂粒浓度，%									
	0.5m/s	0.6m/s	0.7m/s	0.8m/s	0.9m/s	1.0m/s	1.1m/s	1.2m/s	1.3m/s	1.4m/s
45	48.5	38.7	29.8	20.1	15.6	12.1	8.0	8.0	6.0	4.0
55	42.1	35.2	27.8	18.0	14.5	11.4	8.0	7.1	5.4	4.2
70	38.1	29.0	20.4	12.0	9.4	9.0	6.5	6.3	5.0	4.0
80	30.5	22.4	14.8	12.0	9.2	8.2	6.2	5.7	4.3	3.4
90	24.3	17.5	10.0	9.0	8.0	6.0	6.0	5.5	4.1	3.2

表8-3-3 冲砂液返速与砂粒床厚度的关系实验结果

井斜角 (°)	不同环空返速下的砂粒床厚度，mm				
	0.6m/s	0.8m/s	1.0m/s	1.2m/s	1.4m/s
45	14.8	8.0	5.2	5.0	1.5
60	12.8	7.5	5.0	4.5	0
75	11.2	6.0	4.3	3.5	0
90	8.5	5.3	3.6	0	0

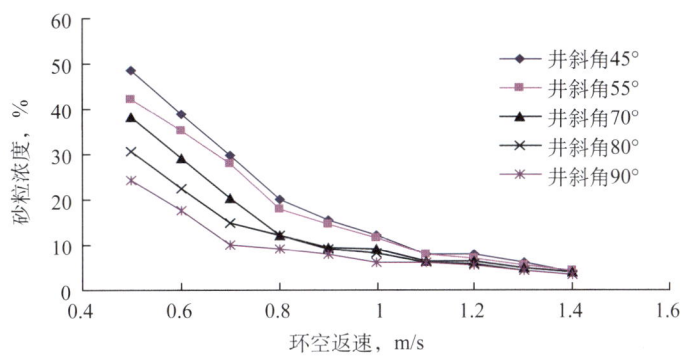

图 8-3-4　冲砂液环空返速与冲砂液中砂粒浓度曲线

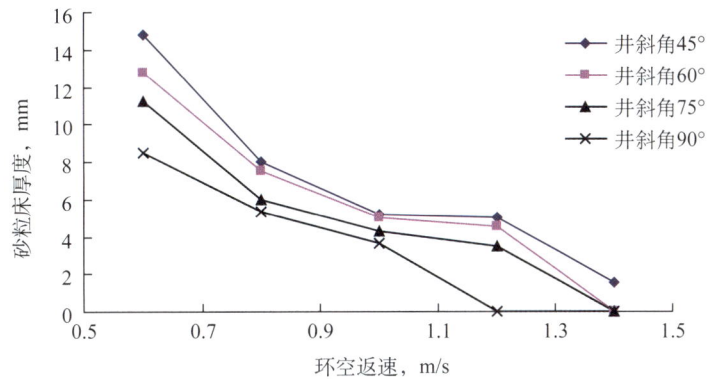

图 8-3-5　冲砂液环空返速与砂粒床厚度的关系曲线

对于携砂而言，合理的环空返速应以环空内不形成砂粒床的返速为基准。综合考虑砂粒成床状况、环空砂粒浓度及井壁冲蚀状况等，现场实施时冲砂液环空返速最好应控制在层流状态，返速值应选为 1.2～2.0m/s。

五、水平井连续冲砂工艺技术应用情况

水平井连续冲砂技术已在现场 10 多口井应用，能实现对弯曲段及水平段各种砂桥、砂埋的连续冲砂施工，已完成冲砂井段最长达 795.0m，工艺成功率达 100%。下面以 Z××–P×× 井为例说明连续冲砂的应用情况。

1. 应用井基本情况

该井于 2005 年 1 月 6 日投产，初期产液 13.5t/d，冲砂前该井日产液 7.6t，日产油 4.6t，动液面 725m。需要对水平段 1730～2334m 井段进行冲砂，冲砂后下完井管柱完井。

2. 主要技术难度与对策

1) 技术难度

(1) 冲砂段长，为 604m，由于在水平段内砂段长，在后期冲砂过程中若冲砂液或参数不当，容易二次沉积砂埋管柱。

(2) 为了有效减少工序，采用刮削、通井、连续冲砂一趟管柱完成，管柱中除正常的冲砂工具外，还接有 ϕ100mm×7.2m 通井规和 ϕ126mm 套管刮削器，若稍有二次沉积砂桥或冲砂速度控制不当，就可能卡管柱，施工风险较大。

（3）冲砂管柱中的通井规和套管刮削器外径都较大，环空小，冲砂过程中易造成泵压高或憋泵，存在冲砂液黏度、排量与有效携砂的矛盾。

2）技术对策

选择合适的冲砂液黏度，控制合适的冲砂排量。

3. 现场施工情况

2007年11月3日搬家，起出原井管柱。4日，下刮削、通井、连续冲砂工艺管柱，该管柱能够实现刮削、通井和连续冲砂一趟管柱完成，如图8-3-6所示。5日，利用连续冲砂装置对1730～2334m井段进行刮削冲砂，刮削冲砂12h25min，加长油管67根，冲砂至2334m处结束。冲砂施工参数为：排量0.4m³/min，泵压13MPa，平均冲砂速度48.3 m/h。整个冲砂过程管柱下放均匀，无阻卡和憋泵现象，冲砂施工顺利。

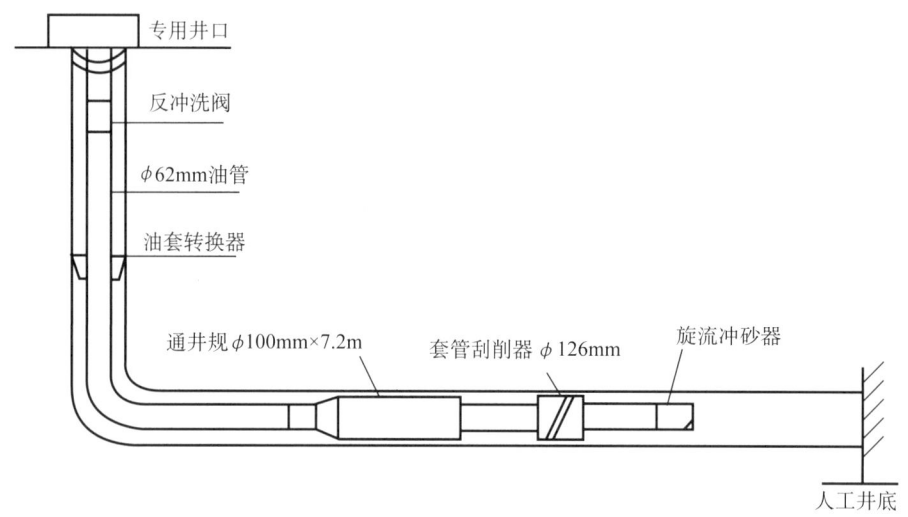

图8-3-6 刮削、通井、连续冲砂管柱示意图

4. 施工效果

该井冲砂长度达604m，冲砂后于2007年12月重新恢复产能，初期产液12.0t/d，后平均日产液7.9t，日产油4.8t。

第四节 水平井解卡打捞工艺技术

水平井解卡打捞工艺技术是主要针对水平井中弯曲段和水平段中的落物实施的一项解卡技术。由于水平井的特殊性，常规直井的解卡方法（活动管柱法、井口震击法、普通钻磨铣套法等）已不适用，同时，由于水平井井下受力复杂，无法准确计算卡点位置和确定倒扣时的中和点，因此，应根据水平井不同的阻卡类型及落鱼情况采取不同的解卡技术。

水平井解卡打捞工艺技术主要包括：水平增力解卡打捞工艺技术、震击解卡打捞工艺技术（包括倒装钻具震击解卡打捞工艺技术、倒装钻具+下击器震击解卡打捞工艺技术、震击倒扣解卡打捞工艺技术）和套铣倒扣解卡打捞工艺技术。针对不同解卡打捞工艺技术，已经形成配套与系列化的工具、管柱及工艺。

一、水平增力解卡打捞工艺技术

1. 工艺原理

该工艺与普通直井上提活动管柱的解卡方法不同，由于水平井井斜角大，在井口活动管柱能量传递效果差，不易解卡。所以，利用井下打捞增力器把大钩的垂直拉力转变成水平拉力并具有增力效果，二力共同作用实现解卡。

2. 工艺管柱

打捞工具+ϕ114mm 安全接头+ϕ73mm 斜坡钻杆×（20～50m）+ϕ116mm 井下打捞增力器+ϕ73mm 斜坡钻杆+ϕ73mm 钻杆。结构示意图如图 8-4-1 所示。

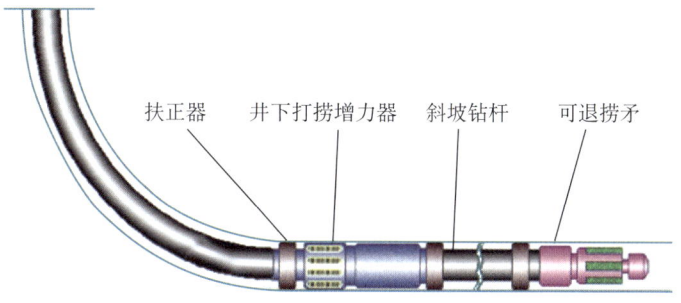

图 8-4-1 水平增力解卡管柱结构示意图

3. 适用范围

水平增力解卡打捞工艺技术主要适用于各种管柱断脱滑落至弯曲或水平段被卡，或生产、压裂、改造等管柱被砂卡在水平段内的情况。

二、震击解卡打捞工艺技术

1. 工艺原理

针对水平井钻压传递困难的情况，采用倒装钻具结构或配合下击器共同作用进行震击解卡，或利用连续油管配合连续油管震击器、加速器等管柱进行近卡点震击解卡。

2. 工艺管柱

（1）倒装震击管柱：打捞工具+ϕ114mm 安全接头+ϕ73mm 斜坡钻杆+ϕ105mm 万向节+ϕ73mm 斜坡钻杆+ϕ73mm 加重钻杆（或 ϕ89mm 钻铤）+ϕ73mm 钻杆。结构示意图如图 8-4-2 所示。

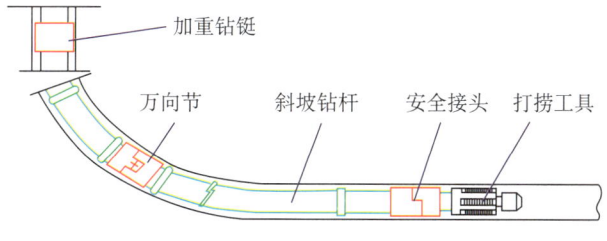

图 8-4-2 倒装震击解卡管柱结构示意图

(2)倒装钻具+下击器震击管柱：打捞工具+ϕ114mm安全接头+ϕ73mm斜坡钻杆×（20～50m）+ϕ100mm下击器+ϕ73mm斜坡钻杆+ϕ105mm万向节+ϕ73mm斜坡钻杆+ϕ73mm加重钻杆（或ϕ89mm钻铤）+ϕ73mm钻杆。结构示意图如图8-4-3所示。

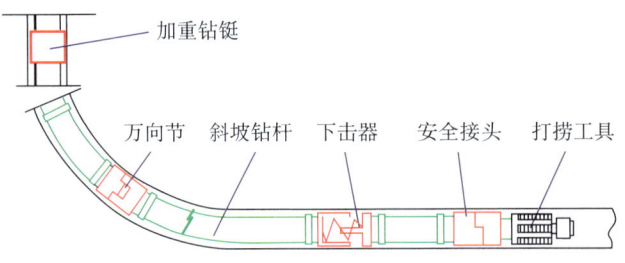

图8-4-3 倒装钻具+下击器震击解卡管柱结构示意图

(3)对前两种方法无法解卡情况，可利用震击配合倒扣进行解卡。管柱结构和震击法管柱结构相似，只是打捞工具采用可倒扣打捞工具，即：倒扣工具+ϕ114mm安全接头+ϕ73mm斜坡钻杆×（20～50m）+ϕ100mm下击器+ϕ73mm斜坡钻杆+ϕ105mm万向节+ϕ73mm斜坡钻杆+ϕ73mm加重钻杆（或ϕ89mm钻铤）+ϕ73mm钻杆。结构示意图如图8-4-4所示。

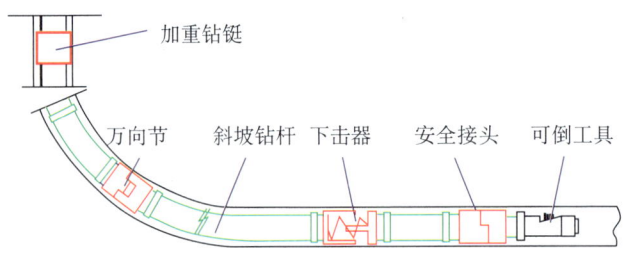

图8-4-4 震击倒扣解卡管柱结构示意图

3. 主要技术参数

下击器：最大抗拉载荷900kN，最大工作扭矩9.0kN·m，工作行程120～400mm，最大释放力60～100kN。

倒装钻具结构：可施加钻压100～300kN，冲击力500～800kN。

4. 适用范围

震击倒扣解卡打捞工艺技术主要适用于掉井或被卡管柱结构复杂或被砂埋砂卡，难以一次性震击解卡的复杂管柱阻卡型故障的解卡打捞。

三、套铣倒扣解卡打捞工艺技术

1. 工艺原理

对因管柱环空被小件落物或沉砂填埋而造成的卡管柱，采用套铣筒及配套钻具进行套铣，将被卡管柱环空中的卡阻物套铣掉，以解除阻卡。现场一般结合倒扣实施。

2. 工艺管柱

ϕ114mm套铣筒+ϕ112mm安全接头+ϕ73mm斜坡钻杆+ϕ73mm加重钻杆（或

ϕ89mm 钻铤）+ϕ73mm 钻杆。结构示意图如图 8-4-5 所示。

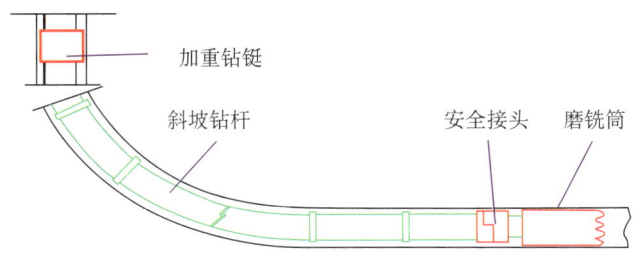

图 8-4-5 套铣解卡管柱结构示意图

3. 适用范围

套铣倒扣解卡打捞工艺技术主要适用于砂卡管柱或小件落物等其他外来物体掉井后在环空中将管柱卡死的解卡。一般在活动、震击等无效的情况下，最后实施的有效解卡方法。

四、水平井解卡打捞工艺技术应用情况

1. 应用简况

该技术已在 20 多口水平井改造中出现的管柱卡阻故障井应用。解卡打捞类型主要包括掉井洗井冲砂管柱、堵水管柱和压裂管柱等。对压裂管柱，管柱结构复杂与全部被砂埋卡死，同时伴有套变，施工难度和风险都较大。已解卡打捞最长被卡管柱达 144.67m，涉及井型包括常规水平井和侧钻水平井等。在技术水平上，能根据井内的复杂程度，综合运用 1 种或多种解卡打捞修复手段进行修复，修复率达 100%，工艺成功率由原来的 81% 提高到目前的 95% 以上。

2. 典型井例——Z××-P×× 井冲砂、整形和解卡打捞综合应用

1）基本情况

Z××-P×× 井落物多，弯曲套变与鱼头同步，前期处理难度大，落物被严重砂埋，施工难度大。通过对该井进行冲砂、整形和解卡打捞作业，成功地捞出了井内被砂埋卡死的管柱（15 根 2$\frac{7}{8}$in 油管 132.27m，ϕ60mm 正转油管锚 1 个 0.8m，ϕ56mm 整筒泵 1 台 8.4m，ϕ88.9mm 特制防砂筛管 2 根 4m，ϕ62mm 导锥 1 个 0.2m，井下管柱总长 144.67m），实现了修复。

2）主要技术难度

该井落物鱼头在井深 1527.68m 处，该处井斜为 82.8°，底部在 1672.35m，此处井斜为 89.9°，其间 1655.93m 处最大井斜 90.6°，落物在井内呈 S 状，且大部分在水平段。同时，落井管柱自 2006 年 4 月 10 日掉井后又连续生产 6 个多月直至最后不出液，落物完全被砂埋死。而且，还出现大段弯曲，并与鱼顶同步，因此，施工难度非常大。

3）施工过程

该井 2007 年 6 月 24 日开始施工，经过冲砂、打印，印痕为 ϕ73mm 油管接箍印。分别下 ϕ73mm 可退捞矛、ϕ62mm 螺纹抓和 ϕ114mm 卡瓦捞筒多次打捞，均未捞获。

下 ϕ114mm 套铣筒+ϕ73mm 反扣钻杆套铣，钻压 3kN，转速 15r/min，排量 0.3m³/min，进尺 0.1m 后无进尺，蹩跳严重，起出磨鞋，周边有磨痕。分析认为：套管大段

弯曲套变，且与鱼头同步，造成蹩跳严重，并将套铣筒别弯。

经整形后，下 ϕ116mm 磨鞋磨铣，将套变点落物磨掉，再次整形至完好套管处，然后对剩余落物进行打捞。

打捞：利用解卡打捞管柱及工具，采取套一根倒一根解卡打捞的方式将井内落物全部捞出。由于管柱全部被砂埋卡死，直到将最后一根管柱全部套开才完全解卡，并将落物捞出。

第五节　水平井钻磨铣工艺技术

在水平井改造故障井中，常常会出现在弯曲段或水平段掉入一些小件落物，造成卡阻堆积，影响压裂工艺的实施或管柱的下入，需要清除。同时，对一些复杂事故井的处理，经常遇到鱼顶破碎、形状复杂、落物卡死或被埋等多种复杂情况，作为下一步处理的过渡工序或直接作为处理工艺，钻磨铣技术在疑难复杂井的修复中起到关键作用。如对套变和鱼头同步的故障井的修复，在无法解卡和整形的情况下，就需要先将套变处的落鱼磨掉一段，让出套变点后才能实施整形和解卡打捞施工。

由于水平井井身结构的特殊性，在实施钻磨铣施工时容易造成弯曲段和水平段侧磨套管，使套管破损或侧向开窗，最终导致报废。因此，套管保护问题是水平井钻磨铣应解决的首要问题。同时，在钻磨铣施工时还存在加压困难，钻磨铣无进尺或效率低等问题。因此，和常规直井相比，存在较大的施工难度和风险。研究的水平井钻磨铣技术较好地解决了这些问题。

水平井钻磨铣工艺技术主要包括动力钻具驱动和复合驱动两种工艺。已在管柱与工具上实现了系列化，修井液和工艺技术形成了配套。

一、工艺原理

采用水平井专用钻磨铣工具和相应工艺管柱对被卡落鱼或完井附件及水泥塞等进行钻磨铣处理，如对电缆、钢丝绳、掉井管柱及工具等进行钻磨处理，直接将落鱼钻磨掉，以清除阻卡处的落鱼，实现修复或为下步施工提供保障。

二、工艺管柱及技术参数

1. 工艺管柱

常用的工艺管柱为 ϕ100～120mm 磨（套）铣工具 + ϕ114mm 安全接头 + ϕ105～120mm 滚珠扶正器 + ϕ95mm 直螺杆 + ϕ73mm 斜坡钻杆 + ϕ73mm 加重钻杆（或 ϕ89mm 钻铤）+ ϕ73mm 钻杆。结构示意图如图 8-5-1 所示。

2. 技术参数

钻压 10～20kN，泵压 8～12MPa，排量 4.0～5.0L/s，若采用复合驱动，则转速为 15～25r/min。

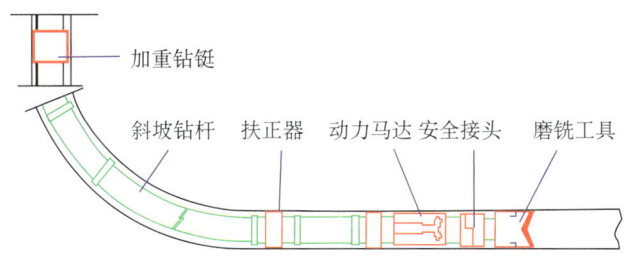

图 8-5-1 钻磨铣套解卡管柱结构示意图

三、现场施工

1. 施工要求

利用动力马达进行钻磨铣工艺管柱整体采用倒装钻具结构，便于施加钻压和减少整个管柱的摩阻力；在钻磨铣时，既可采用动力钻具驱动技术，又可采用复合驱动技术。采用动力钻具驱动技术，利于保护套管，安全性高；采用复合驱动技术，既减少管柱对套管的摩擦，具有一定保护套管的作用，又可提高钻磨铣套的工作效率，二者适用于不同的井况。

同时，针对水平井钻磨铣过程中因弯曲和水平段长，钻屑返出困难，易形成多次沉积阻卡管柱的问题，可应用水平井钻磨铣专用修井液体系（暂堵聚合物体系），其具有携砂和流变性能好等特点，并具有保护油层的作用，可满足水平井钻磨铣施工需求，现场应用取得了较好的效果。

2. 应用规模

该技术已在 10 多口水平井改造作业施工中出现的故障井中应用，钻磨铣最长井段达137.0m，钻磨铣落物包括油管、小件落物、油管锚、刚性完井附件（碰压球座、浮箍、盲板）、水泥塞等，井型包括侧钻水平井、深层水平气井、常规水平井等，成功率达 100%。

3. NF××-P×× 井钻磨铣实例

1）基本情况

该井是一口新钻水平井，完井后需要钻开 1864.09m 处浮箍、1864.51～1876.10m 水泥塞及 1876.10m 处盲板，并模拟通井至井底。该井完钻垂深 1821.39m，斜深 2548.34m，水平位移 845.29m。

2）主要技术难度及措施

由于该水平井需钻磨的附件多、水泥塞长，且在钻井中采用油层全过程欠平衡钻井（要求修井液必须使用水包油修井液，密度必须控制在 1.0g/cm³ 以下），并一直伴有溢流，因此，该井除具有常规水平井的施工难度外，在钻开盲板后还可能发生井涌、井喷，施工风险较大。

在技术措施上应首先考虑施工安全和油层保护问题，然后，考虑到水平井近水平段磨铣施工时安全起下和保护套管问题，最后，根据具体情况，采用合理的钻磨铣施工管柱、专用工具和参数。主要做到以下几点：一是井控设备采用 35MPa 液动封井器，保证施工安全；二是修井液采用原钻井时使用的相对密度为 0.95 的水包油修井液，以保护油层；三是使用螺杆驱动，避免钻盘驱动对套管的磨损伤害；四是在施工管柱上安装两个滚珠扶正器，既保证磨铣工具居中磨铣，又在起下和磨铣时有效地保护了套管；五是磨铣工具为多功能滚珠扶正式专用高效磨铣工具，在低钻压下既可实现快速钻磨，还可实现水泥塞和多个刚性附件均由一个工具钻磨；六是确定施工参数，钻压10~20kN，排量0.4~0.5m³/min，泵压8~10MPa。

3) 施工过程

该井于2007年12月27日搬家就位后，开展安装35MPa防喷器、试压及工具准备等工作。2008年1月2日下磨铣管柱及专用工具，于1864.2m遇阻。用密度为0.95g/cm³的水包油修井液循环，将上部沉砂清洗干净。然后开始钻磨，经过3.5h钻磨至1876.3m，将盲板钻穿。下放管柱，于1876m处遇阻，磨20min后进尺加快，但仍放不下去，必须开泵钻磨才下行，下推15根后正常，加深至人工井底。

1月3日，起下钻换ϕ116mm通井规，通井至人工井底，无显示。起打单根，完井。

第六节 水平井修井工艺技术综合应用

一、总体情况

2006年6月—2010年12月，根据现场实际需要，应用解卡打捞、钻磨铣和连续冲砂等工艺技术，累计进行了56口侧钻水平井、气井水平井和常规水平井等多种井型的现场修复应用，应用成功率达100%。并得到以下认识：

(1) 现场施工前，应根据管柱结构预测载荷变化情况，判断井下管柱所处状态和分析通过性，来指导现场安全施工。

(2) 在水平井解卡打捞时，必须打破常规工具、管柱结构，进行特殊设计，以适应水平井特殊的井身结构和解卡打捞的特殊需要。

(3) 在水平井解卡打捞及钻磨铣施工中，必须使用倒装钻具结构，管柱结构中加特制扶正器，才能保证施工时鱼头的顺利引入、管柱的居中和正常加压。

(4) 经现场试验验证，已开发的水平井修井专用配套工具是可行的，不但具备常规修井工具的一般性能，还能适合于水平井解卡打捞、钻磨铣套等特殊需要。

(5) 在水平井管柱被小件落物卡阻后，可以先进行磨套处理，将被卡管柱解卡后再进行打捞。磨铣时，磨鞋必须使用专用磨鞋，底部必须有倒角，周边加滚珠扶正，防止侧钻及破坏套管。

(6) 在钻磨铣过程中，被破碎掉的大小铁块返出困难，易造成沉积卡管柱，甚至在起管柱过程中上撸堆积至井斜段（一般40°~60°）造成起钻阻卡。此时，在正循环无效的情况下可采用大排量反循环，将井内清洗干净，防止卡钻。

二、典型井例——N××-P××井解卡打捞

1. 基本情况

该井在压裂施工结束时，起压裂管柱发现管柱卡在井内，经过反洗、活动等方法均无

效，起出安全接头以上油管，进行大修。井内落物为：安全接头1个，扶正器2个，油管4根+水力锚1个，1.5m短节1个，K344-115封隔器1级，压力计1个，2.5m短节1个，导压喷砂器1个，K344-105封隔器1级，导向丝堵1个。该井于2008年5月25日开工，6月24日完工，历时31d，圆满完成解卡打捞施工任务。该井基础数据见表8-6-1，井下落物规格见表8-6-2。

表8-6-1　N××-P××井基础数据表

开钻日期		固井日期		完钻井深		浸泡油层时间		钻井液相对密度
2006年9月1日		9月26日		2115.0m		238h		1.40
套管数据	表层套管	产地	钢级	规格	下入深度	套管壁厚	水泥返至地面	
		中国	J55	339.7mm	132.7m	9.65mm		
	技术套管	产地	钢级	规格	下入深度	套管壁厚	水泥返至地面	
		中国	J55	244.5mm	883.46m	10.03mm		
	油层套管	产地	钢级	规格	下入深度	浮箍深度	联顶节方入	套管头至补心高度
		日本	N80	139.7mm	2113.24m	2102.92m	4.95m	4.95m
		不同壁厚	壁厚,mm			7.72		
		下入深度	深度,m			4.95～2112.54		
测声幅	水泥帽	管外水泥面深度		前磁遇阻深度	试压结果	加压	经历时间	降落
	技术套管	620.0m				15MPa	5min	0MPa

表8-6-2　N××-P××井井下落物规格表

序号	落物名称	规格型号	外径 mm	内径 mm	长度 m	备注
1	安全接头	$\phi 62$	95	50	0.548	1394.61m
2	扶正器	—	116	62	0.25	
3	油管及短节	$\phi 73$	73	62	9.64	1根油管
4	水力锚	—	116	46	0.52	
5	短节	$\phi 73$	73	62	1.0	
6	扶正器	—	116	62	0.25	
7	水力扩张封隔器	K344-115	115	55	0.858	1407.65m
8	压力计	—	118			
9	油管	$\phi 73$	73	62	9.63+9.63+2.5	21.76m
10	导压喷砂器	114	114	55	0.635	
11	水力扩张封隔器	K344-105	105	42	0.943	1441.18m
12	死堵	$\phi 62$	73	—	0.2	1441.38m

2. 主要技术难度分析

该井落物鱼头在井深1394.61m处，该处井斜为82.1°，底部在1441.38m，此处井斜为86.5°，大部分在水平段。由于压裂过程造成套管应力聚变，可能造成套变，且伴有砂卡，并与鱼顶同步，因此，施工难度非常大。主要表现在：

（1）井下管柱复杂，全部的井下压裂工具串卡在井内，包括扶正器、油管、水力锚、K344-115封隔器、压力计、喷砂器、K344-105封隔器等，解卡打捞难度大。

（2）井下可能有套变（修井过程中证实有3处套变），且落鱼与套变同步，整形工艺无法实施。

（3）环空可能有压裂砂，且经长时间的沉积，落鱼环空还可能伴有砂卡或砂桥卡，且无法实施冲砂，施工难度大。

3. 理论计算

输入该井井身结构数据和修井作业管柱结构，针对起管柱、下放管柱、旋转提管柱、旋转下管柱工况，分别计算了轴向力、侧向力和扭矩沿井深的分布，计算结果见图8-6-1～图8-6-5，安全系数分布见图8-6-6。不同工况下井口轴向力、安全系数见表8-6-3。

在进行倒扣解卡作业时，假设井口上提250kN，施加20kN·m扭矩，则卡点处有143kN的提拉力及17kN·m的扭矩，解卡工况下井口管柱的安全系数为2.6，满足安全要求。

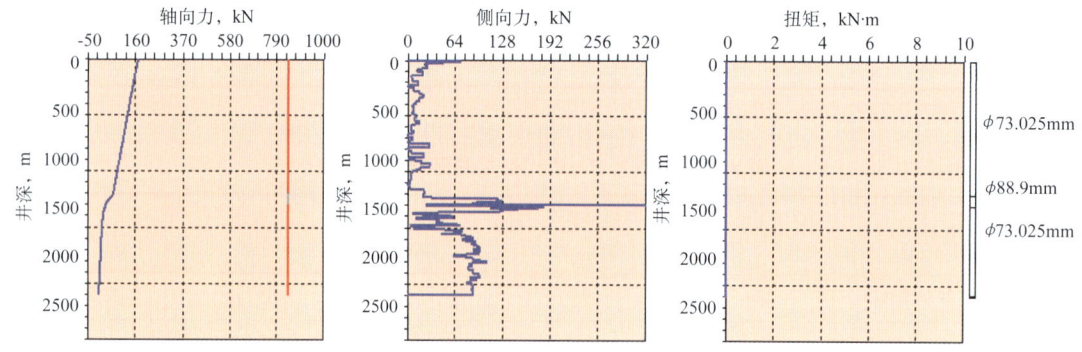

图8-6-1　N××-P××井起管柱轴向力、侧向力和扭矩沿井深的分布

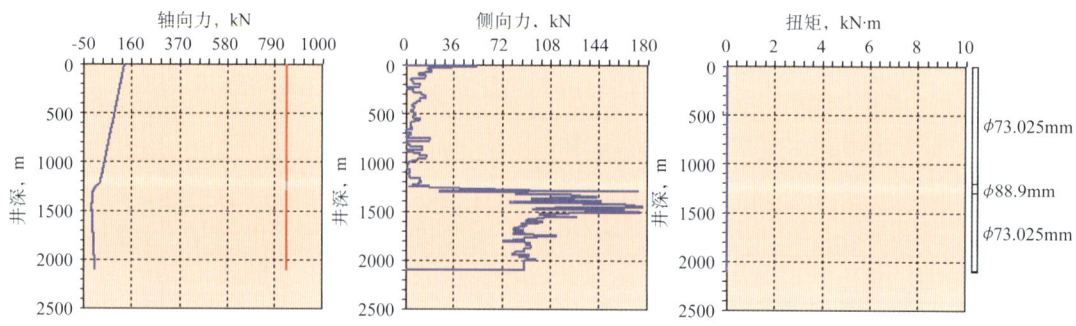

图8-6-2　N××-P××井下管柱轴向力、侧向力和扭矩沿井深的分布

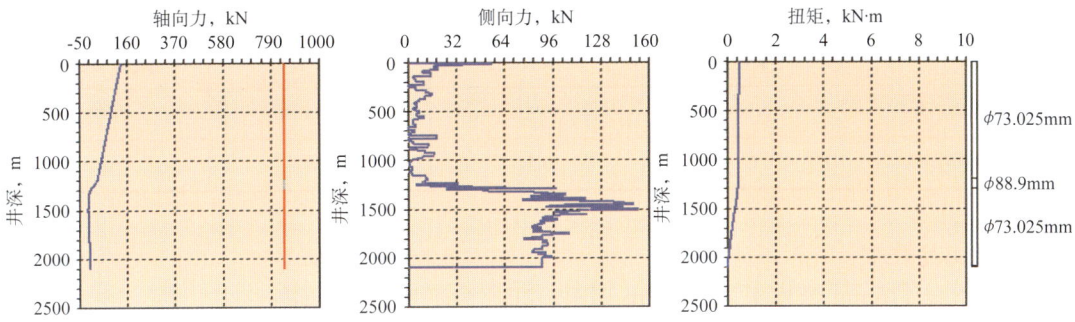

图 8-6-3　N××-P××井旋转下管柱轴向力、侧向力和扭矩沿井深的分布

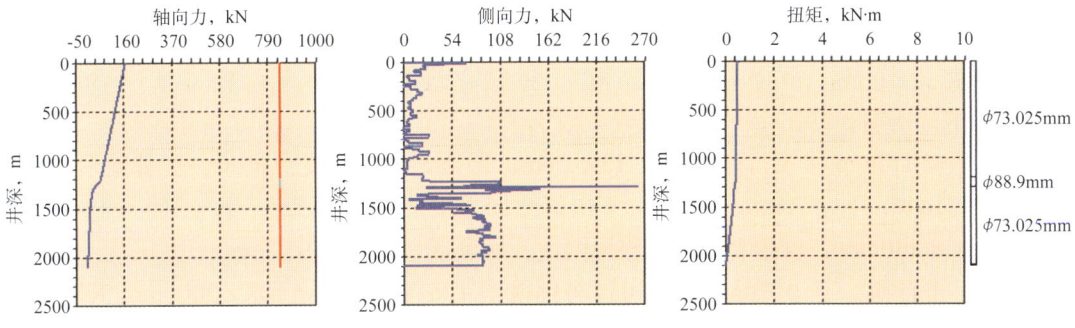

图 8-6-4　N××-P××井旋转提管柱轴向力、侧向力和扭矩沿井深的分布

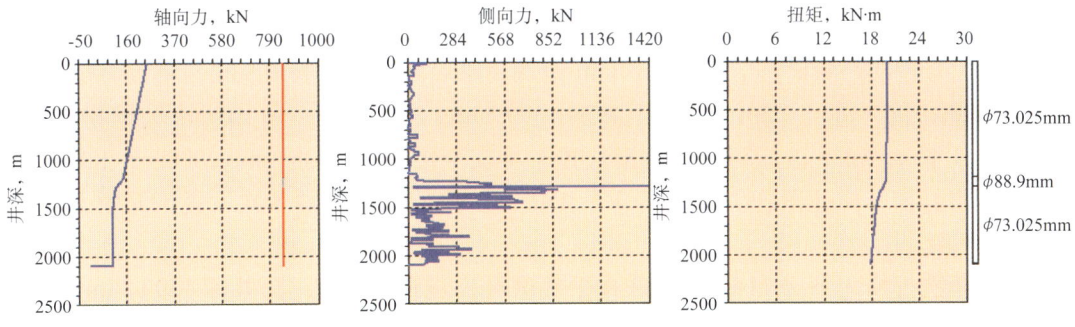

图 8-6-5　N××-P××井倒扣解卡工况轴向力、侧向力和扭矩沿井深的分布

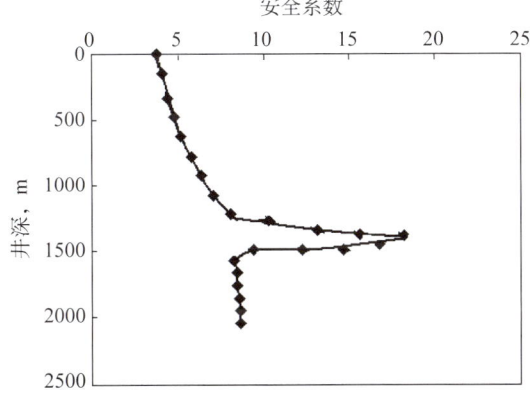

图 8-6-6　N××-P××井解卡工况安全系数沿井深分布图

表 8-6-3　井口轴向力和安全系数表

工况	起管柱	下放管柱	旋转提管柱	旋转下管柱
井口轴向力，kN	140	99	134	105
井口安全系数	4.6	6.5	4.8	6.1

4. 施工过程

(1) 下 ϕ116mm 铅模于 1384.92m 遇阻，印痕为不规则鱼头印。

(2) 下 ϕ25～ϕ105mm 公锥打捞无效后，下 ϕ118mm 滚珠式平底磨鞋，进尺 0.2m；下 ϕ25～ϕ105mm 公锥捞出破损的安全接头下接头和破裂扶正器一段；下 ϕ118mm 滚珠式平底磨鞋，进尺 0.25m，至井深 1385.92m 后无进尺。

(3) 套铣打捞，下 ϕ116mm 套铣筒套铣，进尺 9.64m，套铣至 1395.56m，下 ϕ116mm 卡瓦捞筒，捞出 ϕ62mm 油管 1 根。

(4) 下 ϕ114mm 铅模打印，深度 1395.56m，印痕为鱼头与变点同步，套管变形，最小通径为 ϕ111mm；下 ϕ70mm 下击器，下击落物 15 次，落物下行 2m。下 ϕ105～ϕ115mm 和 ϕ114～ϕ120mm 三锥辊整形器，整形两次，顺利通过变点 1395.56m。

(5) 震击打捞，下 ϕ73mm 液压可退可倒捞矛 + 安全接头 + ϕ108×2000mm KXJ 开式下击器，捞住落物上提负荷 0～410kN，快速反复下放 6 次，震击无解卡显示，退出打捞工具。

(6) 采用套磨铣打捞，下 ϕ118mm 套铣筒套铣两次，进尺 0.2m，套铣至井深 1397.76m，套铣头严重磨损；下 ϕ114mm 滚珠式平底磨鞋，进尺 0.53m，将水力锚磨掉，ϕ114mm 套铣筒，进尺 1.5m，套铣至井深 1399.59m；下 ϕ25～ϕ105mm 公锥捞出油管短接一根，下 ϕ73mm 液压可退可倒滑块捞矛 + 安全接头 + ϕ108mm×2000mm KXJ 开式下击器震击打捞，捞住落物上提负荷 0～450KN，快速反复下放 8 次，震击无解卡显示，退出打捞工具。

(7) 磨铣打捞，下 ϕ114mm 滚珠式平底磨鞋，进尺 0.25m，至井深 1399.83m；采用 ϕ70mm×1500mm 滑块捞矛，ϕ70mm×1260mm 双滑块捞矛，ϕ38～ϕ97mm×1000mm 公锥，(ϕ58～ϕ97)mm×1000mm 公锥，(ϕ97～ϕ62mm)×800mm 母锥，ϕ58mm×650mm 可退捞矛，共计打捞 6 次，其中 ϕ58mm×ϕ650mm 可退捞矛捞空一次，打捞成功率 83%，捞出封隔器一节（倒散）和破碎压力计 1 个。下 ϕ118mm 套铣筒套铣 3 次，进尺 29.61m，套铣至 1431.12m；采用 ϕ25～ϕ105mm 公锥，ϕ114mm 卡瓦捞筒，ϕ114mm 可退捞筒，共计打捞 3 次，打捞成功率 100%，共捞出 ϕ62mm 外加厚油管 3 根，导压喷砂器、水力扩张封隔器、丝堵等全部落物，其间磨碎扶正器两节。

(8) 打印、整形，下 ϕ116mm 铅模打印，遇阻深度 1650.65m，印痕为套管变形，最小通径为 ϕ110mm；采用 ϕ105～ϕ115mm 和 ϕ114～ϕ120mm 三锥辊整形器整形，顺利通过 1650.65m 变点。

(9) 打印、冲砂、打捞、刮削，下 ϕ116mm 铅模打印，遇阻深度 1669.84m，印痕为砂印；下 ϕ73mm 笔尖铣锥冲砂至人工井底 2102.92m。下 ϕ116mm 强磁打捞器至

1925.98m，捞出大量铁屑；下 ϕ140mm 套管刮削器至 1925.98m 反复刮削。

（10）6月20—21日打印、测井径、整形，下 ϕ114mm 铅模打印，遇阻深度 1925.98m，印痕为套管变形，最小通径为 ϕ112mm；采用 ϕ105～ϕ115mm 和 ϕ114～ϕ120mm 三锥辊整形器整形，顺利通过 1925.98m 变点。下 ϕ114mm×2000mm 通井规顺利通至人工井底 2102.92m。

5. 现场试验结论

（1）水平井故障井一般都伴随有套变或弯曲，需要进行整形处理，然后综合应用磨套或解卡打捞技术，为水平井解卡打捞带来较大的施工难度。

（2）本井井况复杂，处理难度大，通过本井的现场修复，进一步验证了水平井专用解卡打捞、磨套工具、管柱和工艺的可行性。

（3）在进行磨套或解卡打捞施工时，必须大排量循环，将井内清洗干净，否则容易造成卡管柱；若正循环清洗不干净，则采用大排量反循环办法洗井，保证井内干净。

（4）若井内落物被砂埋严重卡死，采用边套边倒的办法也不失为一种有效的解卡打捞方法。

（5）施工前，通过理论计算，可以有效指导施工，降低风险，减少事故。

参 考 文 献

[1] 艾教银,兰中孝,王秀臣,等.油田水平井大斜度和水平段可退可倒扣捞矛:中国,200720117269.3.2008-06-18.

[2] 艾教银,兰中孝,王秀臣,等.油田水平井水平段液压倒扣滑块捞矛:中国,200720117268.9.2008-06-04.

[3] 艾教银,刘合,兰中孝,等.管柱减阻接头:中国,200720117108.4.2008-05-21.

[4] 艾教银,张海山,王秀臣,等.裸眼侧钻斜向器:中国,200720117272.5.2008-06-11.

[5] 兰中孝,艾教银,潘义军,等.防刮碰自动引鱼式可退捞筒:中国,200720117220.8.2008-06-04.

[6] 兰中孝,艾教银,潘义军,等.滚珠式扶正器:中国,200720117282.9.2008-06-11.

[7] 兰中孝,艾教银,潘义军,等.油田水平井水平段修井用防脱防磨损铅模:中国,200720117267.4.2008-06-11.

[8] 兰中孝,王秀臣,艾教银,等.倒装震击解卡打捞工艺管柱:中国,200720117212.3.2008-06-04.

[9] 兰中孝,王秀臣,艾教银,等.多功能鱼顶修整器:中国,200720117201.8.2008-06-25.

[10] 兰中孝,王秀臣,艾教银,等.复合驱钻磨铣套解卡管柱:中国,200720117208.7.2008-06-04.

[11] 兰中孝,王秀臣,艾教银,等.滚珠扶正式高效凹底磨鞋:中国,200720117284.8.2008-07-23.

[12] 兰中孝,王秀臣,艾教银,等.水平增力解卡管柱:中国,200720117213.8.2008-06-18.

[13] 兰中孝,王秀臣,艾教银,等.用于水平井大斜度和水平段打捞施工的安全接头:中国,200720117270.6.2008-06-04.

[14] 兰中孝,王秀臣,艾教银,等.油田水平井水平段落物打捞增力器:中国,200720117271.0.2008-06-04.

[15] 李宪文,赵文,李建山.自破胶液体胶塞水平井分段射孔压裂工艺及胶塞:中国,200810105642.2.2008-9-24.

[16] 刘合,艾教银,张海山,等.套具防卡装置:中国,200720117283.3,2008-03-26.

[17] 刘合,兰中孝,艾教银,等.倒装钻具加下击器震击解卡管柱:中国,200720117211.9.2008-06-04.

[18] 刘合,兰中孝,艾教银,等.连续油管钻磨铣套解卡管柱:中国,200720117206.

8. 2008-06-18.

[19] 刘合, 兰中孝, 潘义军, 等. 震击倒扣解卡打捞管柱: 中国, 200720117201. 4. 2008-06-04.

[20] 刘合, 兰中孝, 王秀臣, 等. 连续油管近卡点震击解卡管柱: 中国, 200720117209. 1. 2008-06-11.

[21] 刘合, 兰中孝, 王秀臣, 等. 桥塞磨捞筒: 中国, 200720309379X. 2008-10-01.

[22] 米卡尔 J. 埃克诺米德斯, 肯尼斯 G. 诺尔特著. 油藏增产措施. 张保平, 蒋阗, 等译. 第 3 版. 北京: 石油工业出版社, 2002.

[23] 邱晓惠, 崔明月, 管宝山, 等. 一种强度高可控破胶化学暂堵液体胶塞: 中国, 200910237814. 6. 2009-11-11.

[24] 邱晓惠, 崔明月, 胥云, 等. 一种化学暂堵胶塞缓释破胶剂的制备方法: 中国, 200910243764. 2. 2009-12-23.

[25] 邱晓惠, 崔明月, 胥云. 化学暂堵胶塞在水平井分段压裂改造中的应用 // 中国石油天然气股份有限公司水平井分段改造技术论文集. 北京: 石油工业出版社, 2010.

[26] 任国富, 张华光, 付钢旦, 等. 国外连续油管作业机的最新进展. 石油矿场机械, 2009 (2): 97-99.

[27] 王群, 刘清伟, 李立东. 水平井固定式管柱扶正器: 中国, 200820089763. 8. 2009-01-28.

[28] 王群, 刘清伟, 李立东. 水平井可变径管柱扶正器: 中国, 200820089762. 3. 2009-01-28.

[29] 胥云, 严玉忠, 王晓泉, 等. 水力裂缝测斜仪测试方法与现场应用 // 中国石油天然气股份有限公司水平井分段改造技术论文集. 北京: 石油工业出版社, 2010.

[30] 徐永高, 赵振峰, 郭自新, 等. 井下微地震裂缝测试技术在长庆油田的应用 // 中国石油天然气股份公司 2007 年压裂酸化技术论文集. 北京: 石油工业出版社, 2007: 301-305.

[31] 杨贤友, 樊剑, 刘玉章, 等. 一种高强度暂堵剂及其制备方法: 中国, 200910081980. 1. 2009-4-15.

[32] 杨贤友, 樊剑, 刘玉章. 一种用于中高温油气藏的暂堵剂: 中国, 201010130407. 8. 2010-3-19.

[33] 赵贵刚, 邓剑, 李凤玲, 等. 水平井连续冲砂装置: 中国, 200720117207. 2. 2011-08-10.

[34] 周福建, 熊春明, 刘玉章, 等. 一种地下胶凝的深穿透低伤害盐酸酸化液. 油田化学, 2002, 19 (4): 322-324.

[35] Barree R D, Fisher M K, Woodroof R A. A Practical Guide to Hydraulic Fracture diagnostic techniques. SPE77442, 2002.

[36] Bazin B, Charbonnel P, Onaisi A. Strategy Optimization for Matrix Treatments of Horizontal Drains in Carbonate Reservoirs, Use of Self-Gelling Acid Diverter. SPE 54720, 1999.

[37] Behenna F R. Acid Diversion from an Undamaged to a Damaged Core Using Multiple Foam Slugs. SPE 30121, 1995.

[38] Bernadiner M G, ThompsonK E, Fogler H S. Effect of Foams Used during Carbonate Acidizing. SPE Production Engineering, 1992, 7 (4): 350−356.

[39] Bernhard Lungwitz, Chris Fredd, Mark Brady, et al. Diversion and Cleanup Studies of Viscoelastic Surfactant−Based Self−Diverting Acid. SPE 86504, 2004.

[40] Buijse M, Maier R, Casero A, et al. Successful High−Pressure/High−Temperature Acidizing with in−situ Crosslinked Acid Diversion. SPE 58804, 2000.

[41] Chang F F, Acock A M, Geoghagan A, et al. Experience in Acid Diversion in High Permeability Deep Water Formations Using Visco−Elastic−Surfactant. SPE 71691, 2001.

[42] Chang F F, Acock A M, Geoghagan A, et al. Experience in Acid Diversion in High Permeability Deep Water Formations Using Visco−Elastic−Surfactant. SPE 68919, 2001.

[43] Cipolla C L, Wright C A, Diagnostic Techniques to Understand Hydraulic Fracturing: What? Why? and How?. SPE 59735, 2000.

[44] David Alleman, Qi Qu, Richard Keck. The Development and Successful Field Use of Viscoelastic Surfactant−based Diverting Agents for Acid Stimulation. SPE 80222, 2003.

[45] Deidre Taylor, Santhana Kumar P., Diankui Fu, et al. Viscoelastic Surfactant based Self−diverting Acid for Enhanced Stimulation in Carbonate Reservoirs. SPE 82263, 2003.

[46] Frank Chang, Qi Qu, Wayne Frenier. A Novel Self−Diverting−Acid Developed for Matrix Stimulation of Carbonate Reservoirs. SPE 65033, 2001.

[47] Gallus J P, Pye D S. Deformable Diverting Agent for Improved Well Stimulation. J. Pet. Tech., 1969, 21 (4): 497−504.

[48] Griffin L G, Sullivan R B, Wolhart S L, et al. Hydraulic Fracture Mapping of the High Temperature, High Pressure Bossier Sands in East Texas. SPE84489, 2003.

[49] Griffin L G, Wright C A, Davis E J, et al. Surface and Downhole Tiltmeter Mapping: An Effective Tool for Monitoring Downhole Drill Cuttings Disposal. SPE 63032, 2000.

[50] Harrison N W. Diverting Agents—History and Application. J. Pet. Tech., 1972, 24 (5): 593−598.

[51] Hisham A Nasr−El−Din, Saad Al−Driweesh, Ghaithan A Al−Muntasheri, et al. Acid Fracturing HT/HP Gas Wells Using a Novel Surfactant Based Fluid System. SPE 84516, 2003.

[52] Houchin L R, Dunlap D D, Hudson L M, et al. Evaluation of Oil−Soluble Resin as an Acid Diverting Agent. SPE 15574, 1986.

[53] Jack D Lynn, Nasr−El−Din H A. A Core Based Comparison of the Reaction characteristics of Emulsified and in−situ Gelled Acids in Low Permeability, High Temperature, Gas Bearing Carbonates. SPE 65386, 2001.

[54] Jose M Alvarez, Hercilio Rivas, Geidy Navarro. An Optimal Foam Quality for

Diversion in Matrix-Acidizing Projects. SPE 58711, 2000.

[55] Kennedy D K, Kitziger F W, Hall B E. Case Study on the Effectiveness of Nitrogen Foam and Water Zone Diverting Agents in Multistage Matrix Acid Treatments. SPE Production Engineering, 1992, 7 (2): 203-211.

[56] Kibodeaux K R, Zeilinger S C, Rossen W R. Sensitivity Study of Foam Diversion Processes for Matrix Acidization. SPE 28550, 1994.

[57] Logan E D, Bjornen K H, Sarver D R. Foamed Diversion in the Chase Series of Hugoton Field in the Mid-Continent. SPE 37432, 1997.

[58] MaGee J, Buijse M A, Pongratz R. Method for Effective Fluid Diversion when Performing a Matrix Acid Stimulation in Carbonate Formations. SPE 37736, 1997.

[59] Menzies N A, Mackay E J, Sorbie K S. Modeling of Gel Diverter Placement in Horizontal Wells. SPE 56742, 1999.

[60] Michael J Economides, Kamel Ben Naceur, Richard CKlem. Matrix Stimulation Method for Horizontal Wells. Journal of Petroleum Technology, 1991, 43 (7): 854-861.

[61] Michael W Conway, Mahmoud Asadi, Glenn S Penny, et al. A Comparative Study of Straight/Gelled/Emulsified Hydrochloric Acid Diffusivity Coefficient Using Diaphragm Cell and Rotating Disk. SPE 56532, 2000.

[62] Minner W A, Du J, Ganong B L, et al. Rose Field: Surface Tilt Mapping Shows Complex Fracture Growth in 2500' Laterals Completed with Uncemented Liners. SPE 83503, 2003.

[63] Mirza A, Turton S. Selective Stimulation of Varying Characteristic Carbonate Reservoir Using Acid Activated Gel Diverter. SPE 29824, 1995.

[64] Mohamed Al-Muhareb A., Hisham Nasr-El-Din, A. Elsamma Samuel, et al. Acid Fracturing of Power Water Injectors: A New Field Application Using Polymer-free Fluids. SPE 82210, 2003.

[65] Mohamed Safwat, Hisham A, Nasr-El-Din, Khalid Dossary, et al. Enhancement of Stimulation Treatment of Water Injection Wells Using a New Polymer-Free Diversion System. SPE 78588, 2002.

[66] Olivier Lietard. Matrix Treatment in Horizontal Openhole Wells: Design of Viscous Diverter Slugs and Treatment Fluid Placement Optimization. SPE38201, 1997.

[67] Parlar Mehmet, Parris M D, Jasinski R J, et al. An Experimental Study of Foam Flow through Berea Sandstone with Applications to Foam Diversion in Matrix Acidizing. SPE 29678, 1995.

[68] Pedro Artola, Oscar Alvarado, Efrain Huidobro, et al. Nondamaging Viscoelastic Surfactant-Based Fluids Used for Acid Fracturing Treatments in Veracruz Basin, Mexico. SPE 86489, 2004.

[69] Robert J A, Mack M G. Foam Diversion Modeling and Simulation. SPE Production & Facilities, 1997, 12 (2): 123-128.

[70] Rossen W R, Zhou Z H, Mamun C K. Modeling Foam Mobility in Porous Media. SPE Advanced Technology Series, 1991. 3 (1): 146-153.

[71] Saxon A, Chariag B, Rahman M, et al. An Effective Matrix Diversion Technique for Carbonate Formations. SPE 37734, 1997.

[72] Saxon A, Chariag B, Rahman M, et al. An Effective Matrix Diversion Technique for Carbonate Formations. SPE 37734, 1997.

[73] Scott M McCarthy, Qi Qu, Dan Vollmer. The Successful Use of Polymer-Free Diverting Agents for Acid Treatments in the Gulf of Mexico. SPE 73704, 2002.

[74] Siddiqui S, Talabani S, Saleh S T, et al. A Laboratory Investigation of Foam Flow in Low-Permeability Berea Sandstone Cores. SPE 37416, 1997.

[75] Siddiqui S, Talabani S, Yang J, et al. An Experimental Investigation of the Diversion Characteristics of Foam in Berea Sandstone Cores of Contrasting Permeabilities. SPE 37463, 1997.

[76] Strassner J E, Townsend M A, Tucker H E Laboratory/Field Study of Oil-Soluble Resin-Diverting Agents in Prudhoe Bay, Alaska, Acidizing Operations. SPE 20622, 1990

[77] Talabani S, Hareland G, Rajtar J M, et al. Optimized Field Matrix Acid Stimulation Parameters in a Multi-Layered Reservoir Using Foam Diversion. SPE 38958, 1997.

[78] Taylor K C, Nasr-El-Din HA. Laboratory Evaluation of in-situ Gelled Acids for Carbonate Reservoirs. SPE 71694, 2001.

[79] Taylor K C, Nasr-El-Din H A, K C Taylor, et al. Coreflood Evaluation of In-Situ Gelled Acids. SPE 73707, 2002.

[80] Thomas R L, Milne A. The Use of Coiled Tubing during Matrix Acidizing of Carbonate Reservoirs. SPE29266, 1995.

[81] Thompson K E, Gdanski R D. Laboratory Study Provides Guidelines for Diverting Acid with Foam. SPE Production & Facilities, 1993, 8 (4): 285-290.

[82] Thompson K E, Gdanski R D. Laboratory Study Provides Guidelines for Diverting Acid with Foam. SPE Production & Facilities, 1993, 8 (4): 285-290.

[83] Warpinski N R, Branagan P T, Peterson R E, et al. Mapping Hydraulic Fracture Growth and Geometry Using Microseismic Events Detected by a Wireline Retrievable Accelerometer Array. SPE 40014, 1998.

[84] Warpinski N R, Sullivan R B, Uhl JE, et al. Improved Microseismic Fracture Mapping Using Perforation Timing Measurements for Velocity Calibration. SPE 84488, 2003.

[85] Warpinski N R, Wolhart S L, Wright CA. Analysis and Prediction of Microseismicity Induced by Hydraulic Fracturing. SPE 71649, 2001.

[86] Woo G T, Lopez H, MetcalfA S, et al. A New Gelling System for Acid Fracturing. SPE 52169, 1999.

[87] Zeilinger S C, Wang M, Kibodeaux K R, et al. Improved Prediction of Foam Diversion in Matrix Acidization. SPE 29529, 1995.

[88] Zerhboub M, Touboul E, Ben-Naceur K, et al. Matrix Acidizing: A Novel Approach to Foam Diversion. SPE Production & Facilities, 1994, 9 (2): 121-126.

[89] Zhou F, Liu Y, Liu X, et al. A Novel Diverting Acid Stimulation Treatment Technique for Carbonate Reservoirs in China. SPE 123171, 2009.

[90] Zhou F, Liu Y, Zhang S, et al. Case Study: YM204 Obtained High Petroleum Production by Acid Fracture Treatment Combining Fluid Diversion and Fracture Reorientation. SPE 121827, 2009.

[91] Zhou Z H, Rossen W R. Applying Fractional-Flow Theory to Foams for Diversion in Matrix Acidization. SPE Production & Facilities, 1992, 9 (1): 29-35.